T0219989

Bin ich etwas Besonderes?

Adam Rutherford

Bin ich etwas Besonderes?

Was uns von den Tieren
unterscheidet – und was nicht

Aus dem Englischen übersetzt von Sebastian Vogel

 Springer

Adam Rutherford
Ipswich, UK

ISBN 978-3-662-61565-2   ISBN 978-3-662-61566-9   (eBook)
https://doi.org/10.1007/978-3-662-61566-9

Die Deutsche Nationalbibliothek verzeichnet diese Publikation in der Deutschen Nationalbibliografie;
detaillierte bibliografische Daten sind im Internet über http://dnb.d-nb.de abrufbar.
Übersetzung der englischen Ausgabe: The Book of Humans – The Story of How We Became Us von Adam
Rutherford, erschienen 2018 bei Weidenfeld & Nicolson, einem Imprint von The Orion Publishing Group
Ltd. Copyright © Adam Rutherford 2018. Alle Rechte vorbehalten.

Übersetzt von Sebastian Vogel
Illustrationen von Alice Roberts

Planung/Lektorat: Stefanie Wolf
Springer ist ein Imprint der eingetragenen Gesellschaft Springer-Verlag GmbH, DE und ist ein Teil von
Springer Nature.
Die Anschrift der Gesellschaft ist: Heidelberger Platz 3, 14197 Berlin, Germany

Inhaltsverzeichnis

Einleitung

„Welch ein Meisterstück ist der Mensch!", staunt Hamlet voller Ehrfurcht angesichts unserer Besonderheit[1].

> Wie edel durch Vernunft; wie unendlich an Fähigkeiten! In Gestalt und Bewegung wie entsprechend und bewunderungswürdig! In seiner Handlungsweise wie ähnlich einem Engel! In seinen Begriffen wie ähnlich einem Gott! Die Schönheit der Welt! Das Muster der Tiere!

„Das Muster der Tiere" (im englischen Original *the paragon of animals*) ist eine großartige Formulierung. Hamlet preist uns als etwas wahrhaft Besonderes, das ans Göttliche heranreicht und in seinem Denken keine Grenzen kennt. Und es ist auch eine vorausschauende Formulierung: Sie hebt uns gegenüber den anderen Tieren heraus und erkennt doch an, dass wir Tiere sind. Gut 250 Jahre nachdem Shakespeare diese Worte zu Papier brachte, schrieb Charles Darwin die Einstufung der Menschen als Tiere unwiderleglich fast – wir sind der zarteste Zweig an einem einzigen, riesigen Stammbaum, der vier Milliarden Jahre, eine Fülle von Windungen und Wendungen sowie eine Milliarde Arten umfasst. Alle diese Lebewesen – darunter auch wir – haben ihre Wurzeln an einem einzigen Ausgangspunkt und in einem gemeinsamen Code, der die Grundlage unseres Daseins bildet. Wir alle teilen die Moleküle des Lebens, und die Mechanismen, durch die

---

[1]Hamlet von W. Shakespeare; Übersetzung Theodor Fontane; Zürich: Manesse 1989.

© Springer-Verlag GmbH Deutschland, ein Teil von Springer Nature 2020
A. Rutherford, *Bin ich etwas Besonderes?*, https://doi.org/10.1007/978-3-662-61566-9_1

wir so weit gekommen sind, gleichen sich: Gene, DNA, Proteine, Stoffwechsel, natürliche Selektion, Evolution.

Anschließend grübelt Hamlet über den Widerspruch, der den Kern des
Menschseins bildet:

Und doch, was ist die Quintessenz des Staubes?

Wir sind etwas Besonderes, aber wir sind auch schlichte Materie. Wir sind
Tiere, und doch benehmen wir uns wie Götter. Darwin hört sich ein wenig
nach Hamlet an, wenn er erklärt, wir hätten einen „gottähnlichen Intellekt",
und doch könnten wir nicht leugnen, dass der Mensch „den unauslöschlichen Stempel seines niederen Ursprungs trägt".

Der Gedanke, dass Menschen ganz besondere Tiere sind, bildet ein
Kernstück unserer Existenz. Welche Fähigkeiten und Taten heben uns auf
ein Podest oberhalb unserer Vettern aus der Evolution? Was macht uns
zu Tieren, und was macht uns zu ihrem Vorreiter? Alle Lebewesen sind
zwangsläufig einzigartig – nur so können sie in ihrer eigenen, einzigartigen
Umwelt existieren und sie nutzen. Wir können uns sicher vorstellen, dass
wir selbst etwas ziemlich Außergewöhnliches sind, aber sind wir wirklich
außergewöhnlicher als andere Tiere?

Neben Hamlet und Darwin stellt auch ein mutmaßlich weniger bedeut-
sames Element der modernen Kultur unsere Vorstellungen von einer
Sonderstellung der Menschen infrage: In dem Animationsfilm *Die Unglaub-
lichen – The Incredibles* heißt es: „Jeder ist etwas Besonderes … Was nichts
anderes heißt, als dass niemand etwas Besonderes ist."

Menschen *sind* Tiere. Unsere DNA ist nicht anders als die aller anderen
Wesen, die in den letzten vier Milliarden Jahren gelebt haben. Auch das in
dieser DNA verwendete Codierungssystem ist nicht anders: Soweit wir
wissen, ist der genetische Code universell. Die vier Codebuchstaben, aus
denen die DNA besteht (A, C, T und G), sind bei Bakterien die gleichen
wie bei Bonobos, Orchideen, Eichen, Bettwanzen, Rankenfußkrebsen,
Triceratops, *Tyrannosaurus rex*, Adlern, Fischreihern, Hefe, Schleimpilzen und
Steinpilzen. In allen diesen Organismen sind sie auch auf die gleiche Weise
angeordnet, und sie werden auf die gleiche Weise in die Proteinmoleküle
umgeschrieben, die alle Funktionen eines Lebewesens möglich machen.
Auch das Prinzip, dass Leben in Form getrennter Zellen organisiert ist, ist

allgemeingültig[2], und diese unzähligen Zellen gewinnen ihre Energie aus dem übrigen Universum durch einen Prozess, der ebenfalls allen gemeinsam ist.

Diese Prinzipien sind drei der vier Säulen der Biologie: universelle Genetik, Zelltheorie und Chemiosmose – mit dem recht fachsprachlichen, aber auch eleganten Wort bezeichnet man die grundlegenden Prozesse des Zellstoffwechsels, mit dem Zellen ihrer Umgebung die Energie entziehen, die im Rahmen der Lebensprozesse verbraucht wird. Die vierte Säule ist die Evolution durch natürliche Selektion. In ihrem Zusammenwirken offenbaren diese vier großen, einheitlichen Theorien etwas Unbestreitbares: Alles Leben auf der Erde ist durch eine gemeinsame Abstammung verwandt, und dazu gehören auch wir.

*****

Evolution ist ein langsamer Vorgang, und die Erde war während des allergrößten Teils ihres Daseins die Heimat von Lebewesen. Die Zeitmaßstäbe, über die wir in der Wissenschaft so beiläufig sprechen, sind in Wirklichkeit vollkommen erstaunlich und schwer zu begreifen. Obwohl wir unter den Lebewesen auf Erden die Nachzügler sind, ist unsere Spezies mehr als 3000 Jahrhunderte alt. Diesen Ozean der Zeit haben wir im Wesentlichen unverändert überquert. Äußerlich unterscheidet sich unser Körper nicht sonderlich stark von dem des *Homo sapiens* in Afrika vor 200.000 Jahren.[3] Zum Sprechen waren die Menschen damals körperlich ebenso gut in der Lage wie heute, und auch ihr Gehirn hatte keine nennenswert andere Größe. Unsere Gene haben sich in kleinen Teilen auf die Veränderungen von Umwelt und Ernährung eingestellt, als unsere Vorfahren innerhalb Afrikas und aus Afrika heraus wanderten, und genetische Varianten finden sich auch in dem winzigen Prozentsatz der DNA, der für die Unterschiede zwischen den Individuen verantwortlich ist – für Veränderungen in höchst oberflächlichen Eigenschaften wie Hautfarbe, Haarqualität und einige andere. Würden wir aber eine Frau oder einen Mann der Spezies *Homo*

---

[2]Viren werden normalerweise traditionell von dieser Definition ausgenommen; in der Frage, ob Viren lebendig sind oder nicht, gibt es hitzige Diskussionen, ich selbst bin schwankend: Entweder kümmere ich mich nicht darum, oder ich denke, dass sie im Großen und Ganzen die Merkmale von Lebewesen tragen. Dass sie sich ohne ein lebendes Gebilde nach Art einer Zelle nicht eigenständig fortpflanzen können, ist in meinen Augen nicht von Bedeutung. Kein Lebewesen hat jemals existiert, ohne von anderen abhängig zu sein. Die Bedeutung der Viren in der Evolution kann man nicht hoch genug einschätzen, und sie waren für den Fortbestand des Lebens während seiner gesamten Existenz eine wichtige Triebkraft – mehr darüber später.

[3]Das älteste Exemplar des *Homo sapiens* wurde in Marokko gefunden und ist ungefähr 300.000 Jahre alt; diese Menschen werden allerdings manchmal als archaisch bezeichnet; dagegen sind die ältesten anatomisch modernen Menschen eher um die 200.000 Jahre alt.

sapiens aus der Zeit vor 200.000 Jahren waschen, die Haare schneiden und ihn oder sie in Kleidung aus dem 21. Jahrhundert stecken, sie würden in keiner Stadt der heutigen Welt deplaziert wirken.

In dieser Unveränderlichkeit liegt ein Rätsel. Auch wenn wir heute nicht sonderlich anders aussehen, haben die Menschen sich verändert, und das tief greifend. In der Frage, wann der Wandel stattfand, gibt es Meinungsverschiedenheiten, aber vor 45.000 Jahren war etwas geschehen. Viele Wissenschaftler halten es für eine plötzliche Veränderung – wobei „plötzlich" in den Maßstäben der Evolution keinen Blitzeinschlag bedeutet, sondern einen Zeitraum von mehreren hundert Generationen und Dutzenden von Jahrhunderten. Über die sprachlichen Mittel, mit denen wir die an solchen Übergängen beteiligten Zeitmaßstäbe beschreiben könnten, verfügen wir nicht in vollem Umfang. Eines aber können wir an den archäologischen Funden beobachten: die Entstehung und Anhäufung einer ganzen Reihe von Verhaltensweisen, die zum modernen Menschen gehören und die wir in der Zeit davor nur in geringerer Zahl oder überhaupt nicht finden. Im Vergleich zu der Zeit, seit es Leben auf der Erde gibt, spielte sich dieser Wechsel nahezu in einem Augenblick ab.

Der Wandel vollzog sich nicht nur in unserem Körper oder unserer Physiologie, ja nicht einmal nur in unserer DNA. Was sich veränderte, war die Kultur. Wissenschaftlich betrachtet, bezeichnet Kultur ganz allgemein die Artefakte, die mit einer bestimmten Zeit und einem Ort in Verbindung stehen. Dazu gehören Dinge wie Werkzeuge, Herstellung von Messerschneiden, Geräte für den Fischfang, dekorativ verwendete Farbstoffe und Schmuck. Die archäologischen Überreste von Herdstellen zeugen von der Fähigkeit, das Feuer zu beherrschen und zu kochen, ja vielleicht auch von einer Funktion als gesellschaftlicher Treffpunkt. Aus der materiellen Kultur können wir auf das Verhalten schließen. Anhand der Fossilien können wir uns auszumalen versuchen, wie die Menschen aussahen, aber anhand der archäologischen Hinweise auf das Drum und Dran im Leben unserer Vorfahren können wir der Frage nachgehen, *wie* die prähistorischen Menschen waren und wann sie so wurden.

Vor 40.000 Jahren gestalteten sie dekorativen Schmuck und Musikinstrumente. In der Kunst waren symbolische Darstellungen herangereift, und unsere Vorfahren erfanden neue Waffen und Jagdtechniken. Innerhalb weniger Jahrtausende hatten sie Hunde in ihr Leben aufgenommen – gezähmte Wölfe, die unsere Vorfahren auf der Nahrungssuche begleiteten, lange bevor sie zu Haustieren wurden.

In ihrer Aneinanderreihung werden alle diese Verhaltensweisen gemeinsam manchmal als Großer Sprung Vorwärts bezeichnet, als hätten die Menschen in einem Sprung einen Zustand der intellektuellen Weiterentwicklung erlangt, wie wir ihn heute an uns beobachten. Man kann auch von einer „kognitiven Revolution" sprechen, aber ich habe etwas dagegen, diese Formulierung für einen Prozess zu verwenden, der einerseits kontinuierlich ablief und andererseits vermutlich mindestens einige Jahrtausende dauerte – echte Revolutionen sollten wie der Blitz einschlagen. Aber wie dem auch sei: Das moderne Verhalten entstand dauerhaft und schnell in mehreren Regionen rund um die Welt. Menschen fingen an, raffinierte, realistische oder abstrakte Figuren zu schnitzen, vermeintliche Chimären aus Elfenbein herzustellen und Höhlenwände mit Jagddarstellungen oder Bildern von Tieren zu schmücken, die für ihr Leben wichtig waren. Das älteste vom *Homo sapiens* geschaffene figürliche Kunstwerk, das man kennt, ist eine 40.000 Jahre alte, 30 cm hohe Statue eines schlanken Mannes mit Löwenkopf. Sie wurde während der letzten Eiszeit aus einem Mammutstoßzahn geschnitzt.

Wenig später stellten die Menschen kleine Frauenstatuen her, die heute als Venusfigurinen bezeichnet werden. Ob diese Puppen einem bestimmten Zweck dienten, wissen wir nicht, nach Ansicht mancher Fachleute könnten sie aber Fruchtbarkeitsamulette gewesen sein, denn ihre anatomischen Geschlechtsmerkmale sind übertrieben dargestellt: vollbusige Frauen mit geschwollenen Schamlippen und häufig einem bizarr kleinen Kopf (Abb. 1). Vielleicht waren sie nur Kunstwerke um ihrer selbst willen, oder es handelte sich um Spielzeug. Wie dem auch sei: Um solche Skulpturen zu schaffen, braucht man große Geschicklichkeit, Voraussicht und die Fähigkeit zum abstrakten Denken. Ein Mann mit Löwenkopf ist ein imaginäres Wesen. Die Venusamulette sind absichtliche Falschdarstellungen, Abstraktionen des menschlichen Körpers. Die Figurinen können auch nicht isoliert existiert haben: Kunsthandwerk setzt Übung voraus, und auch wenn heute nur noch eine Hand voll dieser wunderschönen Kunstwerke erhalten geblieben ist, müssen sie einen fortlaufenden Prozess repräsentieren, eine lange Reihe fähiger Künstler oder Künstlerinnen.

Manche derartigen Merkmale zeigen sich schon, bevor der Übergang zum modernen Verhalten vollständig vollzogen war, aber dann tauchen sie nur vorübergehend auf und verschwinden wieder aus den archäologischen Befunden. Der *Homo sapiens* war nicht der einzige Mensch, der in den letzten 200.000 Jahren lebte, und er war auch nicht der Einzige, der eine hochentwickelte Kultur besaß. Auch der *Homo neanderthalensis* war keineswegs die brutale Bestie der Volkskultur, sondern einfach nur ein Mensch. Sich die Neandertaler als aufrecht gehende Affen vorzustellen, die mit unbeholfener Sprache und einfachen Werkzeugen im Schmutz lebten und

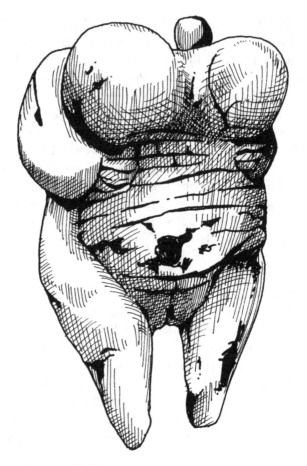

Abb. 1   Die Venus vom Hohlefels

zum Aussterben verurteilt waren, ist falsch. Sie ließen eindeutig Zeichen modernen Verhaltens erkennen: So stellten sie Schmuck her, bedienten sich bei der Jagd komplexer Methoden, benutzten Werkzeuge, beherrschten das Feuer und schufen abstrakte Kunstwerke. Wir müssen uns vorstellen, dass sie hoch entwickelt waren und sich in dieser Hinsicht nicht von unseren unmittelbaren Vorfahren der Spezies *Homo sapiens* unterschieden. Das spricht gegen den Gedanken, unser eigener Sprung nach vorn sei etwas Einzigartiges gewesen. Die Neandertaler galten zwar traditionell als unsere Vettern, sie sind aber auch unsere Vorfahren: Wie wir heute wissen, trennten sich ihre und unsere Abstammungslinien vor mehr als einer halben Million Jahre, und nahezu während dieser gesamten Zeit waren beide Gruppen zeitlich und räumlich getrennt. Aber unsere Vorfahren verließen Afrika vor etwa

80.000 Jahren und wanderten dann in das Revier der Neandertaler ein. Sie erreichten Europa und Zentralasien, und vor ungefähr 50.000 Jahren vermischten sich beide Gruppen. Ihr Körperbau war so unterschiedlich, dass die Neandertaler außerhalb des Spektrums der körperlichen Vielfalt lagen, die wir heute kennen – sie hatten ein stärker fliehendes Kinn, einen etwas größeren Brustkorb, schwere Augenbrauen und ein stämmiges Gesicht. Sie waren aber nicht so unterschiedlich, dass unsere Vorfahren keinen Sex mit ihnen gehabt hätten: Frauen und Männer von beiden Seiten der Artgrenze kreuzten sich und hatten Kinder. Das wissen wir, weil unsere Gene in ihren Knochen und ihre Gene in unseren Zellen stecken. Die meisten Europäer tragen in ihrer DNA einen kleinen, aber nennenswerten Anteil, der von Neandertalern stammt, und damit verblasst jede Hoffnung auf eine eindeutige Grenze zwischen zwei Menschengruppen, die zu verschiedenen biologischen Arten erklärt wurden – das heißt zu Lebewesen, die keine fruchtbaren Nachkommen hervorbringen können. Aus nicht vollständig geklärten Gründen verschwindet die DNA der Neandertaler zwar langsam aus unserem Genom, aber die heutigen Menschen tragen ihr lebendes genetisches Erbe ebenso in sich wie die Gene eines anderen Menschentypus, der Denisova-Menschen, die weiter östlich lebten, und vielleicht auch andere, die man bisher noch nicht entdeckt hat.

Beim ersten Zusammentreffen mit unseren Vorfahren waren die Tage auf dieser Welt für die Neandertaler und diese anderen Menschen bereits gezählt, und vor ungefähr 40.000 Jahren hatte der *Homo sapiens* die letzten von ihnen überlebt. Ob die Neandertaler den gleichen vollständigen Übergang zu dem modernen Verhalten vollzogen hatten, das wir beim *Homo sapiens* beobachten, wissen wir nicht, und vielleicht werden wir es auch nie wissen; die Indizien deuten aber darauf hin, dass diese Höhlenmänner und -frauen uns in jeder Hinsicht stark ähnelten.

Unsere Abstammungslinie überlebte, sie starben aus. Was dem *Homo sapiens* seinen Vorteil gegenüber den Neandertalern verschaffte, wissen wir nicht. Betrachtet man ausreichend lange Zeiträume, ist alles Leben zum Aussterben bestimmt: Mehr als 97 % aller Arten, die jemals existiert haben, sind heute nicht mehr da. Das Dasein der Neandertaler auf der Erde währte viel länger als die Zeit, die wir bisher hinter uns gebracht haben, und doch verstehen wir bis heute nicht ganz, warum ihnen vor rund 40.000 Jahren das Lebenslicht ausgeblasen wurde. Nach heutiger Kenntnis gab es nie besonders viele Neandertaler, und das könnte zu ihrem Verschwinden beigetragen haben. Vielleicht waren unsere Vorfahren schlauer als sie. Vielleicht brachten sie auch Krankheiten mit, mit denen sie gelebt hatten, sodass sie Immunität besaßen, während die Erreger für eine urtümliche Bevölkerung tödlich waren. Vielleicht verlief ihr Dasein einfach im Sande. Nur eines wissen wir: Ungefähr zur gleichen Zeit zeigte der einzige verbliebene Menschentypus erstmals dauerhaft und auf der ganzen Welt die Anzeichen, die uns heute noch prägen.

Mit Sicherheit haben wir also alle unsere engsten Verwandten überflügelt. Der *Homo sapiens* blieb erhalten und vermehrte sich sehr effizient. Wir sind nach vielen Maßstäben die beherrschende Lebensform auf Erden – falls eine Rangordnung von Bedeutung ist (allerdings sind Bakterien uns zahlenmäßig überlegen – jeder von uns trägt mehr Bakterienzellen als menschliche Zellen in sich – und auch wesentlich erfolgreicher, was die Lebensdauer angeht. Sie haben uns vier Milliarden Jahre voraus, und nichts deutet darauf hin, dass sie aussterben könnten). Heute gibt es mehr als sieben Milliarden Menschen, mehr als zu jeder anderen Zeit in der Geschichte, und die Zahl steigt immer noch. Mit unserem Erfindungsreichtum, unserer Wissenschaft und Kultur haben wir viele Krankheiten ausgerottet, die Säuglingssterblichkeit drastisch verringert und die Lebenserwartung um Jahrzehnte gesteigert.

*****

Hamlet staunt über unsere Großartigkeit, und das Gleiche tun Wissenschaftler, Philosophen und Religionen schon seit Jahrtausenden. Aber der Fortschritt des Wissens hat an unserer Sonderstellung genagt. Nikolaus Kopernikus versetzte uns aus einer Welt im Mittelpunkt des Universums auf einen Planeten, der einen ganz gewöhnlichen Stern umkreist. Die Astrophysik des 20. Jahrhunderts offenbarte, dass unser Sonnensystem dem Durchschnitt unter Milliarden anderen in unserer Galaxis entspricht und dass diese ihrerseits eine von Milliarden Galaxien im Universum ist. Noch immer kennen wir nur eine Welt, die Leben beherbergt, aber seit 1997, als man außerhalb der Gravitationsanziehung unserer Sonne die ersten Planeten entdeckte, haben wir am himmlischen Firmament Tausende solche Welten kennengelernt, und im April 2018 wurde ein neuer Satellit gezielt zu dem Zweck gestartet, nach neuen fremden Welten zu suchen. Wir begreifen immer besser, welche Voraussetzungen erfüllt sein müssen, damit der Übergang von der Chemie zur Biologie stattfinden kann und Leben aus unfruchtbarem Gestein entsteht. Die Frage, ob es Leben außerhalb der Erde gibt, stellt sich heute in anderer Form: Es wäre erstaunlich, wenn es anderswo im Universum *keine* Lebewesen gäbe. Aber das alles liegt noch in der Zukunft – vorerst kennen wir Leben nur auf der Erde. Allerdings dürften wir nicht so einzigartig sein, wie wir einst geglaubt haben, und das wird umso deutlicher, je mehr Kenntnisse wir gewinnen.

Auf der Erde war Charles Darwin einer der Ersten, die uns von einer Stellung als besondere Geschöpfe in die Natur zurückholten. Er zeigte, dass wir Tiere sind und uns aus anderen Tieren entwickelt haben; damit festigte er unsere Stellung als Wesen, die nicht erschaffen, sondern gezeugt wurden. Die unbestreitbaren molekularbiologischen Belege für diese Säulen der Biologie gab es noch nicht, als er die Welt 1859 in seinem Werk *Der Ursprung der Arten* mit seiner großen Idee konfrontierte. In diesem großartigen Werk vermied er es, die Menschen einzuschließen – dort gab er nur den Hinweis, dass sein Mechanismus der natürlichen Selektion schon bald auch Licht auf unsere eigenen Ursprünge werfen würde. In dem 1871 erschienenen Buch *Die Abstammung des Menschen* wandte er seine präzisen, weitsichtigen Gedanken auf unsere Entstehung an und zeichnete uns als Tiere, die ebenso wie alle anderen Lebewesen in der Erdgeschichte durch Evolution entstanden sind. Wir sind zwar größtenteils unbehaart, aber wir sind Menschenaffen und stammen von Menschenaffen ab; unsere Eigenschaften und Tätigkeiten wurden von der natürlichen Selektion geprägt oder aussortiert.

In diesem Sinn sind wir nichts Besonderes. Die Evolution unserer biologischen Eigenschaften ist nicht von der aller anderen Lebensformen zu unterscheiden und verlief nach Maßgabe eines Mechanismus, der überall ähnlich ist. Aber die Evolution stattete uns auch mit einer ganzen Reihe kognitiver Fähigkeiten aus, die uns paradoxerweise das Gefühl vermittelten, wir seien von der Natur getrennt, weil sie uns in die Lage versetzten, unsere Kultur so weit zu entwickeln und zu verfeinern, dass ihr Komplexitätsniveau weit über das aller anderen Arten hinausging. Sie vermittelte uns das eindeutige Gefühl, etwas Besonderes zu sein und eine gesonderte Schöpfung zu repräsentieren.

Aber viele Dinge, die man früher für etwas ausschließlich Menschliches hielt, sind es in Wirklichkeit nicht. Wir haben unsere Fähigkeiten weit über unser unmittelbares Vermögen hinaus gesteigert, indem wir die Natur genutzt und die Technologie erfunden haben. Aber auch viele Tiere verwenden Werkzeuge. Wir haben die Sexualität von der Fortpflanzung abgekoppelt und betreiben Sex fast immer zum Vergnügen. Dass es Wollust auch bei Tieren geben könnte, räumen Wissenschaftler meist nur widerwillig ein, in Wirklichkeit führt aber auch ein großer Anteil der sexuellen Aktivitäten von Tieren nicht zur Fortpflanzung und kann auch nicht dazu führen. Wir sind oftmals eine homosexuelle Spezies. Homosexualität wurde früher – und wird vielerorts bis heute – als „widernatürlich" verunglimpft, als Verbrechen gegen die Natur. In Wirklichkeit gibt es sexuelle Betätigung zwischen Angehörigen des gleichen Geschlechts in der Natur in Hülle und Fülle, bei Tausenden von Tieren. Bei Giraffen beispielsweise könnten sexuelle Begegnungen zwischen Männchen durchaus eine beherrschende Rolle spielen.

Mit unserer Kommunikationsfähigkeit scheinen wir alle anderen Tiere auszustechen, aber vielleicht wissen wir nur noch nicht, was sie sich gegenseitig sagen. Ich schreibe dieses Buch, und Sie lesen es; ein solches Ausmaß der Kommunikation hat sich in der Evolution weit über jenes Niveau hinaus entwickelt, das wir bei anderen Arten beobachten. Damit sind wir sicher anders, aber ein Fangschreckenkrebs kümmert sich einen feuchten Kehricht darum. Er kann 16 verschiedene Lichtwellenlängen sehen – bei uns sind es nur kümmerliche drei[4] –, und das ist für ihn sicher nützlicher als sämtliche Kultur und Selbstachtung, die wir uns im Laufe der Jahrtausende zu Eigen gemacht haben.

Dennoch ist ein Buch geradezu ein Sinnbild für die Kluft zwischen uns und allen anderen Tieren. Mit seiner Hilfe teile ich Informationen, die von Tausenden anderen Menschen gesammelt wurden, und mit nahezu keinem von ihnen bin ich nahe verwandt. Ich habe ihre Ideen studiert und in einem Kommunikationshilfsmittel von nahezu unvorstellbarer Komplexität aufgezeichnet, sodass unser Geist durch diese Sammlung von Geschichten bereichert wird, die neu sind und hoffentlich das Interesse aller wecken, die sich die Mühe machen, das Buch in die Hand zu nehmen.

Dieses Buch handelt davon, wie paradox es ist, dass wir zu Menschen wurden. Es beschäftigt sich mit einer Evolution, die einen ansonsten durchschnittlichen Menschenaffen mit ungeheuren Geisteskräften ausstattete, sodass er Werkzeuge, Kunst, Musik, Wissenschaft und Technik schaffen konnte. Durch alte Knochen und heutzutage auch durch die Genetik wissen wir über die Mechanismen unseres Evolutionsweges im Laufe der Erdzeitalter Bescheid (auch wenn noch Vieles zu entdecken bleibt); weit weniger wissen wir aber über die Entwicklung unseres Verhaltens, unseres Geistes und die Frage, wie wir uns als Einzige zu den kulturellen und sozialen Wesen entwickelt haben, die wir heute sind.

Gleichzeitig ist es aber auch ein Buch über Tiere, von denen wir eines sind. Wir sind eine egozentrische Spezies, und es fällt uns schwer, uns selbst und unser Verhalten nicht bei anderen Tieren wiederzufinden. Manchmal haben solche Eigenschaften tatsächlich mit den unseren einen gemeinsamen Ursprung. Oft ist das aber auch nicht der Fall. Unabhängig von der Ent-

---

[4]Oder vier: Allmählich wächst die Vermutung, dass manche Frauen Tetrachromaten sind, das heißt, ihre Fotorezeptoren sind für die Wahrnehmung von vier Primärfarben optimiert und nicht nur für die üblichen, trichromatischen drei. Die neue Primärfarbe liegt im grünen Bereich.

stehung unternehme ich den Versuch, unser eigenes Verhalten zu enträtseln. Dazu weise ich darauf hin, wo wir solche Merkmale auf der Erde sonst noch finden, und ich versuche herauszuarbeiten, welche Dinge es nur bei uns gibt, welche wir mit unseren engsten Evolutionsverwandten gemeinsam haben und welche nur ähnlich aussehen, in Wirklichkeit aber keine Verwandtschaft besitzen. Ich untersuche die Evolution der Technologie bei Menschen – die schon vor Hunderttausenden von Jahren die Bearbeitung von Steinen und Stöcken sowie das Feuer beherrschten – und bei den vielen anderen Tieren, die ebenfalls Werkzeuge benutzen. Evolutionsbiologen denken gern über Sex nach; auch damit werde ich mich beschäftigen und nicht nur zu verstehen versuchen, wie wir den Sex in seinen unzähligen Formen von der Fortpflanzung entkoppelt haben, sondern auch wie das Sexualleben von Tieren ein Karneval der Genüsse ist, der sich nicht immer als unmittelbare Ausdrucksform der biologischen Notwendigkeit zum Zeugen von Nachkommen erklären lässt. Damit feiern wir zwar sowohl uns selbst als auch die großartige Vielfalt der Natur, wir sind aber zweifellos auch Wesen, die zum Gegenteil von mustergültigem Verhalten in der Lage sind und entsetzliche Albträume schaffen können – Gewalt, Krieg, Völkermord, Mord, Vergewaltigung. Ist das alles etwas anderes als die oftmals schrecklichen Verhaltensweisen, die Teil der brutalen Natur sind, etwas anderes als die Gewalt und die Sexualpraktiken, die in Fernseh-Naturfilmen nicht zur Schau gestellt werden? Im letzten Teil werde ich die Hintergründe der Evolution modernen Verhaltens unter die Lupe nehmen – damit meine ich die Entstehung von Menschen, die so sind wie wir heute. Unser Körper wurde viel früher modern als unser Geist, und das ist ein Rätsel, das einer genaueren Betrachtung wert ist.

Biologen bewerten häufig die Wunder der Evolution. Manchmal wollen sie damit uns selbst verstehen, manchmal auch das große Ganze des Lebendigen auf der Erde. Dieses Buch vermittelt eine Ahnung von dem monumentalen, gewundenen Weg, den jedes Lebewesen hinter sich hat. Schließlich sind wir die einzigen, die ihn einschätzen können.

Welch ein Meisterstück sind wir!
*****

Die Säulen der Biologie sind festgefügt. Sie wurden im Laufe der letzten beiden Jahrhunderte aufgebaut und immer wieder überprüft. Wir haben die Prinzipien der natürlichen Selektion an die Genetik gebunden, und das in Zellen, die durch chemische Vorgänge angetrieben werden. Wir haben diese Prinzipien auf die Vergangenheit angewandt und so ein Bild davon gezeichnet, wie sich das Leben von einfachen Anfängen in den Tiefen der Ozeane bis in den letzten Winkel unseres Planeten ausgebreitet hat. Demnach könnte manch einer glauben, die Erforschung des Lebens auf der Erde sei mehr oder weniger abgeschlossen und man müsse nur noch die Details ergänzen. Aber die Wissenschaft schläft nie: Immer noch haben unsere Erkenntnisse gigantische Lücken. Der größte Teil der Natur wurde nach wie vor nicht beobachtet und erstaunt uns bis heute Tag für Tag mit neuen Entdeckungen, neuen Arten und neuen Merkmalen bei Tieren und anderen Lebewesen, die wir noch nie zuvor gesehen haben oder uns vielleicht einfach nicht vorstellen konnten.

Manche Dinge, die auf den folgenden Seiten beschrieben werden, wurden erst 2018 entdeckt, in dem Jahr, in dem ich die Arbeit an diesem Buch abgeschlossen habe. Das kann bedeuten, dass die Details noch spärlich sind oder nur einmal oder bei wenigen Gelegenheiten beobachtet wurden. Es kann auch bedeuten, dass es sich bei solchen neu beobachteten Verhaltensweisen um Ausreißer handelt, um wirklich ungewöhnliche Merkmale. Andere lassen sich vielleicht auf viele oder sogar alle Arten verallgemeinern. In manchen Fällen wird sich möglicherweise herausstellen, dass sie nicht das waren, was man ursprünglich geglaubt hatte. Auch wenn wir im Fernsehen noch so prachtvolle Dokumentarfilme sehen, sind die meisten Tiere nahezu während ihres ganzen Lebens dem Blick der Menschen entzogen, und ihre Heimat haben sie in Umgebungen, die für uns unwirtlich oder fremdartig sind. So ist die Wissenschaft nun einmal: Suchet, so werdet ihr finden. Solche Tiere zu studieren ist schon für sich betrachtet wichtig, es kann aber auch neue Einblicke in unseren eigenen Zustand liefern.

Manchmal scheinen solche Verhaltensweisen den gleichen evolutionären Ursprung zu haben wie bei uns. Andere gibt es bei nichtmenschlichen Tieren, weil sie eindeutig im Kampf ums Dasein von großem Nutzen sind und sich in der Evolution viele Male entwickelt haben: Insekten, Fledermäuse und Vögel haben Flügel, aber was den Erwerb der Flugfähigkeit angeht, bestehen zwischen ihnen wenig Gemeinsamkeiten. Der Philosoph Daniel Dennett bezeichnet solche Fähigkeiten als „gute Tricks": Damit meint er, dass sie von großem Nutzen sind und sich deshalb in der Vergangenheit viele Male entwickelt haben. Das Fliegen ist ein guter Trick und hat sich in der Evolution mehrfach bei sehr weitläufig verwandten Arten entwickelt, aber auch viele Male innerhalb derselben Artengruppen. Auf diese Weise ist Evolution oftmals sehr effizient: Wenn es einmal einen Plan zur Erzeugung eines bestimmten Merkmals gibt, kann er bei Bedarf immer wieder zur Anwendung kommen. Die Insektenflügel sind in den letzten paar Hundert Millionen Jahren Dutzende oder vielleicht Hunderte von Malen gekommen und gegangen, wenn es dem Überleben in der jeweiligen lokalen Umwelt diente, aber der genetische Mechanismus, der hinter den Flügeln steht, blieb während der ganzen Zeit mehr oder weniger unverändert. Fliegen ist nur in manchen Fällen nützlich und erfordert hohen Aufwand; deshalb kann es geschehen, dass die Fähigkeit wie ein Wintermantel abgelegt wird und die entsprechenden Gene außer Betrieb gesetzt werden, wenn sie nicht gebraucht werden.

Wenn wir unsere eigene Evolution erforschen wollen, gibt es eine Fülle von Fallstricken. Wir müssen nicht nur vorsichtig sein, wenn wir ähnlichen Funktionen einen gemeinsamen Ursprung zuschreiben, sondern wir dürfen auch unser heutiges Verhalten nicht mit der Annahme verwechseln, dies sei der Grund, warum das Verhalten sich ursprünglich entwickelt hat. Im Zusammenhang mit dem Ursprung unseres Körpers und Verhaltens gibt es viele reizvolle Mythen, die sich am Rand der Pseudowissenschaft bewegen. Eines muss klar sein: Alles Leben ist durch Evolution entstanden. Aber das bedeutet nicht zwangsläufig, dass sich alle Verhaltensweisen mit dem zentralen Gedanken der Evolution – der Anpassung – erklären lassen. Viele Verhaltensweisen sind insbesondere bei uns Menschen schlicht Neben-produkte unseres durch Evolution entstandenen Daseins, aber sie haben keine gezielten Funktionen, die unserem Überleben dienen. Besonders häufig begegnet man diesem Fehlschluss im Zusammenhang mit unseren sexuellen Verhaltensweisen, die wir noch im Einzelnen betrachten werden. Bei Tieren beobachten wir sexuelles Verhalten, das wir bei uns selbst manchmal mit Vergnügen in Verbindung bringen, manchmal aber auch mit verbrecherischer Gewalt. Ganz gleich, wie adrett oder reizvoll eine Erklärung auch sein mag, die Wissenschaft sucht nach Fakten und Belegen, aber auch nach der Möglichkeit, eine Idee so lange zu überprüfen, bis sie widerlegt ist.

Jeder Evolutionsweg ist einzigartig. Zwar sind alle Lebewesen ver-wandt, aber die Entstehung jedes Einzelnen ist eine eigene Geschichte: Die Selektion wurde durch unterschiedliche Formen von Druck vorangetrieben, und zufällige Veränderungen in der DNA lieferten die Matrize, von der Variation, Selektion und evolutionärer Wandel ausgehen. Die Evolution ist blind und Mutationen sind Zufall, aber die Selektion ist es nicht.

Das Ausprobieren ist ein vorsichtiger Prozess; radikale biologische Ver-änderungen führen normalerweise zum Tode. Manche evolutionären Ent-wicklungen sind so eindeutig nützlich, dass sie nie wieder verschwinden. Ein Beispiel ist die Sehfähigkeit. In den Ozeanen sehen zu können, war für die Lebensform, die vor mehr als 540 Mio. Jahren erstmals die Fähig-keit erlangte, sicher ein bedeutender Vorteil – man kann die Dinge sehen, die man fressen will, und sich auf sie zubewegen; ebenso kann man Dinge sehen, die einen fressen wollen, um dann wegzuschwimmen. Nachdem sich die Sehfähigkeit entwickelt hatte, verbreitete sie sich schnell. Seither ist das genetische Programm für die visuelle Übertragung – das heißt, für die Umwandlung von Licht in Sehen – bei allen Organismen, die sie beherrschen, praktisch gleich geblieben. Wenn dagegen eine Krähe mit einem gebogenen Stock eine fette Larve aus einer Baumrinde stochert, handelt es sich um eine Fähigkeit, die sich in der Evolution vollkommen unabhängig auch bei einem Schimpansen entwickelt hat, wenn dieser genau das Gleiche tut; eine gemeinsame genetische Grundlage gibt es in diesem Fall wohl kaum. Alle Fähigkeiten sind durch Evolution entstanden, aber das heißt nicht, dass sie alle gemeinsame Wurzeln haben. Die Ähnlichkeiten und Unterschiede in Verhaltensweisen, die uns vertraut vorkommen, herauszugreifen und zu bewerten, ist ein entscheidender Aspekt, wenn wir unsere eigene Evolution verstehen wollen.

Obwohl alle in diesem Buch erörterten Eigenschaften voneinander abhängig sind, müssen wir sie getrennt betrachten. Die Reihenfolge oder die Umstände ihrer Entstehung können wir nicht neu erschaffen. Unser Gehirn wuchs, unser Körper veränderte sich, unsere Fähigkeiten verfeinerten sich und wir wurden gesellig, aber alles waren unterschiedliche Vorgänge. Wir schlugen Funken und zündeten Feuer an, pflügten die Erde, erfanden Mythen, schufen Götter und machten Tiere nutzbar. Die Anfänge der Kultur basierten auf allen diesen Dingen, deren Triebkräfte Informationsaustausch und Erfahrung waren. Nicht ein Apfel vermittelte uns das Wissen – Äpfel sind das Produkt unseres eigenen landwirtschaftlichen Erfindungsreichtums. Entscheidend war, wie wir unser Leben führten. Wir lebten in Bevölkerungsgruppen, die heranwuchsen, bis aus der Großfamilie eine Gemeinschaft wurde und die Aufgaben in den Gemeinschaften an Spezialisten verteilt wurden – Musiker, Künstler, Handwerker, Jäger, Köche. Mit der Weitergabe des Wissens solcher Experten – mit der geistigen Verflechtung – entstand die Modernität. Als Einzige häufen wir Kultur an und unterrichten andere darin. Wir geben Informationen nicht nur durch DNA über die Generationen weiter, sondern in alle Richtungen und an Menschen, zu denen wir keine unmittelbaren biologischen Bande haben. Wir zeichnen Kenntnisse und Erfahrungen auf und teilen sie mit. Wir haben andere unterrichtet, die Kultur geprägt, Geschichten erzählt und uns damit selbst erschaffen.

Dass es so sein könnte, vermutete schon Darwin mit seiner charakteristischen Weitsicht[5]:

---

[5]Die Abstammung des Menschen von C. Darwin, Nachdruck Wiesbaden: Fourier 1966, S. 87.

Nur der Mensch [ist] einer fortschreitenden Veredelung fähig. Dass er einer unvergleichlich größeren und schnelleren Veredelung als irgend ein anderes Tier fähig ist, lässt sich nicht bestreiten; dies ist wesentlich eine Folge seines Vermögens zu sprechen und seine erworbene Kenntnis zu überliefern.

Was entscheidend ist: Wir sind die einzige Spezies, die sich selbst bei Licht betrachtet und sich gefragt hat: „Bin ich etwas Besonderes?" Paradoxerweise lautet die Antwort: Ja und Nein.

Im Laufe der Zeitalter sind wir, die wir anfangs nicht sonderlich herausgehobene Tiere waren, so weit gekommen, dass wir glauben, wir seien auf einzigartige Weise erschaffen worden und würden uns von der übrigen Welt des Lebendigen unterscheiden, als wären wir in einer Art Quantenzustand, in dem wir beide Positionen gleichzeitig einnehmen können. Daraus folgt eine Darstellung, die uns einerseits eindeutig als Tiere beschreibt und andererseits gleichzeitig deutlich macht, wie außergewöhnlich wir sind.

Teil I

Menschen und andere Tiere

Werkzeuge

Menschen sind besessen von Technologie. Das Wort hat in der modernen Zeit eine ganz bestimmte Bedeutung erlangt. Diese Worte schreibe ich auf einem Computer, auf dem im Hintergrund ein über WLAN verbundener Internetbrowser läuft. Solche elektrischen Gerätschaften und Dienstleistungen halten wir heute häufig für die Verkörperung von Technologie. Der Science-Fiction-Autor Douglas Adams formulierte für unseren Umgang mit der Technologie drei Regeln:

1. Alles, was in der Welt ist, wenn du geboren wirst, ist normal und gewöhnlich und einfach ein ganz natürlicher Teil der Funktionsweise unserer Welt.
2. Alles, was zwischen deinem 15. und 35. Lebensjahr erfunden wird, ist neu und aufregend und revolutionär, und du kannst damit vermutlich nie Karriere machen.
3. Alles, was nach deinem 35. Lebensjahr erfunden wird, widerspricht der natürlichen Ordnung.

In den Medien herrscht offensichtlich ein ständiges Misstrauen gegenüber neuer Technologie. Es geht insbesondere von älteren Menschen aus, die ihre Sorge um die Jugend zum Ausdruck bringen: *Denkt denn niemand an die Kinder?*

So war es schon immer. Im 5. Jahrhundert v. u. Z. lästerte Sokrates über die Gefahren einer neuen, zerstörerischen Technologie, weil er fürchtete, sie würde bei jungen Männern allen möglichen Dingen Vorschub leisten:

© Springer-Verlag GmbH Deutschland, ein Teil von Springer Nature 2020
A. Rutherford, *Bin ich etwas Besonderes?*, https://doi.org/10.1007/978-3-662-61566-9_2

Vergesslichkeit in den Seelen der Lernenden, weil sie ihr Gedächtnis nicht anwenden werden … Sie werden die Hörer vieler Dinge sein und haben doch nichts gelernt; sie werden allwissend erscheinen und im Allgemeinen nichts wissen; sie werden eine ermüdende Gesellschaft sein, haben sie doch den Anschein von Weisheit, aber nicht deren Wirklichkeit.

Die Technologie, die Sokrates' Zorn erregte, war das Schreiben. 2000 Jahre später, im 16. Jahrhundert, brachte der Schweizer Universalgelehrte, Philologe und Naturwissenschaftler Conrad Gessner ähnliche Bedenken im Zusammenhang mit dem Potenzial einer weiteren Neuerung in der Informationstechnik zum Ausdruck: der Druckpresse.

Plus ça change … Die derzeitige kulturelle Technikverdrossenheit ist daraus geboren, dass wir heute viel Zeit vor dem Bildschirm verbringen. Die Medien, ob gedruckt oder online, machen sich endlose Sorgen um die Zeit, die wir vor dem Bildschirm zubringen, und um den dadurch verursachten potenziellen Schaden. Alles Mögliche, von der Kleinkriminalität bis zum Amoklauf und vom Autismus bis zur Schizophrenie, wurde in den letzten Jahren auf eine zu lange Zeit vor dem Bildschirm zurückgeführt. Im Allgemeinen ist das eine frustrierende, pseudowissenschaftliche Diskussion, denn die Bedingungen für das Problem sind schlecht umrissen und unscharf definiert. Haben fünf Stunden, die man sich allein in ein Videospiel vertieft, die gleiche Wirkung wie fünf Stunden, die man sich vor einem Lesegerät von einem Buch fesseln lässt? Spielt es eine Rolle, ob in dem Spiel Gewalt, Rätsel oder beides vorkommen, oder ob das Buch die Aufforderung zu Gewalt oder zur Herstellung von Waffen enthält? Ist es das Gleiche, ob man im Kino einen Film sieht oder zu Hause mit der Familie ein Videospiel spielt?

Die Daten stehen noch nicht zur Verfügung, und aus den bisher durchgeführten Studien lassen sich entweder keine stichhaltigen Schlussfolgerungen ableiten, oder sie waren in dieser oder jener Hinsicht fehlerhaft. Teilweise dreht sich die Diskussion jedoch darum, dass wir zu lange vor dem Bildschirm sitzen, statt in der gleichen Zeit kreativeren oder kulturellen Beschäftigungen nachzugehen oder uns zu entfalten, ohne dabei auf Technologie zurückzugreifen. Natürlich ist auch ein Malpinsel ein technisches Werkzeug, ebenso ein Bleistift, ein angespitzter Stock oder ein Teilchenbeschleuniger. Nahezu nichts, was wir tun – ob künstlerisch, kreativ oder im engeren Sinne wissenschaftlich – wäre ohne technische Grundlagen möglich. Singen, Tanzen, sogar manche Formen von Sport wie das Schwimmen, kommen ohne direkte Anwendung äußerer technischer Mittel aus, aber wenn ich zusehe, wie meine Tochter ihre Haare zu einem Knoten bindet und mit Spray befestigt, ihre mitgenommenen Fußnägel schneidet und vor dem Ballettunterricht ihre Spitzentanzschuhe anzieht, kann ich mich des Gedankens nicht erwehren, dass wir Tiere sind, deren gesamte Kultur und Existenz vollständig von Werkzeugen abhängen.

Was also ist ein Werkzeug? Einige Definitionen gibt es. Die Folgende stammt aus einem maßgeblichen Lehrbuch über das Verhalten von Tieren:

> Die äußere Anwendung eines nicht befestigten oder manipulierbar befestigten Objekts aus der Umwelt mit dem Ziel, die Form, die Position oder den Zustand eines anderen Objekts, eines anderen Lebewesens oder des Anwenders selbst effizienter zu verändern, wobei der Anwender das Werkzeug während der Anwendung oder davor festhält und unmittelbar handhabt und für die richtige, effiziente Orientierung des Werkzeugs verantwortlich ist.

Das ist wortreich formuliert, schließt aber nahezu alles ein[1]. Manche Definitionen unterscheiden zwischen gefundenen Objekten und Gegenständen, die bearbeitet wurden und deshalb als Technologie eingestuft werden können. Entscheidend ist der Gedanke, dass es sich bei einem Werkzeug um etwas handelt, was nicht zum Körper des Tieres gehört und dem Tier dazu dient, eine physische Aktion auszuführen, welche die eigenen Fähigkeiten übersteigt.

Werkzeuge sind ein unverzichtbarer Bestandteil unserer Kultur. Manchmal spricht man von kultureller Evolution im Gegensatz zur biologischen Evolution: Die Erste wird gesellschaftlich gelehrt und weitergegeben, die Zweite ist in unserer DNA codiert. In Wirklichkeit sind beide aber untrennbar verbunden; deshalb stellt man sich besser eine Koevolution von Genen und Kultur vor. Beide treiben sich gegenseitig an, und die kulturelle Weitergabe von Gedanken und Fähigkeiten setzt eine entsprechende, biologisch codierte Fähigkeit voraus. Biologie macht Kultur möglich, und Kultur verändert die Biologie.

Schon Jahrmillionen vor der Erfindung der Digitalarmbanduhr verfügten unsere Vorfahren über eine unverzichtbare technologische Kultur. Unser technologisches Engagement wird sogar in der wissenschaftlichen Nomenklatur gezielt berücksichtigt. Einer unserer ersten Gattungsgenossen – der vermutlich auch einer unserer Vorfahren war – heißt *Homo habilis*. Wörtlich bedeutet das „geschickter Mensch". Diese Menschen lebten vor 2,1 bis

---

[1] *Animal Tool Behavior: The Use and Manufacture of Tools by Animals* von Robert W. Shumaker, Kristina R. Walkup und Benjamin B. Beck, Johns Hopkins University Press, 2011.

1,5 Mio. Jahren in Ostafrika. Es gibt einige Funde, die als *habilis* eingestuft wurden. Sie haben im Allgemeinen ein flacheres Gesicht als die älteren Australopithecinen aus der Zeit vor drei Millionen Jahren, aber immer noch deren lange Arme und kleine Köpfe – ihr Gehirn war in der Regel nur halb so groß wie unseres. Auf den ersten Blick hätte *Homo habilis* eher wie ein Menschenaffe denn wie ein Affenmensch ausgesehen. Vermutlich war er der Vorfahre des grazileren *Homo erectus,* beide Arten existierten aber nebeneinander – vielleicht ein Hinweis, dass der *Homo habilis* sich innerhalb seiner eigenen Artengruppe auseinander entwickelte.

Die Einstufung als „geschickter Mensch" ist vorwiegend darauf zurückzuführen, dass manche Funde bei ihrer Entdeckung von Steinwerkzeugen umgeben waren. Manche Fachleute gehen davon aus, dass das Auftauchen von Werkzeugen die Grenze zwischen der Gattung *Homo* und allem Früheren repräsentiert, das heißt, die Menschen sind sogar durch den Werkzeuggebrauch definiert. Die umfangreichsten Werkzeugsammlungen, die mit dem *Homo habilis* assoziiert sind, stammen aus der Olduvai-Schlucht in Tansania; deshalb wird diese Form der Technologie auch als Oldowan-Kultur bezeichnet. Bei der Beschreibung der Oldowan-Werkzeuge und ihrer Funktionsweise wird viel Fachsprache verwendet; ein solcher Begriff ist die „lithische Reduktion", was im weitesten Sinne bedeutet, dass von einem Stein – häufig Quarz, Basalt oder Obsidian – Stücke abgeschlagen wurden, weil man ihm eine bestimmte Form und eine scharfe Schneide verleihen wollte. Viele archäologische Anhaltspunkte haben die Form von Steinsplittern – sie sind der Abfall, der anfällt, wenn ein Rohstein in ein Werkzeug verwandelt wird, und häufig sind sie noch vorhanden, wenn das Werkzeug selbst nicht mehr erhalten ist. Obsidian[2] ist ein Vulkangestein, eine Art vulkanisch entstandenes Glas, und damit eine gute Wahl für Schneidwerkzeuge: Er bildet so scharfe Kanten, dass manche Chirurgen ihm noch heute den Vorzug vor Stahlskalpellen geben.

Solche Tätigkeiten lassen auf kognitive Fähigkeiten schließen, mit denen man geeignete Steine auswählen und einen Plan schmieden konnte. Man braucht einen Hammerstein und eine Plattform – einen Amboss, auf dem man Stücke vom Rohmaterial abschlagen kann. Dieses Abschlagen ist eine gezielte, anspruchsvolle Tätigkeit, und das Arsenal enthält verschiedene Werkzeuge. Manche davon sind für grobe Arbeiten gedacht, so beispiels-

---

[2]Geologen verwenden großartige Namen: Obsidiangestein entsteht, wenn Silikatlava sich an den Rändern rhyolithischer Lavaströme schnell abkühlt; das heißt, sie ist reich an den Silikatverbindungen Feldspat und Quarz.

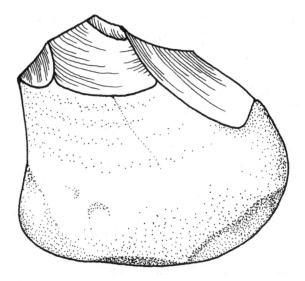

Abb. 1 Ein Oldowan-Chopper

weise die Oldowan-Chopper, die nach heutiger Kenntnis als Axtköpfe dienten (Abb. 1). Andere sind leichter – Schaber, mit denen das Fleisch von der Haut abgetrennt wurde, meißelförmige Stichel und andere Werkzeuge zur Holzbearbeitung. Auch hier setzt die Vielfalt der einzelnen Werkzeuge die kognitive Fähigkeit voraus, zwischen verschiedenen Hilfsmitteln für unterschiedliche Arbeiten zu unterscheiden.

Homo habilis gehört zu den ältesten Mitgliedern der Abstammungslinie, die wir als Menschen bezeichnen, und zu dieser Definition gehört auch der Werkzeuggebrauch. Die künstliche Abgrenzung wurde aber in der Wissenschaftsgeschichte nicht durchgehalten; der geschickte Mensch war nicht als Erster geschickt. Rund 1000 km nördlich der Olduvai-Schlucht, am Ufer des Turkana-Sees, liegt Lomekwi, eine weitere Schlüsselregion in der Kinderstube der Frühmenschen. Dort machte man 1998 einen Fund, der als *Kenyanthropus platyops* bezeichnet wurde, was ungefähr „flachgesichtiger Mensch aus Kenia" bedeutet. Er ist ein nicht unumstrittener älterer Menschenaffe, aber nach Ansicht mancher Fachleute ähnelt er morphologisch der Gattung *Australopithecus* so stark, dass eine Einstufung als eigene Art nicht gerechtfertigt ist. Ich bin mir nicht sicher, ob das von großer Bedeutung ist – unsere taxonomischen Definitionen sind an diesen willkürlichen Grenzen ohnehin unscharf, und man muss viele Vermutungen anstellen, denn es gibt nur wenige Funde, und zwischen ihnen liegen große Abstände: Man hat mehr als 300 Individuen von Australopithecinen gefunden, aber nur einen einzigen *Kenyanthropus*.

Im Jahr 2015 nahm eine Expeditionsmannschaft von Wissenschaftlern der New Yorker Stony Brook University in Lomekwi eine falsche Abzweigung und stolperte über eine Stelle, an der Steinabfälle, die auf absichtliche Werkzeugherstellung hindeuteten, auf dem Boden verstreut lagen. Nach weiteren Ausgrabungen fanden die Forscher viele andere Fragmente und auch die Werkzeuge selbst. Die Erde, in der sie lagen, konnte man genau datieren, was nicht immer einfach ist; in diesem Fall jedoch konnte man sich auf Schichten aus Vulkanasche und das geologische Phänomen der Magnetpolumkehr stützen.[3] Die dort gefundenen Werkzeuge sind nicht ganz so hoch entwickelt wie die aus der Olduvai-Schlucht, sie sind aber auch viel älter, nämlich vermutlich 3,3 Mio. Jahre. In einem Fall konnte man einen Gesteinssplitter dem Stein zuordnen, von dem er abgeschlagen wurde. Es ist ein Gefühl, das unter die Haut geht: Man stelle sich eine affenähnliche Person vor, die genau dort saß und absichtlich, mit einem Ziel im Kopf, ein Stück von einem Stein abschlug. Vielleicht war er oder sie mit dem Schlag nicht zufrieden, warf beide Hälften weg und beschäftigte sich mit etwas anderem. Vielleicht wurde sie aber auch von einem gefräßigen Raubtier verscheucht. Anschließend lagen die Stücke mehr als drei Millionen Jahre ungestört herum.

Wer dort saß und diese Werkzeuge herstellte, wissen wir nicht genau; eines ist aber klar: Dieses Lebewesen ging der Entstehung der Gattung *Homo* – der Menschen – um rund 700.000 Jahre voraus, und es könnte sich durchaus um den flachgesichtigen Kenianer gehandelt haben. Werkzeuge der Oldowan-Kultur hat man mittlerweile an wichtigen Fundstätten in ganz Afrika entdeckt, von denen man auch andere wichtige Belege für die Gegenwart von Menschen kennt, so in Koobi Fora am Ostufer des Turkana-Sees in Kenia sowie in Swartkrans und Sterkfontein in Südafrika. Auch in größeren Entfernungen hat man solche Werkzeuge entdeckt: in Frankreich, Bulgarien,

---

[3]Die Magnetpole bewegen sich ständig und haben in der Geschichte unseres Planeten viele Male die Plätze getauscht. Warum das geschieht, wissen wir nicht genau, und auch den Zeitpunkt der nächsten Umkehr können wir nicht vorhersagen. Sie spielt sich in Abständen von einigen Tausend Jahren ab, aber für die bekannten Zeitpunkte, an denen der magnetische Nord- und Südpol sich umkehren, konnte man keine Gesetzmäßigkeit finden. Die Umkehr lässt sich aber an mikroskopischen Fragmenten im Gestein ablesen und ist deshalb nützlich, wenn man die Entstehung des Gesteins datieren will. Derzeit bewegt sich der Nordpol mit einer Geschwindigkeit von einigen Kilometern im Jahr nach Süden, aber das ist nichts, worüber man sich Sorgen machen müsste – die Wanderung verläuft so langsam, dass sie auf uns und die vielen wandernden Tiere, die Magnetfelder wahrnehmen und sich an der natürlichen Polarität der Erde orientieren, keine merklichen Auswirkungen hat.

Russland und Spanien sowie im Juli 2018 auch in Südchina – bisher der älteste Fund außerhalb Afrikas. Die Technologie war über einen ungeheuer langen Zeitraum in Gebrauch: Er erstreckte sich möglicherweise über mehr als eine Million Jahre.

Nach unserer Lesart für die Technologiegeschichte der Menschen wurden die Oldowan-Werkzeuge nach und nach von einem neuen, komplizierteren Werkzeugarsenal verdrängt. Viele Tausend Kilometer von Ostafrika entfernt liegt St. Acheul, ein Vorort der Stadt Amiens in Nordfrankreich; dort führte 1859 ein größerer Fund von Axtköpfen zur Definition der am weitesten verbreiteten Werkzeugkultur in der gesamten Menschheitsgeschichte. Es waren nicht die ersten derartigen Funde – ähnliche Exemplare hatte man Ende des 18. Jahrhunderts schon in einem Dorf in der englischen Grafschaft Suffolk nicht weit von der hübschen Kleinstadt Diss entdeckt –, aber sie wurden zu den Typusexemplaren der Acheuléen-Kultur, wie man sie heute nennt.

Acheuléen-Faustkeile sind präziser gearbeitet als ihre Vorläufer aus der Oldowan-Kultur. In der Regel sind sie tropfenförmig mit einer behauenen, scharfen Spitze und abgeflachten Schneiden, häufig auf beiden Seiten. Außerdem sind sie größer: Ihre Schneide ist rund 20 cm lang, während es bei einer typischen Oldowan-Schneide nur fünf Zentimeter waren. Sie repräsentieren die Früchte der gesammelten kognitiven Fähigkeiten zur Herstellung echter Werkzeuge oder Waffen und setzen eine hoch entwickelte Koordination von Hand und Auge sowie ein noch höheres Maß an Voraussicht und Planung voraus. Das Zurechthauen eines Steines läuft in mehreren Schritten ab: Zunächst wird die grobe Form hergestellt, dann wird die Schneide mit einer zweiten Runde von geschickter lithischer Reduktion dünner gemacht und geschärft. Wer einmal an einem Kieselstrand ist, kann es mit einem Feuerstein versuchen. Es ist ein schwieriger Prozess, der große Geschicklichkeit erfordert; ein nicht genau gezielter oder schlecht platzierter Schlag lässt den Stein unwiederbringlich zerbrechen und beschädigt vielleicht auch die Finger.

Im Laufe der Evolutionszeiträume beobachten wir an solchen Schneiden eine Zunahme der Symmetrie parallel zur zunehmenden Gehirngröße. Die Instrumente findet man auf der ganzen Welt und über Artgrenzen hinweg. Die ältesten Acheuléen-Werkzeuge wurden – Stand 2015 – sogar in der Olduvai-Schlucht entdeckt, der (zumindest dem Namen nach) Heimat der Technologie, die durch sie verdrängt wurde. Man findet sie aber auch überall in Europa und Asien. Der *Homo erectus* stellte solche Schneiden ebenso her wie andere Frühmenschen, unter ihnen *Homo ergaster*, die Neandertaler und die ersten Vertreter des *Homo sapiens*. Sie dienten zur Jagd, zum Zerlegen von Tieren, zum Abschneiden des Fleisches von Haut und Knochen sowie zum Schnitzen der Knochen. Man verwendete sie als Speerspitzen, und manche Wissenschaftler haben die Vermutung geäußert, sie seien nicht nur so gebraucht worden, wie es ursprünglich beabsichtigt war, sondern auch zu zeremoniellen Zwecken oder sogar als Währung für den Handel.

Acheuléen-Werkzeuge sind die beherrschende Form der Technologie in der Menschheitsgeschichte. Zwar wurden im Laufe der Zeit verschiedene Verfeinerungen vorgenommen, es fällt aber auf, wie lange es diese Schneidwerkzeuge gab. Die Zahl der Menschen, die heutzutage ein Telefon benutzen, Auto fahren, eine Lesebrille besitzen oder aus Kaffeetassen trinken, ist zwar viel größer, aber was die Lebensdauer angeht, sind die Acheuléen-Werkzeuge haushoch überlegen. Wir definieren diese Phase anhand ihrer Technologie. Die Altsteinzeit (Paläolithikum) umfasst die Zeit vor 2,6 Mio. bis vor 10.000 Jahren. Der Begriff entbehrt nicht einer gewissen Ironie, denn Vieles, was mit den bearbeiteten Steinen hergestellt wurde, bestand vermutlich aus Holz und Knochen.

Noch vor wenigen Jahrzehnten war die Gattung *Homo* also durch Werkzeuge definiert. Heute dagegen wissen wir, dass auch die älteren Menschenaffen, die wir noch nicht als Menschen bezeichnen, ebenfalls Werkzeuge benutzten. Wir müssen also zu dem Schluss gelangen, dass der Werkzeuggebrauch, historisch betrachtet, nicht auf Menschen beschränkt war. Dies wird, wie wir später noch genauer erfahren werden, auch durch Fälle von Werkzeuggebrauch bei heutigen nichtmenschlichen Tieren unterstrichen. Als Material für ihre Technologie verwenden diese Tiere häufig keine Steine, sondern sie ernten es von Bäumen, und es besteht kein Grund zu der Annahme, dass nicht auch die Frühmenschen sich des Holzes bedienten. Natürlich wird Holz biologisch abgebaut, und deshalb verfügen wir nur über spärliche Überreste von bearbeitetem Holz aus der Vorgeschichte. Einige der besten Beispiele für prähistorische Holzbearbeitung lieferte eine schöne Fundstätte in der norditalienischen Toskana. Dort verteilen sich rund 170.000 Jahre alte Stücke von Buchsbaumholz in der Erde neben Acheuléen-Werkzeugen und Knochen von *Palaeloxodon antiquus*, einem heute ausgestorbenen Elefanten mit geraden Stoßzähnen. An anderen Stellen, so in dem Badeort Clacton in Essex, hat man eine Reihe von Speeren gefunden, aber bei den Überresten aus der Toskana handelt es sich vermutlich um Stöcke, die zu vielen Zwecken verwendet wurden; sie zeigen Spuren einer Bearbeitung, bei der unter anderem auch Feuer genutzt wurde. Buchsbaumholz ist hart und steif, und an den Steinen ist zu erkennen, dass die Rinde mit einem Steinschaber abgeschält wurde; möglicherweise ließ man sie auch verkohlen, um überflüssige Fasern oder Knoten zu beseitigen.

Wer schnitzte diese Speere und Grabstöcke? Zeit und Ort sprechen eindeutig für eine Bearbeitung durch die Hände von Neandertalern.

Holzwerkzeuge – insbesondere von derart hohem Alter – findet man nur selten und in großen Abständen. Wenn es um die Konventionen der Benennung geht, müssen wir uns der verfügbaren Indizien bedienen; danach folgt auf die Altsteinzeit das Mesolithikum (Mittelsteinzeit), eine Periode von 5000 Jahren, und dann schließen sich das Neolithikum (Jungsteinzeit) und die Gegenwart an.

Das Paläolithikum umfasst sowohl die Oldowan- als auch die Acheuléen-Werkzeugkultur; zusammen machen diese Phasen mehr als 95 % der Geschichte der der menschlichen Technologiegeschichte aus. Zwischen den beiden Typen gibt es einen erkennbaren Unterschied, aber ansonsten veränderte sich das Werkzeugarsenal der Menschen während der beiden Perioden von jeweils mehr als einer Million Jahre kaum. Große Entwicklungssprünge gibt es nicht. Die Menschen wanderten während dieser Zeit um die ganze Welt und kamen bis nach Indonesien sowie in alle Winkel Europas und Asiens voran. Wir beobachten einen langsamen Wandel der Anatomie, der Arten und der weltweiten Verteilung, aber die Technologie bleibt stets erkennbar.

Nachdem die Werkzeuge von Lomekwi auf ein Alter von 3,3 Mio. Jahren datiert wurden, lohnt es sich festzuhalten, dass auch diese ersten Technologienutzer bereits ungefähr vier Millionen Jahre von der Trennung zwischen unserer Evolutionslinie und der von Schimpansen, Bonobos und anderen Menschenaffen entfernt waren. Diese alle verwenden heute ebenfalls Werkzeuge – darauf werden wir in Kürze zu sprechen kommen. Nicht gesichert ist aber, ob der Werkzeuggebrauch ununterbrochen kulturell überliefert wurde. Menschen sammeln Kenntnisse und Fähigkeiten an und geben sie über lange Zeit weiter, sodass solche erworbenen Fähigkeiten in der Regel nicht mehr verloren gehen. Im Allgemeinen brauchen wir die gleiche Technologie nicht immer wieder neu zu erfinden. Haben alle Menschenaffen seit der Auseinanderentwicklung ununterbrochen Werkzeuge benutzt, oder wurde die Werkzeugbenutzung vergessen und viele Male neu erfunden? Das ist nicht geklärt, und vielleicht werden wir es nie wissen: Derzeit spricht kaum etwas dafür, dass andere Menschenaffen auch Steine bearbeiteten; sie benutzten zwar Werkzeuge aus Holz, aber die bleiben in fossiler Form nicht gut erhalten. Die grundlegende Technologie der Oldowan-Kultur tauchte zwar schon bei Vorfahren auf, die den Menschen vorausgingen, aber erst lange nach der Spaltung zwischen jenen Menschenaffen, die in Laufe der weiteren Evolution zu Menschen wurden, und denen, aus denen Gorillas, Schimpansen und Orang-Utans hervorgingen; in unserer Abstammungslinie ging also die Fähigkeit, gezielt äußere Objekte zu bestimmten Zwecken zu handhaben, weit über die aller anderen Tiere hinaus – und das schließt auch alle anderen Menschenaffen ein.

Wie man ein Macher wird

Wenn wir unsere technologischen Fähigkeiten auf einen großen Sprung vorwärts zurückführen, ist es wichtig, wie groß der Unterschied zwischen uns und den anderen Menschenaffen ist. Ein Werkzeug zu gestalten erfordert Voraussicht und Fantasie, und beides muss in feinmotorisch gesteuerte Tätigkeiten umgesetzt werden. Dazu bedarf es eines leistungsfähigen Gehirns. Wir müssen aber auch berücksichtigen, welche manuelle Geschicklichkeit es voraussetzt. Im Zusammenhang mit Technologie müssen wir über die physischen Eigenschaften von Gehirn und Körper reden. Unsere Hände sind von atemberaubender Komplexität. In der Robotertechnik ist man bemüht, die Freiheitsgrade einer normalen menschlichen Hand, deren Zahl bei bis zu 20 oder vielleicht 30 liegt, nachzubilden und so das zu imitieren, was wir ohne großes Nachdenken tun können. Man braucht sich nur einmal anzusehen, mit welcher faszinierenden Präzision Kyung Wa Chung ihre Finger bewegt, wenn sie das Violinkonzert von Bruch spielt. Oder wenn Shane Warne einem Kricketball einen solchen Spin verleiht, dass er eine Kurve von fast 90 Grad beschreibt, bevor er auf den Boden trifft, und so noch den besten Schlagmann der Welt hereinlegt. Solche magischen Fähigkeiten der Muskeln von Fingern und Daumen, Hand und Handgelenk setzen eine umfangreiche neurologische Verarbeitung voraus, die nicht nur die motorische Steuerung betrifft, sondern auch mit Absicht vorgenommen wird.

Wir haben ein ungewöhnlich großes Gehirn. Es ist auch auf ungewöhnliche Weise gefaltet und gefurcht, das heißt, die Verknüpfungen zwischen den Zellen haben eine äußerst hohe Dichte, und die Oberfläche unserer

© Springer-Verlag GmbH Deutschland, ein Teil von Springer Nature 2020
A. Rutherford, *Bin ich etwas Besonderes?*, https://doi.org/10.1007/978-3-662-61566-9_3

Großhirnrinde, die vor allem mit dem modernen Verhalten in Verbindung gebracht wird, wächst. Man kann das Gehirn mit vielen Maßstäben vermessen, und fast immer stehen wir nahezu – aber nicht ganz – an erster Stelle.

Das größte Gehirn aller Tiere besitzen wir nicht, denn dessen Größe nimmt in der Regel mit der Körpergröße zu. Die größten Tiere, die es jemals gegeben hat, sind vermutlich die Blauwale, aber das schwerste Gehirn hat der Pottwal: Es wiegt gewaltige acht Kilo. An Land ist der Afrikanische Elefant der Gehirn-Schwergewichtsweltmeister. Auch in der absoluten Zahl der Neuronen liegen die Afrikanischen Elefanten mit absurden 250 Mrd. an der Spitze, ungefähr dem Dreifachen der Zahl bei uns – wir belegen mit etwa 86 Mrd. den zweiten Platz. Zum Vergleich: Der Fadenwurm *Caenorhabditis elegans* ist bei Biologen aus vielen Gründen beliebt, unter anderem weil man bei ihm den Entwicklungsweg jeder einzelnen Körperzelle nachvollziehen kann, während er von einer befruchteten Eizelle zum ausgewachsenen Wurm heranreift. Sein ganzes Nervensystem besteht aus genau 302 Zellen. Diese scheinbar geringe Zahl sollte für uns kein Anlass zur Selbstzufriedenheit sein: Die Fadenwürmer haben ungefähr ebenso viele Gene wie wir, übertreffen uns aber in ihrem Gesamtgewicht, in ihrer Gesamtzahl und im Hinblick auf ihre evolutionäre Lebensdauer – sie werden uns um Hunderte von Jahrmillionen überdauern.

Die Großhirnrinde der Säugetiere ist insbesondere deshalb von Interesse, weil dort das Denken und komplexe Verhaltensweisen angesiedelt sind, aber auch in dieser Rangliste stehen wir nur auf dem zweiten Platz, dieses Mal hinter dem Langflossen-Grindwal: Er besitzt in seiner Großhirnrinde mehr als doppelt so viele Zellen wie wir. Nach diesem Maßstab liegen die afrikanischen Elefanten hinter allen Menschenaffen, vier Walarten, einer Robbe und einem Delfin.

Bei solchen wissenschaftlichen Gesellschaftsspielen bemühen wir uns darum, Gleiches mit Gleichem zu vergleichen. Schließlich sind Frauen im Durchschnitt kleiner als Männer, und auch ihr Gehirn ist proportional kleiner, aber – und das kann man nicht nachdrücklich genug betonen – dies ist eindeutig nicht mit messbaren Unterschieden in Kognitionsfähigkeit oder Verhalten verbunden. Vielleicht ist also der Vergleich von Gehirn- zu Körpermasse ein nützlicheres Maß, wenn man eine neurologische Grundlage für die Leistungsfähigkeit des Gehirns nachweisen will.

Aristoteles glaubte, wir würden nach diesem Maßstab an oberster Stelle stehen. In seinem Buch mit dem unzweideutigen Titel *Über die Teile der Tiere* schrieb er: „Von allen Tieren hat der Mensch im Verhältnis zu seiner Größe das größte Gehirn." Aristoteles ist zwar vor allem als Philosoph

bekannt, er war aber auch ein großartiger Naturwissenschaftler; in diesem
Falle hatte er allerdings nicht ganz recht. Auch hier stehen wir zwar weit
oben, aber nicht ganz an der Spitze; Ameisen und Spitzmäuse sind uns
um Längen voraus. Dies klärte 1871 ein Mann, der ein besserer Wissenschaftler war als Aristoteles. Charles Darwin schrieb in *Die Abstammung des
Menschen*[1]:

> Es ist sogar sicher, dass eine außerordentliche geistige Tätigkeit bei einer
> äußerst kleinen absoluten Masse von Nervensubstanz existieren kann. So sind
> ja die wunderbaren verschiedenen Instinkte, geistigen Kräfte und Affekte der
> Ameisen allgemein bekannt, und doch sind ihre Kopfganglien nicht so groß
> wie das Viertel eines kleinen Stecknadelkopfs. Von diesem letzteren Gesichts-
> punkte aus ist das Gehirn einer Ameise das wunderbarste Substanzatom in der
> Welt und vielleicht noch wunderbarer als das Gehirn des Menschen.

Nur jeweils eines von rund 40 Kilo unseres gesamten Körpergewichts
entfällt auf das Gehirn. Das Verhältnis ist ungefähr das gleiche wie bei
Mäusen, aber viel höher als bei Elefanten: Dort liegt es eher bei 1 zu 560.
Den Rekord für das geringste Verhältnis von Gehirn- zu Körpermasse hält
Acanthonus armatus, ein Fisch, der einem Aal ähnelt und zur Familie der
Bartmännchen gehört.

In den 1960er-Jahren wurde eine kompliziertere Methode zur
Berechnung der Leistungsfähigkeit des Gehirns erfunden. Der Enzephali-
sationsquotient (EQ) ist das Verhältnis zwischen der tatsächlichen
Gehirnmasse und der Masse, die man aufgrund der Körpergröße vor-
hersagen würde. Eine Einstufung der Tiere auf dieser Basis passt besser zu
der beobachteten Komplexität der Verhaltensweisen, und damit, so die
Hoffnung, können wir bessere Aussagen darüber machen, welcher Anteil des
Gehirns bei kognitiven Tätigkeiten beteiligt ist – Gehirne passen mit ihrer
Größe nicht genau zur Körpergröße oder zur Komplexität des Verhaltens.
Eigentlich funktioniert die Methode nur bei Säugetieren, und siehe da, hier
stehen die Menschen an der Spitze. Als Nächstes kommen verschiedene
Delfinarten, dann Orcas, Schimpansen und Makaken.

Hier stellt sich nur die Schwierigkeit, dass ein größeres Gehirn nicht
zwangsläufig gleichbedeutend ist mit einer größeren Zahl von Gehirnzellen.
Die Dichte der Zellen ist ein Aspekt in der Physiologie der Kognition, aber
es gibt in unserem Kopf unzählige Zelltypen, und alle sind wichtig. Oft

---

[1]Die Abstammung des Menschen von C. Darwin,. Nachdruck Wiesbaden: Fourier 1966, S. 60.

wird behauptet, wir würden zu jedem Zeitpunkt nur zehn Prozent unseres Gehirns nutzen (womit unausgesprochen gesagt wird: „Stell dir nur vor, was wir leisten könnten, wenn wir alles einsetzen würden!").[2] Aber leider ist das großer Unsinn, ein reizvoller Großstadtmythos. In Wirklichkeit werden alle Teile unseres Gehirns genutzt, allerdings nicht immer mit der gleichen Intensität. Aber einen großen Klumpen ungenutzter Hardware, die faul herumliegt und auf Anregung wartet, gibt es nicht. Komplexes Denken und Handeln setzen voraus, dass zahlreiche Zelltypen funktionelle Verknüpfungen eingehen, die wir noch nicht durchschauen, und die Zelldichte ist dabei nicht der einzige und auch nicht der definierende Faktor für die kognitive Verarbeitungsfähigkeit. Eine 2007 erschienene Studie stellte auch den EQ als sinnvollen Maßstab infrage: Wenn man die Menschen aus dem Bild herausnimmt, so die Aussage, ermöglicht die absolute Gehirngröße eine bessere Vorhersage der Kognitionsfähigkeit, während die relative Größe der Hirnrinde kaum von Bedeutung ist.

Wie auf vielen Gebieten der Biologie, so gibt es auch auf die Frage, wie Gehirn, Werkzeuggebrauch und Intelligenz zusammenhängen, keine einfache Antwort. Wir haben es hier mit einer der kompliziertesten Forschungsrichtungen zu tun: Die Neurowissenschaft ist ein relativ junges Fachgebiet, zumindest wenn es darum geht, genaue Kenntnisse über die Zusammenhänge zwischen bestimmten Gehirnzellen, Gedanken und Handlungen zu gewinnen; Verhaltenspsychologie und Verhaltensforschung sind heikle Disziplinen, weil Experimente schwierig sind: Wenn man mit Menschen experimentieren will, gilt es ethische Einschränkungen zu beachten, und Beobachtungen in der Natur sind von ihrem Wesen her nur begrenzt möglich.

Gehirngröße, Zelldichte, Größe im Verhältnis zur Körpermasse, Zahl der Neuronen – alle diese Faktoren sind wichtig, und keiner davon ist offensichtlich die eine sagenumwobene Eigenschaft, die uns als intellektuellen Meistern eine Sonderstellung verschafft. Es mag sich anhören, als würde ich sarkastisch über solche Maßstäbe reden, in Wirklichkeit bin ich aber vor allem kritisch, wenn man einen davon zu stark als eindeutiges Zeichen betrachtet. Ein großes Gehirn ist ganz offensichtlich von Bedeutung für

---

[2] „Stell dir vor, wir könnten 100 % erreichen" – diese übermäßig gewichtige Zeile spricht Morgan Freeman in seiner typisch majestätischen Art in dem 2014 erschienenen Film *Lucy*. Die Titelheldin Scarlett Johansson erlangt mit pharmakologischen Mitteln den Zugang zu den restlichen 90 % und damit die Fähigkeit zu Telepathie und Telekinese; irgendwie gelingt es ihr auch, ihre Australopithecinen-Namensbase zu treffen und sogar Zeugin des Urknalls zu werden. Das ist strohdummer, wissenschaftlich unbeleckter Blödsinn und gerade aus diesem Grund höchst empfehlenswert.

hoch entwickeltes Verhalten. Aber nicht alles hängt am Gehirn, ganz gleich, auf welche Weise wir es vermessen. Evolution spielt sich je nach den umweltbedingten Zwängen ab und ist keineswegs ein vorbestimmter Weg in Richtung der Komplexität, die sich bei uns entwickelt hat. Grindwale werden trotz ihres großen Gehirns und ihrer dicht mit Zellen vollgepackten Großhirnrinde niemals eine Geige erfinden, denn sie haben keine Finger.

So betrachtet, lässt sich die Frage, wie sich bei uns eine derart künstlerische Fähigkeit zur Werkzeugherstellung entwickeln konnte, zum Teil nur mit schierem Glück beantworten. In unserer Umwelt und Evolution wurden die manuelle Geschicklichkeit und ein hochentwickeltes Gehirn, das (ein ganzes Stück später) eine Geige bauen und spielen konnte, von der natürlichen Selektion begünstigt, gefördert und entwickelt. Wie wir in Kürze genauer erfahren werden, nutzen auch Dutzende von Tierarten Werkzeuge und Technologie. Aber die Entstehung der verfeinerten Geschicklichkeit, die uns so natürlich vorkommt, war allein unser Weg. Die gemeinsame Evolution von Geist, Gehirn und Händen führte uns zum Gebrauch von Stöcken und Schlagsteinen, zur Verfeinerung der Steinschneiden und schließlich, nach langen Phasen des Stillstandes, zur Entwicklung unserer technologischen Fähigkeiten, mit denen wir Statuen, Musikinstrumente und Waffen gestalten konnten und damit die Ressourcen immer besser nutzbar machten. Obwohl einige Tiere ein ähnlich komplexes Gehirn besitzen, kommt seit Jahrmillionen keines von ihnen unserer handwerklichen Geschicklichkeit auch nur nahe.

Eine Ausrüstung für Tiere

In Wirklichkeit bedienen sich die allermeisten Tiere überhaupt keiner technischen Mittel. Tiere, die Werkzeuge verwenden, machen weniger als ein Prozent aller Arten aus. Aber auch wenn äußere Gegenstände zur Erweiterung der Fähigkeiten, was die absolute Zahl angeht, nur in begrenztem Umfang genutzt werden, beobachtet man eine Vielfalt, die sich auf verschiedene systematische Gruppen erstreckt. Werkzeugverwendung wurde bei neun Tierklassen dokumentiert: bei Seeigeln, Insekten, Spinnen, Krebsen, Schnecken, Tintenfischen, Fischen, Vögeln und Säugetieren.

Nach der zuvor genannten Definition – ein Werkzeug ist ein äußeres Objekt, das mit der Absicht, den Körper des Nutzers zu erweitern, verwendet wird – lohnt es sich, darüber nachzudenken, wie das eine Prozent der Tiere ihre Fähigkeiten mit Technologie erweitert. Ich möchte einige besonders spannende Beispiele nennen.

Nahrungsverarbeitung

Viele Tiere bedienen sich technischer Mittel, um sich Zugang zu Nahrung zu verschaffen oder sie in eine besser genießbare Form umzuwandeln. Am häufigsten werden Steine verwendet, um Nahrung aufzuknacken oder aus ihrer natürlichen Umhüllung zu befreien. Manche Makaken fressen Krebse und bedienen sich am Büffet der Muscheln, deren harte Schalen sie mit Steinen zerbrechen. Solche Steine wählen sie je nach der Art der Nahrung aus. Im Wesentlichen das Gleiche tun auch Seeotter: Sie schwimmen auf dem Rücken und benutzen ihren Bauch als Amboss. Kapuzineraffen, Schimpansen, Mandrille und andere Primaten knacken Nüsse mit Steinen,

© Springer-Verlag GmbH Deutschland, ein Teil von Springer Nature 2020
A. Rutherford, *Bin ich etwas Besonderes?*, https://doi.org/10.1007/978-3-662-61566-9_4

und manche brechen die essbaren Stücke auch mit spitzen Stöcken aus der Schale heraus. In Guinea nutzen Schimpansen Steine, um die Früchte des Brotfruchtbaumes – die so groß wie ein Fußball und ebenso widerstandsfähig sind – zu zerschmettern und zerhacken.

Das technische Mittel, das von vielen Arten am häufigsten verwendet wird, sind Stöcke: Sie dienen zum Stochern, Graben, Herausbrechen, Kratzen, Ziehen und Sondieren. Jane Goodall, die Altmeisterin der Primaten-Verhaltensforschung, betrieb mehr als 50 Jahre lang im Gombe Stream National Park in Tansania eine Forschungsstation und beobachtete dort als Erste, wie ein Schimpanse einen Stock bearbeitete, um ihn anschließend zur Verarbeitung von Nahrung – in diesem Fall zum Termitenangeln – zu benutzen. Im Jahr 1960 sah Goodall zu, wie der Affe – sein Name war David Greybeard – einen jungen Zweig von der Rinde befreite und dann in einen Termitenhügel tauchte. Überrascht probierte sie es selbst aus und sah, dass Termiten an dem Stock klebten; Mr. Greybeard verzehrte sie. Schimpansen stochern mit Zweigen auch den Honig aus Bienenstöcken und vertreiben gleichzeitig wütende Bienen, die ihr Heim und ihre Larven verteidigen.

Orang-Utans essen gern Fisch und machen sich offensichtlich auch auf die Suche danach. Manchmal sammeln sie tote Fische an Flussufern ein, aber man hat auch beobachtet, wie sie Fische im flachen Wasser mit Stöcken anstießen, woraufhin diese in ihre erwartungsvollen Hände sprangen. Ebenso hat man gesehen, wie sie – nach den bisherigen Beobachtungen allerdings vergeblich – versuchten, Fische in Teichen mit angespitzten Stöcken zu erlegen; diese Verhaltensweise hatten sie möglicherweise bei Menschen gesehen und imitiert. Wenn das stimmt, ist es ein Beispiel dafür, dass kulturelle Eigenschaften nicht nur zwischen Individuen, sondern auch von einer Art zur anderen weitergegeben werden können.

Tiefenmessung

Orang-Utans und die kongolesischen Gorillas leben in dichten Wäldern und häufig in der Nähe von Wassertümpeln oder Bachläufen, die sie überqueren müssen. Unter den Menschenaffen gehen nur die Menschen regelmäßig aufrecht, das heißt, nur wir bewegen uns ausschließlich auf den Hintergliedmaßen fort. Die anderen heutigen Menschenaffen sind vorwiegend Vierbeiner und gehen auf den Fingerknöcheln; sie sind zwar in der Lage, ausschließlich auf den Füßen zu gehen, aber das gelingt ihnen nicht lange und ist nicht bequem. Ein Gewässer zu überqueren ist auf vier Beinen nicht einfach, denn der Kopf taucht dann schnell unter die Oberfläche, und es ist möglicherweise gefährlich, wenn der Boden unsichtbar und nicht flach ist. Sowohl bei Orang-Utans als auch bei Gorillas hat man gesehen, wie sie Stöcke auswählten und damit die Wassertiefe sowie den Verlauf des Gewässerbodens prüften, um so festzustellen, auf welchem Weg sie hindurchwaten konnten. Die Gorillas nutzen Stöcke wahrscheinlich auch als Gehhilfe und stützen sich darauf, wenn sie über den unebenen Boden von Teichen und Bächen gehen.

Allzweckwerkzeug

Ebenso wichtig wie die Stöcke sind Blätter. Orang-Utans bevorzugen offenbar belaubte Zweige und nutzen die Blätter bei der Handhabung stacheliger Früchte als Handschuhe, bei Regen als Hut und beim Sitzen auf stacheligen Bäumen als Kissen; außerdem nutzen sie Zweige als Hilfsmittel bei der Masturbation. Gorillas schwenken Zweige, um Rivalen abzuschrecken, bevor ein Kampf beginnt. Schimpansen nutzen aufgeschichtete Blätter als eine Art Schwamm, aus dem sie trinken. Elefanten ziehen Zweige sorgfältig mit dem Rüssel von Bäumen herab und vertreiben damit Fliegen. Zum Hautpflegeritual der Braunbären gehören mit Seepocken besetzte Steine, mit denen sie sich während des Haarwechsels säubern. Einfach gesagt, sind das alles Beispiele dafür, wie Tiere ihre unbelebte Umwelt nutzen, um ihre eigenen körperlichen Fähigkeiten zu erweitern. Ob sie die Objekte nun selbst gestalten oder nur in der gefundenen Form nutzen: Alle erfüllen die Definition von Werkzeugen.

Delfine als Schwammträger

Wie schlau Delfine sind, weiß jeder. Sie vollführen Kunststücke, retten Schwimmer und sind von legendärer Hilfsbereitschaft. Nach allen zuvor erwähnten neurowissenschaftliche Maßstäben schneiden Meeressäuger (und insbesondere Delfine) sehr gut ab. Aber trotz ihres großen Gehirns, ihres komplexen Sozialverhaltens, ihrer hoch entwickelten, unangenehmen sexuellen Verhaltensweisen (auf die wir in Kürze zu sprechen kommen werden) und ihrer Kommunikationsfähigkeit haben durchschnittliche Delfine nur Flossen.

Alle 40 heute lebenden Delfinarten haben Vorderflossen oder Flipper, deren Knochen vollkommen homolog zum Skelett unserer Hände sind; die Übereinstimmung ist fast 1 zu 1, und sowohl die Delfine als auch wir haben sie mit den Vorderbeinen der Pferde und den Flügeln der Fledermäuse gemeinsam. Dies zeigt eindeutig unsere gemeinsame, relativ junge Abstammung als Säugetiere.[1] Aber Delfine besitzen keine Muskulatur, die ihnen eine besondere, abgestufte Geschicklichkeit verleihen würde, und die Flossen sind verschmolzen wie flache Paddel, auch wenn sich in ihrem Inneren die Entsprechungen zu den Fingerknochen befinden. Sie tun nicht viel mehr als vorwärts und rückwärts zu schlagen und so das Tier im Wasser voranzutreiben. Zugegeben: Beim Schwimmen sind Delfine unglaublich

---

[1]Die Entwicklung der Meeressäuger ist einer der spannendsten, umfassendsten Evolutionsverläufe, die wir kennen. Die Abstammungslinie der Arten, aus denen sich Wale, Delfine und andere Meeressäuger entwickelten, spaltete sich vor ungefähr 50 Mio. Jahren von derjenigen ab, aus der die Unpaarhufer hervorgingen. Unter allen Landbewohnern ist tatsächlich das Flusspferd am engsten mit den Walen verwandt.

© Springer-Verlag GmbH Deutschland, ein Teil von Springer Nature 2020
A. Rutherford, *Bin ich etwas Besonderes?*, https://doi.org/10.1007/978-3-662-61566-9_5

Abb. 1   Ein Delfin mit seinem Schwamm

geschickt, und es gibt auch Beispiele für Werkzeuggebrauch, bei dem man ein äußeres Objekt nicht festhalten muss, um es zu handhaben. Aber wegen ihrer Flossen sind Delfine, Wale, Tümmler und andere Meeressäuger darin nicht sehr gut.

Dies erinnert uns wieder einmal daran, dass ein großes Gehirn zwar notwendig ist, allein aber nicht ausreicht, damit eine Spezies sich in Richtung besserer technischer Fähigkeiten entwickelt. Wir haben unsere Hände und unser Gehirn, und Schimpansen nutzen Hände, Zähne und Lippen, um Stöcke zu bearbeiten. Meeressäuger haben mit ihren Muskeln nur eine geringfügige Kontrolle über die Kiefer, und Hände besitzen sie überhaupt nicht. Das bisher einzige echte Beispiel für den Werkzeuggebrauch bei diesen hochintelligenten Säugetieren mit ihrem großen Gehirn stammt aus Australien, und es ist eindrucksvoll und wichtig zugleich.

Die australischen Tümmler tun etwas Ungewöhnliches: Sie bedienen sich anderer Tiere als Werkzeug. Schwämme sind einfache Metazoen, das heißt, sie gehören innerhalb des Tierreiches zu den am wenigsten hoch entwickelten Tieren und haben weder ein Nervensystem noch auch nur Gehirnzellen. Die Tümmler in der Shark Bay stecken sich Schwämme auf ihre spitze Schnauze (Abb. 1). Ungefähr 60 % der Delfine in dieser Region bedienen sich der Schwämme; Wissenschaftler vermuten, dass sie auf diese Weise ihren Schnabel – in der Fachsprache das Rostrum – schützen, wenn sie auf die Jagd nach Seeigeln, Krebsen und anderen stacheligen Bodenbewohnern gehen, die sich in dem zerklüfteten Meeresboden verstecken. Sie suchen sich auch gezielt konisch geformte Schwämme, weil diese vermutlich angenehmer und sicherer auf dem Schnabel sitzen. Ein Tier nutzt ein zweites, um ein drittes zu fressen.

Die Delfine, die sich der Schwämme bedienen, ernähren sich also ganz anders als solche, die es nicht tun, und das sogar innerhalb des gleichen Rudels. Beide suchen ihre Nahrung in den gleichen Regionen, wir können also ausschließen, dass der Unterschied auf ökologische Faktoren zurückzuführen ist; es ist vielmehr so, als würden alle an das gleiche Büffet gehen, aber unterschiedliche Gerichte auswählen, weil der eine Essstäbchen benutzt.

Aber die Handhabung der Schwämme durch die Tümmler und ihre Ernährung ist nur ein kleiner Teil der ganzen Geschichte. Im Einzelnen erkennt man faszinierende Besonderheiten, und das liegt daran, dass es sich bei den Tieren, die Schwämme benutzen, ganz überwiegend um Weibchen handelt. Sie paaren sich mit Männchen, die keinen Schwamm tragen, und die Weibchen unter ihren Nachkommen werden ebenfalls zu Schwammträgerinnen.

Wie bereits erwähnt, sehen wir hier sowohl biologische Übertragung als auch kulturelle Übertragung durch Lernen. Manche Verhaltensweisen sind in der DNA codiert, andere werden erworben, bauen aber auf einem genetischen und physiologischen Gerüst auf, das die Entwicklung dieses Merkmals erst möglich macht. Die Wissenschaftler, die diese Delfinpopulation seit den 1980er-Jahren studieren, entnahmen Biopsien von Schwammträgern, weil sie wissen wollten, ob sich eine genetische Grundlage für dieses ungewöhnliche Hilfsmittel der Nahrungssuche ausfindig machen lässt. Sie fanden aber keines. Die Eigenschaft, einen Schwamm zu tragen, ist bei den Delfinen offensichtlich nicht gezielt in der DNA angelegt. Sie wird ausschließlich erlernt. Durch Analyse der DNA der Schwammträger konnten die Wissenschaftler auch nachweisen, dass sie alle verwandt sind, und dabei stellte sich etwas Interessantes heraus. Die Gewohnheit, einen Schwamm zu tragen, stammt offensichtlich von einem einzigen Delfinweibchen, das vor ungefähr 180 Jahren lebte, also vor zwei bis drei Generationen. Heute bezeichnen wir diese Hilfsmittelerfinderin als „Eva der Schwämme". Man kann innerhalb der Gruppe die Verwandtschaft beobachten; dann sieht man, dass das Schwammtragen weitergegeben wird, aber auch, dass es nicht genetisch vererbt ist. Mit anderen Worten: Wir haben es mit der kulturellen Weitergabe des Werkzeuggebrauchs zu tun. Dies ist bei Meeressäugern das erste Beispiel, das man kennt. Töchter lernen von ihren Müttern, einen Schwamm zu tragen.

Da das Schwammtragen eine kulturelle Anpassung ist, stellt es evolutionstheoretisch ein gewisses Rätsel dar, denn die Schwammträgerinnen pflanzen sich offenbar nicht schneller fort als Artgenossen, die keine Schwämme tragen; man kann also vermuten, dass das Verhalten weder einen sonderlichen Nutzen bringt noch großen Aufwand erfordert. Bis heute wurde allerdings in fast allen Fällen, in denen der Werkzeuggebrauch bei Tieren nachgewiesen wurde, keine Einschätzung seiner Auswirkungen auf die Fitness bei der Fortpflanzung vorgenommen, die der Schlüsselbegriff der Evolutionsbiologie ist – Merkmale, die Zahl und Überlebensfähigkeit der Nachkommen verbessern, werden selektioniert. Darwins Theorien wurden in der ersten Hälfte des 20. Jahrhunderts in eine feste Form gebracht, indem man auf die Beobachtungen in der Natur mathematische Analysen anwandte. Zu behaupten, der Hals der Giraffe sehe so und nicht anders aus, weil die größere Länge als vorteilhaftes Merkmal für das Erreichen saftiger Blätter selektioniert wurde, reichte nicht mehr (siehe Kap. 14). Einen möglichen Vorteil könnten wir analysieren und nachzeichnen, indem wir uns ansehen, wie er im Laufe der Generationen weitergegeben wurde, ob er erhalten blieb und ob er sich verstärkte. Soweit mir bekannt ist, herrscht ein eklatanter Mangel, was die Anwendung dieses evolutionstheoretischen Maßstabes auf den Werkzeuggebrauch angeht.

Die kulturelle Weitergabe war in unserer eigenen Evolution ungeheuer wichtig. Außer bei den Menschen hat man sie bisher bei Delfinen, einigen Vögeln und einigen Affenarten beobachtet. Hier wird eine künstliche Unterscheidung vorgenommen: auf der einen Seite die biologische Evolution, womit man in der Regel eine genetische Codierung meint, auf der anderen die kulturelle Evolution, die sich auf gelehrte oder erlernte Eigenschaften bezieht. Instinktives Verhalten ist das Wissen, dass Lebensmittel, die von Pilzen bedeckt sind, wahrscheinlich gesundheitsschädlich sind; erlerntes Verhalten ist die Erkenntnis, dass gealterter Blauschimmelkäse köstlich sein kann. Beide Facetten sind nicht unabhängig voneinander, denn das erlernte Verhalten muss auf einem biologischen Rahmen aufbauen, der uns in die Lage versetzt, diese Kenntnisse zu erwerben und zu verarbeiten. Um derartige Anweisungen aufzunehmen und danach zu handeln, braucht ein Tier ein großes Gehirn.

Kulturelle Weitergabe erfordert aber auch Neuerungen, und die sind wahrhaft selten. Auf unsere eigenen herausragenden Fähigkeiten auf diesem Gebiet werden wir in Kürze zu sprechen kommen.

Vögel

Man sollte festhalten, dass es sich bei fast allen zuvor genannten Beispielen um Säugetiere handelt, und zwar in den meisten Fällen um Primaten. Säugetiere haben ganz allgemein ein größeres Gehirn als andere Wirbeltiere und unterscheiden sich von ihnen auch durch ihr größeres Vorderhirn. Dieses ist voller Strukturen, die in einem ganz gezielten Zusammenhang mit den für Säugetieren typischen komplexen Verhaltensweisen stehen. Wie wir bereits erfahren haben, ist Größe nicht allein entscheidend. Ich habe im Laufe der Zeit viele Gehirne von Schweinen seziert – Tieren, die häufig als intelligent und sozial gelten. Ihr Gehirn ist relativ klein – es hat die Größe einer Pflaume – und von einem mehrere Zentimeter dicken Gehirnschädel umschlossen. Wenn man während eines großen Teils seines Lebens ständig mit dem Kopf gegen irgendwelche Dinge stößt, ist ein derart robuster Schädel sehr empfehlenswert.

Das Gehirn eines Aras hat ungefähr die Ausmaße einer kleinen Walnuss und ist damit für ein Vogelgehirn ziemlich groß. Die große Tiergruppe der Vögel stammt unmittelbar von den Theropoden ab, Dinosauriern, zu denen auch der *Tyrannosaurus rex,* der noch furchterregendere *Gigantosaurus* und der stärker vogelähnliche *Archaeopteryx* gehören (Wissenschaftler rechnen die Vögel heute zu den fliegenden Dinosauriern). Wir wissen, dass sich die Vögel wie die kleinen Säugetiere stark auseinanderentwickelten, nachdem vor 66 Mio. Jahren ein Meteorit vor der Küste des heutigen Mexiko eingeschlagen war und die Zeit der großen Dinosaurier beendet hatte. Heute leben ungefähr 9000 Vogelarten, nicht ganz das Doppelte der Zahl der Säugetierarten. In einer derart großen Gruppe gibt es eine ungeheuer weit

© Springer-Verlag GmbH Deutschland, ein Teil von Springer Nature 2020
A. Rutherford, *Bin ich etwas Besonderes?*, https://doi.org/10.1007/978-3-662-61566-9_6

gefächerte Vielgestaltigkeit: Am kleinsten ist die Vogelelfe, eine Kolibri-art, die ungefähr so viel wiegt wie ein halber Teelöffel Zucker; der größte Vogel ist der Strauß (noch größer war der Elefantenvogel in Madagaskar mit einer Größe von drei Metern und einem Gewicht von einer halben Tonne, aber er starb ungefähr vor 1000 Jahren aus, vor allem weil er von Menschen gegessen wurde). Alle heutigen Vögel sind gefiedert, haben keine Zähne und legen Eier mit harter Schale.

Was das kognitive Verhalten angeht, konzentrierte sich unsere Aufmerksamkeit historisch auf die Tiere, die uns am nächsten stehen und zu denen wir uns am stärksten hingezogen fühlen. Das heißt, wir studierten Primaten, Meeressäuger und Elefanten eingehender als alle anderen Arten. In letzter Zeit jedoch hat sich das Interesse auch den Rabenvögeln und Papageien zugewandt, und das mit gutem Grund. Krähen und Raben sind offenbar den meisten ihrer Vettern unter den Vögeln meilenweit voraus, wenn es um soziale Fähigkeiten und Werkzeuge geht (Raubvögel haben allerdings offensichtlich ihre eigenen feurigen Fähigkeiten – auf sie werden wir noch zu sprechen kommen).

Die Könige und Königinnen der Vogeltechnologie sind die Geradschnabelkrähen, auch Neukaledonienkrähen genannt. Sie benutzen bekanntermaßen nicht nur Stöcke, um Maden aus Holzstücken und verrottenden Rinden heraus zu stochern, sondern fertigen diese Werkzeuge auch selbst an. Unter Laborbedingungen wie auch in freier Wildbahn befreien die Krähen einen in der Regel zehn bis zwölf Zentimeter langen Zweig von Blättern, bis er glatt ist, und stochern dann auf Nahrungssuche damit herum. Es handelt sich um ein Instinktverhalten: Auch Krähen, die in Gefangenschaft aufgewachsen sind und es nie bei einer anderen Gruppe gesehen hatten, wurden dabei beobachtet, wie sie solche Stöcke herstellten und benutzten. Wir wissen auch, dass Haken besser sind als Stacheln. Die Krähen stellen hakenförmige Werkzeuge her, holen damit fette Maden aus ihren Löchern und tragen sie am Haken weg. In Experimenten, in denen man ein Werkzeug sichtbar, aber außerhalb ihrer Reichweite ablegte, bedienten sie sich eines kürzeren Stocks, um sich den Stock zum Madenfischen zurückzuholen. Die Nutzung eines Werkzeugs zum Tragen eines zweiten Gegenstandes ist bei nichtmenschlichen Tieren etwas nahezu Unerhörtes, denn dabei wird ein Werkzeug (das „Metawerkzeug") auf ein anderes angewandt. Darin zeigt sich ein erstaunliches Maß an logischem Überlegen, mit dem sie mehrere Schritte vorausdenken können: *Ich weiß, dass man den langen Stock gebrauchen kann, um Nahrung zu beschaffen; kann ich den kurzen Stock gebrauchen, um mir den langen zu holen?*

Wie ich zuvor erwähnt habe, besteht zwar derzeit durch die Bank ein Mangel an quantitativen Einschätzungen über den evolutionären Nutzen des Werkzeuggebrauchs, eine 2018 erschienene Studie lieferte aber im Hinblick auf die Geradschnabelkrähen einige nützliche Zahlen. Es wurde gemessen, in welcher Zeit Krähen mit hakenförmigen Werkzeugen entweder Würmer und Maden aus einem engen Loch oder Spinnen aus einer breiteren Vertiefung holen konnten. Mit den hakenförmigen Stöcken beschafften sie sich die Beute bis zu neunmal schneller, als wenn sie Stöcke ohne Haken benutzten. Dies ist zwar kein unmittelbares Maß für den Fortpflanzungserfolg, aber die Effizienz bei der Nahrungssuche oder Jagd gehört eindeutig zu den Dingen, die sich sehr positiv auf die Paarung auswirken: Man kann mehr Zeit für die Nahrungssuche aufwenden und mehr Nahrung beschaffen; das alles macht ein Individuum gesünder und für potenzielle Paarungspartner attraktiver.

Haken sind eine wichtige technische Innovation. Da kann man jeden Fischer fragen. Orang-Utans fangen Fische mit den Händen oder mit einfachen, geraden Speeren, aber an einem Haken bleibt Beute viel besser hängen als an einer einfachen Spitze. Vielleicht jagten die Menschen der Altsteinzeit auf diese Weise zum ersten Mal nach Fischen, statt sie nur einzusammeln. Eine reiche frühmenschliche Kultur, die sich der Früchte des Meeres bediente, kennen wir aus der Blombos-Höhle in Südafrika: Die Funde sind mindestens 70.000 Jahre alt, und unter ihnen sind Dutzende Überreste der Meeresschnecke *Nassarius kraussianus*, die sorgsam durchbohrt und – möglicherweise für eine Halskette – als Perlen verwendet wurden; damit sind sie vermutlich die ältesten bekannten Schmuckstücke. Die Küste bietet eine Fülle an essbaren Lebewesen, und unsere Vorfahren verzehrten zu jener Zeit mit Sicherheit sesshafte Meeresbewohner, das heißt solche, die unbeweglich waren und wie viele Weichtiere nicht wegschwimmen konnten. Damit bildeten sie ein ganz anderes Nahrungsangebot als die Jagd. Die allerersten Haken, die wir kennen, wurden in Japan aus Schneckengehäusen hergestellt. Gefunden hat man sie auf der Insel Okinawa: Sie wurden vor rund 23.000 Jahren sorgfältig aus der flachen Unterseite der Gehäuse von Kreiselschnecken der Gattung *Trochus* herausgeschnitten. Wir besitzen zwei Exemplare: Eines ist ein nahezu vollständig erhaltener Halbmond, mit dessen geschliffener Kante man noch heute Fleisch durchschneiden könnte. Dies sind zwar die ältesten Funde, aber vermutlich repräsentieren sie bereits eine ausgereifte Technologie; damit sind sie von entscheidender Bedeutung, wenn wir die Entwicklung unserer Spezies nachzeichnen wollen: Wie andere Dinge, so zeigen auch die Angelhaken, wie es unseren Vorfahren gelang,

Inselketten zu besiedeln und in der üppigen Tierwelt der Ozeane auf die Jagd zu gehen, statt die Nahrung nur einzusammeln.

Niemand würde auf den Gedanken kommen, dass die Fähigkeit, aus einem konischen Schneckenhaus einen Haken zu schnitzen, in der DNA codiert war. Diese Fähigkeit muss gelehrt, erlernt oder in einer Subkultur der größeren Lebenswelt unserer Vorfahren weitergegeben werden. Auch hier stellt sich heraus, dass wir die kulturelle Weitergabe einer Idee in Rechnung stellen müssen, wenn wir unsere Evolution untersuchen wollen. Eine derartige Weitergabe von Ideen ist nicht auf unsere Spezies beschränkt – das zeigt sich an den schwammtragenden Delfinen der Shark Bay. Und sie beschränkt sich auch nicht auf die Technologie.

Noch faszinierender ist das soziale Kognitionsverhalten der Krähen. Sie sind offensichtlich in der Lage, menschliche Gesichter nicht nur zu erkennen, sondern auch zwischen Menschen zu unterscheiden, die sie ansehen oder in die Ferne blicken. Es ist ein einfaches Experiment: Im Jahr 2013 näherten sich Wissenschaftler in Seattle einfach einer Gruppe von Krähen, wobei sie die Vögel entweder unmittelbar ansahen oder nicht. Wie die Gäste bei einer Kneipenschlägerei, so stoben auch die Vögel viel schneller auseinander, wenn sie unmittelbar gemustert wurden. Vielleicht handelt es sich dabei um eine neue Anpassung an das Leben in Städten und in enger Nachbarschaft zu Menschen, die nicht immer eine Bedrohung darstellen. Flüchten ist eine aufwendige Angelegenheit – es kostet Zeit und Mühe –, Energie, die man besser für die Nahrungsbeschaffung verwendet. Tauben und andere Vögel, deren Kognitionsfähigkeiten im Vergleich zu Rabenvögeln geringer sind, ergreifen bei Annäherung einfach die Flucht, ohne zuvor die Absichten der näherkommenden Person einzuschätzen. Das Anschlussexperiment mit den Krähen war bizarr. Die Wissenschaftler näherten sich den Vögeln mit zwei verschiedenen Masken. Mit der einen Maske gingen sie einfach vorüber, mit der zweiten fingen sie die Vögel. Damit konditionierten sie die Krähen so, dass diese das eine Gesicht als Bedrohung und das andere als harmlos einschätzen konnten. Fünf Jahre später kehrten sie an die gleichen Orte zurück, an denen immer noch dieselben Vögel lebten, aber auch jüngere Exemplare mit ihren Nachkommen. Die Reaktion auf die beiden Masken war immer noch die gleiche. Offensichtlich erinnerten sich die Krähen an die Bedrohung und hatten diese Information irgendwie auch an die jüngeren Vögel weitergegeben. Wenn die Ergebnisse sich bestätigen, müssen wir noch herausfinden, auf welchem Weg das Wissen vermittelt wird.

Trotz solcher Befunde ist „Spatzengehirn" immer noch eine Beleidigung. Woher das Schimpfwort stammt, wissen wir nicht, bekannt ist aber, dass seine englische Entsprechung *birdbrain* in den Vereinigten Staaten während der ersten Hälfte des 20. Jahrhunderts bereits gebräuchlich war und damit älter ist als unser neues Interesse am Intellekt von Rabenvögeln. Vielleicht ist es einfach darauf zurückzuführen, dass Vögel ganz buchstäblich ein kleines Gehirn haben oder dass sie schnell flüchten und schreckhaft sind; außerdem können Hühner sich noch eine Zeit lang bewegen, nachdem man ihnen den Kopf abgeschlagen hat. Aber wie dem auch sei: Die Beleidigung entbehrt jeder Grundlage. Für die komplexen Stimmäußerungen der Singvögel und erst recht für das unterhaltsame Nachahmungsverhalten von Kakadus und Aras ist bekanntermaßen eine große Zahl von Neuronen erforderlich, und damit stellte sich angesichts der Gesamtgröße des Gehirns ein Rätsel. Im Jahr 2016 wurden die Gehirne von 28 Vogelarten einer umfangreicheren anatomischen Analyse unterzogen als je zuvor. Dabei war eine neurologische Grundlage für die Kognitionsfähigkeiten der Vögel überraschend einfach festzustellen: Die Wissenschaftler fanden besonders dicht angeordnete Neuronen. Rabenvögel und Papageien haben im Verhältnis zur Körpergröße ein ebenso großes Gehirn wie Menschenaffen, und dieses Gehirn ist mit Neuronen in einer Dichte angefüllt, die in manchen Fällen höher liegt als bei Primaten. Dieser Befund ist vielleicht eine Erklärung für die seltsame Klugheit der fliegenden Dinosaurier. Was die Beleidigung mit dem Spatzengehirn angeht, kann man also Poes Raben zitieren: „Nimmermehr".

Nachdem wir nun wissen, dass viele Tiere ebenfalls Werkzeuge verwenden, stellt sich die zentrale Frage in anderer Form. Im Zusammenhang mit unseren hoch entwickelten technischen Fähigkeiten, die unsere Existenz von der Steinbearbeitung bis zum Laptop definieren, sollten wir weniger darüber nachdenken, was das Werkzeug ist, und uns vielmehr fragen, wie wir unsere Fähigkeiten erworben haben. Delfine erwerben keine Geschicklichkeit, und der Rabe wird nicht mit einem Werkzeug an meine Tür klopfen, das höher entwickelt ist als ein bearbeiteter Stock.

Vielleicht unterscheidet uns nicht die Nutzung selbst von den anderen Tieren, sondern eher die Tatsache, dass wir das Wissen und die Fähigkeit zur Gestaltung von Werkzeugen weitergeben.

Feurig fallen die Engel

Ein ganz bestimmtes Werkzeug ist es wert, dass wir es eingehender untersuchen, denn es ist auf paradoxe Weise zerstörerisch. Die Welt brennt seit Jahrmillionen. Feuer ist eine erbarmungslose Naturkraft, eine chemische Reaktion, die alles zerstört, was ihr in die Quere kommt, von den Bindungen der Moleküle, die seinen Brennstoff bilden, bis zu den Lebewesen, die zugrunde gehen, weil lebende Zellen solche Temperaturen nicht ertragen. Die entscheidenden biologischen Moleküle verformen sich und zerbrechen, das Wasser in unseren Zellen siedet. Feuer und Leben vertragen sich nicht.

Aber Feuer ist ein Teil unserer Umwelt und unserer Ökologie. Die Fähigkeit, sich auf eine solche rohe Macht einzustellen, sie unter Kontrolle zu bringen und zu nutzen, war ein wichtiger Faktor, der die Evolution geprägt hat. Wir leben auf einer Erdkruste über einem brodelnden, geschmolzenen Kern, der schon Feuer und Vulkangestein herabregnen ließ, bevor das Leben seinen Anfang nahm. Nach heutiger Kenntnis war die Tätigkeit der Lava, die sich ihren Weg vor vier Milliarden Jahren aus dem Meeresboden bahnte, nicht nur wichtig, sondern sogar entscheidend für die Bildung der felsigen Kinderstuben, in denen Chemie in Biologie überging und das Leben

© Springer-Verlag GmbH Deutschland, ein Teil von Springer Nature 2020
A. Rutherford, *Bin ich etwas Besonderes?*, https://doi.org/10.1007/978-3-662-61566-9_7

begann.[1] Die Menschen lernten nicht nur, das Feuer zu beherrschen; das Leben wurde aus Feuer geboren und wird von Feuer geformt.

Darwin bezeichnete die Kunst, Feuer zu machen, als die vielleicht größte Entdeckung der Menschen mit Ausnahme der Sprache. Damit dürfte er nicht unrecht haben, auch wenn wir heute vielleicht nicht mehr so stark auf das Feuer angewiesen sind wie während der Blütezeit des viktorianischen Erfindungsreichtums, als er diese Worte schrieb, und vielleicht sehen wir heute auch nicht mehr so oft offenes Feuer oder Holzöfen wie er.

Dennoch sind wir pyrophil – wir lieben das Feuer. Wir lassen die Sonnenenergie auflodern, die im Kohlenstoff des Holzes eingefangen wurde, ob dieses Holz nun lebt oder schon so lange tot ist, dass es zu Kohle zusammengepresst wurde, und auch den Kohlenstoff in den Kadavern von Tieren, die vor so langer Zeit gestorben sind, dass sie sich ganz buchstäblich in Öl verwandelt haben. Aus der Auflösung der chemischen Bindungen in diesen einstmals lebensnotwendigen kohlenstoffhaltigen Molekülen bezieht das Feuer seine Energie. Es hat die moderne Welt geprägt, und perverserweise wird es heute zu ihrer Bedrohung, denn das Kohlendioxid, das wir ständig in die Atmosphäre pumpen, hält mehr Energie fest als andere Bestandteile der Luft, und der Treibhauseffekt heizt unsere Welt auf.

Das Werkzeug namens Feuer hat unser Dasein völlig verändert, und das nicht erst im Industriezeitalter, sondern schon lange bevor unser Menschentypus die Form angenommen hatte, deren wir uns heute erfreuen. Wir haben gute Anhaltspunkte dafür, dass schon der *Homo erectus*, jene höchst erfolgreiche Menschenspezies, die vor 1,9 Mio. bis ungefähr 140.000 Jahren über die Erde wandelte, in gewissem Umfang das Feuer nutzte. Die Frage, wann das zum ersten Mal geschah, ist umstritten. Die Erde an alten Siedlungsstätten der Menschen zu durchforsten, ist eine knifflige Angelegenheit; molekulare Belege für verbrannte Knochen und Pflanzen findet man zwar schon aus der Zeit vor 1,5 bis 1,7 Mio. Jahren (je nachdem, wo man nachsieht), aber die betreffenden Stellen befinden sich im Freien, und es ist nicht klar, ob es sich um die Überreste von Waldbränden handelt, die durch Blitzschlag oder Vulkane verursacht wurden, oder ob Frühmenschen das Feuer bereits absichtlich nutzten. Aufgrund der Form von Zähnen und

---

[1]Nach der Theorie, die derzeit am besten zu den Befunden passt, entstand das Leben in den sogenannten Weißen Rauchern, hydrothermalen Schloten, die vor rund 3,9 Mio. Jahren, in der Periode des Hadaikums, vom Meeresboden nach oben getrieben wurden. Diese Türme bildeten sich (und bilden sich bis heute) aus dem Mineral Olivin und sind von einem Labyrinth aus Poren und Kanälen durchzogen, die durch die Unruhe des darunterliegenden Gesteins gebildet werden. Aus Schwefelwasserstoff und anderen geladenen Verbindungen, die in solche mikroskopisch kleinen Kammern hinein und wieder hinaus wirbelten, entstanden demnach die ersten Zellen.

anderer morphologischer Merkmale haben manche Wissenschaftler die Vermutung geäußert, der *Homo erectus* habe bereits vor 1,9 Mio. Jahren seine Nahrung gekocht. Der älteste archäologische Befund, der sicher für die Nutzung von Feuer spricht, ist vermutlich ungefähr eine Million Jahre alt und stammt aus der Wonderwerk-Höhle in Südafrika.

Aber wie und wann der Wandel auch stattfand: Irgendwann nutzten die Menschen das Feuer nicht nur opportunistisch, sondern gewohnheitsmäßig, und schließlich wurden sie zu ständigen Feuerliebhabern. Dieser Übergang vollzog sich wie alle Entwicklungen in der Evolution der Menschen mit ziemlicher Sicherheit langsam und allmählich – es gab nicht einen einzigen Funken, sondern viele. Wie alt die ältesten Belege für die kontrollierte Nutzung des Feuers sind, ist unter Archäologen umstritten. Aber unter Archäologen ist überhaupt Vieles umstritten.

Vor 100.000 Jahren hatten unsere Vorfahren das Feuer im Wesentlichen unter Kontrolle. Als Quelle von Wärme und Licht ist es ganz offensichtlich von Nutzen, und das gilt nicht nur für die Kontrolle über das Feuer, sondern auch für die Fähigkeit, es mit einem Funken zu entzünden. Im *Dschungelbuch* äußert der Ober-Orang-Utan King Louie den Wunsch, wie wir zu sein und insbesondere diese einzigartige Fähigkeit der Menschen zu besitzen; und klugerweise singt er, was er sich wünscht. Das Feuer hatte auf die Entwicklung der Menschheit unvergleichliche Auswirkungen. Mit der neuen Wärmequelle konnten sich die Menschen nach Norden über die gemäßigten und tropischen Zonen hinaus ausbreiten, in denen sie sich ursprünglich entwickelt hatten. Damit stand ihnen auch ein ganz neues Spektrum der verschiedensten großen und kleinen Tiere zur Verfügung, die sie jagen, kochen und verzehren konnten; außerdem konnten sie aus dem tierischen Material Werkzeuge, Kleidung und Kunstgegenstände herstellen. Wie heute sollte man auch die soziale Bedeutung einer Versammlung rund um den Herd oder das Lagerfeuer nicht unterschätzen. Am Feuer werden zwischenmenschliche Bindungen geschmiedet und gefestigt, Geschichten erzählt und Fähigkeiten weitergegeben; Nahrung wird zubereitet und geteilt.

Wir sind die einzigen Tiere, die kochen. Energie und Nährstoffe sind in manchen Fällen tief in der pflanzlichen oder tierischen Nahrung verborgen, die wir zu uns nehmen, und freigesetzt werden sie durch den Prozess der Verdauung. Dabei handelt es sich sowohl um einen chemischen als auch um einen mechanischen Vorgang. Zähne sind zum Zermahlen, Zerschneiden und Kauen da, verschiedene Arten der Zerkleinerung, durch die Lebensmittel zerlegt werden; so werden sie zugänglicher für die Enzyme, die sie mit molekularer Präzision abbauen. Viele Tiere unterstützen ihre Verdauung mit mechanischen Mitteln. Vögel haben zum Zerkleinern keine Zähne,

wohl aber einen Kaumagen, eine Muskeltasche im Verdauungstrakt, die
in manchen Fällen noch mit kleinen Steinen gefüllt ist und die Nahrung
zermahlt, sodass sie chemisch leichter abgebaut werden kann. Solche
„Gastrolithen" oder „Magensteine" gibt es schon seit alter Zeit. In den
Körperhöhlen mancher fossiler Überreste von Dinosauriern aus der Kreide-
und Jurazeit hat man glatt geschliffene Steine an den Stellen gefunden, an
denen früher das weiche Gewebe des Kaumagens lag.

Wir Menschen haben unsere Verdauungsvorgänge zum Teil nach
außen verlagert. Wenn wir die Nahrung kochen, lösen wir die Bindungen
komplexer Moleküle auf, sodass sie in unserem Magen leichter verdaut
werden können. Fleisch wird durch Erhitzen zarter. Außerdem lassen sich
weichere Lebensmittel schneller verzehren: Gekochten Kohl zu kauen,
dauert nicht so lange als wenn wir rohen in Ruhe verzehren, das heißt, wir
gewinnen effizienter Zugang zu lebenswichtigen Nährstoffen. Die Mahlzeit
ist eine Phase der Verletzlichkeit: Wenn unser Gesicht mit der Aufnahme
von Nahrung beschäftigt ist, schenkt es gefährlichen natürlichen Feinden
weniger Aufmerksamkeit. Weniger Zeit für das Essen heißt auch weniger
Zeit für das Gefressenwerden.

Alle diese Dinge machen das Kochen zu einem wünschenswerten,
unentbehrlichen Teil unserer Evolution. Manche Fachleute haben die Vermutung geäußert, wir seien zu feuerliebenden Primaten geworden, weil
unsere Vorfahren in immer wieder brennenden Umfeldern lebten und
sich an die damit verbundenen Vorteile anpassten. Andere sind überzeugt,
die Ursprünge des Kochens oder zumindest eine Vorstellung davon, wie
Hitze die Lebensmittel verändert, lägen schon bei den Menschenaffen, die
in verbrannten Landschaften auf Nahrungssuche gingen. Einen Truthahn
perfekt zu braten, ist selbst in einem Backofen aus dem 21. Jahrhundert
noch schwierig genug; deshalb ist die Annahme, dass Tiere, die im Rahmen
eines Waldbrandes gebraten wurden, oftmals entweder verbrannt oder zu
wenig gegart waren, nicht unvernünftig. Aber vielleicht gaben diese ersten
warmen Mahlzeiten dennoch den Anlass zu dem Gedanken, man könne die
Nahrung mit Hitze in einen besseren Zustand versetzen.

Ungefährdet neben einem lodernden Brand zu stehen, hat noch einen
weiteren naheliegenden Vorteil: Man kann miterleben, wie andere Tiere
vor der Gefahr flüchten. Sind diese Tiere als Lebensmittel interessant,
liefert das Feuer ein kostenloses All-you-can-eat-Büffet. Man weiß, dass
südafrikanische Grünmeerkatzen genau das tun und sich einer beispiel-
losen Auswahl an wirbellosen Tieren erfreuen, die ihnen aus dem Feuer
unmittelbar vor den Mund laufen. Man nimmt auch an, dass die Affen
dies genau wissen und deshalb ihre normalen Jagdreviere auf waldbrand-

gefährdete Regionen ausweiten, insbesondere wenn es dort kürzlich eine Feuersbrunst gegeben hat. Das Verhalten ist auch noch in anderer Hinsicht von großem Nutzen. Grünmeerkatzen stellen sich auf die Hinterbeine, wenn sie Ausschau nach natürlichen Feinden halten, und können so über Gras und andere Pflanzen hinwegsehen. Ist die Vegetation bis auf Stoppeln abgebrannt, haben die Affen noch weitere Sicht. Auf verbrannten Flächen verwenden die Grünmeerkatzen mehr Zeit auf das Fressen und auf das Füttern der Jungen; gleichzeitig stehen sie weniger lange aufrecht und halten Ausschau nach Tieren, von denen sie möglicherweise gefressen werden.

Noch enger mit uns verwandt sind die Savannenschimpansen in Fongoli im Senegal. Auch sie leben im Rahmen ihrer natürlichen Ökologie zwischen Bränden. In den Graslandschaften ist es ohnehin heiß, aber seit 2010 setzt die Regenzeit zunehmend unregelmäßig ein. Ab Oktober brennt es, und die Feuer verwüsten bis zu drei Viertel des rund 90 Quadratkilometer großen Verbreitungsgebietes. Häufig beginnen die Brände zu Beginn der Regenzeit, wenn Gewitter über der trockenen Buschlandschaft niedergehen.

Wissenschaftler beobachten die Schimpansen schon seit Jahrzehnten, und 2017 berichteten sie über das Verhältnis der Affen zum Feuer. In ihrer Schilderung finden sich mehrere bemerkenswerte Aspekte. Erstens bereiten die Buschfeuer den Schimpansen keine Sorgen. Meist beachten sie das brennende Gebüsch überhaupt nicht, manchmal wandern sie aber auch hinein und erkunden Gebiete, die wenige Minuten zuvor noch in Flammen standen. Offensichtlich treiben sie sich häufig in abgebrannten Regionen herum – es dürfte der gleiche Trick sein, den auch die Grünmeerkatzen anwenden, um ihr Blickfeld zu erweitern und natürlichen Feinden zu entgehen. Aus der Mara-Serengeti in Kenia wissen wir, dass andere große Pflanzenfresser, darunter Zebras, Warzenschweine, Gazellen und Leierantilopen, sich auf abgebrannten Flächen in größerer Dichte sammeln als in gesunden Graslandschaften. Wahrscheinlich kommen sie in dem flachen Gelände, dessen Vegetation zu Asche verbrannt ist, leichter und schneller voran.

Die Tatsache, dass diese Schimpansen ein ganz bestimmtes, vorhersehbares Verhalten an den Tag legen, wenn ihre Umwelt brennt, legt eine Vermutung nahe: Sie können zwar das Feuer selbst nicht kontrollieren, haben aber einen Begriff davon und – entscheidend – wissen im Voraus, wie es sich verhalten wird. Das ist ein kognitiver Bezugspunkt: Das Tier ist in der Lage, etwas Gefährliches rational zu erfassen und damit umzugehen, statt einfach den sichersten Weg zu wählen und die Flucht zu ergreifen. Es ist auch eine raffinierte Reaktion: Der Ablauf eines Brandes ist ein komplizierter, launischer Prozess, der vom Brennmaterial abhängt, aber auch vom Wind und einer Fülle anderer Faktoren, die sich blitzschnell ändern können. Innerhalb weniger Sekunden erreicht das Feuer hohe Temperaturen, die mit dem Leben nicht zu vereinbaren sind, außerdem kann es Rauch und Giftgase freisetzen, die für die Affen ebenfalls eine Bedrohung darstellen.

Grünmeerkatzen und Savannenschimpansen liefern uns möglicherweise Anhaltspunkte, wenn wir etwas über den Werdegang unserer eigenen Beziehung zum Feuer wissen wollen. Wir blicken heute in die Natur, stellen Vergleiche an und spekulieren darüber, dass die Vorgänge, die wir heute sehen, sich in ähnlicher Form vielleicht auch früher abgespielt haben. Das mag egozentrisch sein. Daten sind immer in irgendeiner Weise nützlich, aber die Vorstellung, im Verhalten unserer Menschenaffenvettern könnte sich unser eigener Weg in die Gegenwart widerspiegeln, hat einen Hauch von Überheblichkeit.

War es so? Vollziehen die heutigen Schimpansen unsere eigene Evolution in der Zeit vor 100.000 oder sogar einer Million Jahre nach? Solche Fragen zu beantworten ist schwierig. Verhalten bleibt weder in den Knochen noch im Erdboden erhalten. Wir können beobachten, wie der Körperbau sich im Zusammenhang mit einer sich wandelnden Umwelt – beispielsweise durch die Abkehr von einem Leben auf den Bäumen – verändert hat, und daraus können wir Schlüsse ziehen, welche Verhaltensweisen durch einen solchen Körperbau erleichtert wurden. Bessere Hilfsmittel und Anhaltspunkte haben wir zur Beantwortung der Frage, wie uns das Feuer verändert hat, aber die Belege sind auch hier nahezu so flüchtig wie eine Rauchfahne. Wir suchen nach verkohlten Überresten, die im Boden begraben sind, oder nach Hinweisen auf Herdstellen und Küchen. Außerdem betrachten wir die Morphologie der prähistorischen Menschen und erkennen, ob gekochte Nahrung für die Gestaltung ihres Körperbaus oder zumindest für die harten Körperteile, die erhalten geblieben sind und heute untersucht werden können, eine Notwendigkeit war. Anhand des Körpergewichts und der Zeiten der Nahrungsaufnahme können wir Modelle für den Energiebedarf zum Aufbau eines solchen Körpers ableiten und berechnen, dass er ganz bestimmte Anforderungen an die Ernährung stellte. Wir konstruieren Experimente mit unseren heutigen Primatenvettern und erforschen, wie sie sich mit dem Verhalten der kleinen Gruppen von Kleinaffen und Schimpansen vertragen, die heute regelmäßig mit Feuer in Berührung kommen.

Anhand solcher Daten kann man zwar eine Theorie aufbauen, wir sollten dabei aber Vorsicht walten lassen. Die meisten Menschenaffen leben nicht in der Savanne. In ihrer Mehrzahl bevölkern Schimpansen, Bonobos, Gorillas und Orang-Utans eine dicht bewaldete Umwelt, in der Brände nur Verwüstungen anrichten und glücklicherweise selten sind. Es gibt nur wenige offizielle Berichte über die Auswirkungen von Waldbränden auf das Leben von Menschenaffen, aber als in den indonesischen Nationalparks der Torf brannte (was mit der Erweiterung der Palmölplantagen in Verbindung gebracht wurde), waren die Auswirkungen auf die Orang-Utans ausschließlich schädlich. Im Jahr 2006 starben nach Schätzungen mehrere Hundert dieser Menschenaffen als unmittelbare Folge von Waldbränden.

Während der Evolution der Menschen in Afrika wuchsen die Savannen tatsächlich, die Wälder schrumpften, und der Körperbau unserer Vorfahren entfernte sich allmählich von der Anpassung an das Leben auf den Bäumen. Aber einzelne Ursachen sind nur in den seltensten Fällen überzeugende Argumente für den Verlauf unserer Evolution bis heute. Der Übergang zur Spezies *Homo sapiens* fand zwar in Afrika statt, nach meiner Überzeugung kristallisiert sich aber immer stärker heraus, dass wir eine Art Mischform sind, die von mehreren afrikanischen Frühmenschen abstammt. Die stichhaltigsten Belege stammen aus dem Osten Afrikas, in dem Rest dieser gewaltigen Landmasse haben wir aber eigentlich noch nicht gründlich nachgesehen, und die ältesten bekannten Vertreter des *Homo sapiens* hat man tatsächlich im marokkanischen Gebirge östlich von Marrakesch gefunden. Demnach war das Feuer zwar zweifellos eine der großen Triebkräfte für die Evolution der Menschen, aber nicht die einzige. Unser Dasein in ständiger Begleitung von Savannenbränden hat uns zwar tief greifend verändert. Aber nicht alle unsere Vorfahren lebten in den Ebenen Afrikas.

Darwin erklärte, der *Homo sapiens* bediene sich als Einziges unter allen Tieren der Werkzeuge oder des Feuers. Damit hatte er Unrecht. Zwar kann niemand außer uns ein Feuer anzünden oder einen Funken schlagen. Aber wir sind nicht die Einzigen, die das Feuer als Hilfsmittel verwenden. Wie wir bereits erfahren haben, sind Rabenvögel mit Werkzeugen sehr geschickt. Dass auch Raubvögel die Fähigkeit zum Werkzeuggebrauch besitzen, wusste man bis 2017 nicht. Zu der informellen, weit gefassten Kategorie der Raubvögel gehören Milane, Adler, Fischadler, Bussarde, Eulen und so weiter; die Bezeichnung deutet also nicht zwangsläufig auf evolutionäre Verwandtschaft hin. Eulen sind enger mit den Spechten verwandt als mit Habichten oder Adlern, und Falken stehen den Papageien näher. Alle gehen aber auf die Jagd, alle haben gebogene Klauen und Schnäbel, und alle haben auch leistungsfähige Augen, in manchen Fällen sogar mit einer Gleitsicht-Sehfähigkeit, die sich auf großer Höhe auf winzige Säugetiere einstellen kann.

Einige Raubvögel sind ebenfalls pyrophil. Arten, die mithilfe des Feuers jagen, bedienen sich ähnlicher Prinzipien wie die Grünmeer-

katzen. Schmackhafte Tiere werden aus dem brennenden Gebüsch heraus-
getrieben und sind dann eine leichte Beute. Viele Raubvögel fressen auch
Aas, und in der Asche finden sie eine Fülle gebratener kleiner Säugetiere.
Dieses Verhalten wurde in der wissenschaftlichen Literatur schon 1941 auf
der ganzen Welt dokumentiert, so in Ost- und Westafrika, Texas, Florida,
Papua-Neuguinea und Brasilien.

Manche Raubvögel sind aber auch noch schlauer. Schwarzmilan, Keil-
schwanzweihe und Habichtfalke sind international verbreitet. Haupt-
sächlich sind sie aber in Australien zu Hause, wo sie insbesondere in der
heißen tropischen Savanne im Norden des Kontinents jagen und Aas ver-
werten. Diese Landschaften sind heiß und staubtrocken, und es brennt
dort regelmäßig. Die australischen Ureinwohner wissen das genau und ver-
walteten die Brände über Jahrtausende mit großer Fachkenntnis. Sie nutzen
das Feuer, um bestimmte Formen des Pflanzenwuchses zu beseitigen, und
begünstigen das Wachstum essbarer Pflanzen und Gräser, die Kängurus und
Emus anlockten – Tiere mit schmackhaftem Fleisch.

Die indigenen Völker kennen auch die örtliche Fauna ganz genau. Ranger
der Aborigines und später auch australische Wissenschaftler stellten jahrelang Beobachtungen an, die mit einer 2017 veröffentlichten Studie ihren
Höhepunkt fanden. Darin wurde berichtet, wie man Schwarzmilane,
Keilschwanzweihen und Habichtfalken bei einer sehr umsichtigen Tätigkeit beobachtet hatte. Sie greifen mit dem Schnabel nach brennenden
oder glimmenden Stöcken aus Buschfeuern und tragen diese Fackeln weg.
Manchmal lassen sie das Holz fallen, weil es zu heiß ist, aber eigentlich
haben sie die Absicht, damit in einem grasbewachsenen Gebiet ein neues
Feuer zu entzünden(Abb. 1). Sobald das Gras brennt, setzen sich die Vögel
in der Nähe auf einen Ast und warten auf die hektische Flucht der Klein-
tiere, die sie dann fressen.

Die australischen Aborigines kennen diese Brandstifter schon seit
Langem.[2] Die Vögel, die sie auch als „Feuerfalken" bezeichnen, kommen in
mehreren religiösen Zeremonien vor und werden auch in einem Bericht aus

---

[2]Geleitet werden die Forschungsarbeiten von dem australischen Ethno-Ornithologen Bob Gosford, der
passenderweise in der Nähe von Darwin in den Northern Territories wohnt. Gosford und seine Arbeitsgruppe berufen sich auf das IEK – indigenes ökologisches Wissen – und geben sich alle nur erdenkliche
Mühe, die uralten Traditionen und Fähigkeiten der ersten Bewohner Australiens zu berücksichtigen,
sich mit ihnen zu beschäftigen und auf ihnen aufzubauen. Diese Praxis ist in gewisser Weise neu, zeigt
aber deutlich, wie viel mehr Verständnis für unsere Welt wir gewinnen können, wenn wir die indigenen
Völker mit Demut und Anstand respektieren.

Abb. 1 Ein „Feuerfalke"

I, the Aboriginal [dt.: *Tabu*[3]] erwähnt, der 1962 erschienenen Autobiografie eines indigenen Mannes namens Waipuldanya:

> Ich habe selbst gesehen, wie ein Falke ein schwelendes Holzstück in seinen Klauen forttrug, es eine halbe Meile entfernt auf einen Flecken trockenen Grases fallen ließ und dann mit seinen Artgenossen auf die panikartige Flucht angesengter Nagetiere und Reptile wartete. Wenn dieser Flecken ausgebrannt war, wurde der Vorgang anderwärts wiederholt. Wir nennen solche Feuer Jarulan … Es ist möglich, dass unsere Vorväter diesen Trick von den Vögeln lernten.

---

[3]Tabu, von D. Lockwood, Üb. v. W. Kabus; Stuttgart: Europäischer Buchclub 1964, S. 110/113.

In der kargen wissenschaftlichen Literatur über dieses unglaubliche Phänomen gab es in der Vergangenheit gewisse Meinungsverschiedenheiten darüber, ob die Brandstiftung absichtlich stattfindet. Die neueste Studie, die auch der erste formelle wissenschaftliche Bericht ist, gelangt aufgrund zahlreicher Augenzeugenberichte aus vielen Jahren zu dem Schluss, dass das Feuer vollkommen absichtlich gelegt wird.

Soweit ich weiß, ist dies der einzige dokumentierte Fall, in dem nicht-menschliche Tiere absichtlich Feuer machen. Diese Vögel nutzen das Feuer als Werkzeug. Ihr Verhalten erfüllt alle zuvor genannten Definitionen für Werkzeuggebrauch. Außerdem kann man damit auch bis zu einem gewissen Grade erklären, wie Feuer scheinbar über von Menschen gemachte und natürliche Schranken springen kann, so über unbewachsene Wege oder Wasserläufe. Möglicherweise lernten die australischen Ureinwohner von den Vögeln, *Jarulan* zu machen, und übernahmen die Methode später in ihren Umgang mit dem Feuer, das während der gesamten Geschichte Australiens brannte. Wenn das stimmt, ist es ein wunderschönes Beispiel für artübergreifende kulturelle Überlieferung. Möglicherweise taten unsere ersten Vorfahren das Gleiche schon vor einer Million Jahren, als die Beziehung der Menschen zum Feuer begann, die später nie wieder erlosch. Vielleicht ist es aber auch nur ein guter Trick, den nur wir und die Raubvögel nutzen. Wie dem auch sei: Die Fähigkeit, ein neues Feuer zu entfachen, ist einer der ersten Schritte zu seiner Beherrschung.

Das heißt nicht, dass die nächsten Schritte folgen werden. Es heißt nicht, dass diese Raubvögel auf dem Weg sind, Metall zu schmieden oder ihre Nahrung zu kochen. Solche Erkenntnisse gehen einen Schritt über das hinaus, was Grünmeerkatzen und die Schimpansen von Fongoli tun. Es setzt ein kognitives Verständnis für das Verhalten von Feuer und nicht zuletzt auch für die damit verbundenen Gefahren voraus. Es zeigt aber auch die Fähigkeit, vorauszuplanen und ein beträchtliches Risiko einzukalkulieren. In welchem Alter würde man einem Kind gestatten, mit einem brennenden Stock umzugehen? Die Milane und Weihen nutzen eine tödliche Naturkraft, um die Umwelt zu verändern und sich eine Mahlzeit zu beschaffen, die ansonsten ungefährdet im Gebüsch verborgen geblieben wäre.

Feuer ist ein Teil der Natur. Die Welt brannte schon, bevor es Leben gab, und die Natur hat mit ihrer hartnäckigen Fähigkeit, sich an jede Umwelt anzupassen, immer wieder das Inferno überstanden. Wir sind einige Schritte weiter gegangen und haben uns in völliger Abhängigkeit von dieser groben Kraft begeben. Der Verzehr ausschließlich roher Lebensmittel ist mit beträchtlichen gesundheitlichen Risiken verbunden. Heutzutage haben wir andere Energiequellen, aber wir sind zumindest noch für die absehbare Zukunft vollkommen darauf angewiesen, die Überreste längst verstorbener Tiere und Pflanzen zu verbrennen. Die Nutzung des Feuers ist ein Teil unserer Natur, und ohne einen Funken kann man ein Feuer nicht anzünden. Dazu sind wir als Einzige in der Lage, aber heute wissen wir, dass wir nicht als Einzige im Feuer ein Mittel sehen, um uns das zu beschaffen, was wir haben wollen.

Krieg für den Planet der Affen

Gewalt gehört zur Natur. Tiere geraten aneinander, wenn sie um Ressourcen oder den Zugang zu Weibchen konkurrieren, aber auch wenn sie auf die Jagd gehen. Zu den technischen Mitteln, mit denen Tiere ihre körperlichen Fähigkeiten erweitern, gehören auch Waffen, eine Untergruppe der Werkzeuge zur Ausübung von Gewalt. Wenn man mit einem Gegenstand, der härter oder schärfer ist als der eigene Körper, einen tödlichen Schlag ausführt, verkürzt man den Kampf, macht ihn effizienter und damit auch attraktiver. Einige der Tiere, die Werkzeuge benutzen, setzen sie auch als Waffen ein. Wie Darwin in *Die Abstammung des Menschen* feststellte, lassen Dscheladas (eine eng mit den Pavianen verwandte Affenart) manchmal Steine einen Abhang hinunterrollen, wenn sie *Papio hamadryas*, eine andere Primatenart, angreifen. Elefanten und Gorillas werfen mit Steinen, und das offensichtlich vorwiegend im Kampf gegen Menschen (auch auf andere unwillkommene Arten in ihren Revieren werfen sie Steine, aber aus naheliegenden Gründen wurden Angriffe auf Menschen besonders gut aus der Nähe beobachtet). Die Steine werden nicht auf besondere Art und Weise zu Waffen gemacht, aber man muss sie dennoch als potenzielle Wurfgeschosse gezielt auswählen.

Die Boxerkrabbe *Lybia leptochelis* greift mit ihren Scheren nach zwei mit Nesselzellen besetzten Seeanemonen und trägt sie davon, um Feinde abzuwehren, was ihr auch den etwas weniger brutalen Namen „Pompom-Krabbe" eingetragen hat. Wenn den Krabben diese „Boxhandschuhe" fehlen, kämpfen sie mit anderen Krabben darum, und wenn sie

© Springer-Verlag GmbH Deutschland, ein Teil von Springer Nature 2020
A. Rutherford, *Bin ich etwas Besonderes?*, https://doi.org/10.1007/978-3-662-61566-9_8

nur einen besitzen, reißen sie ihn in zwei Hälften, sodass die Seeanemone zu einem Klon aus zwei Exemplaren heranwächst.

Auch die Schimpansen von Fongoli im Senegal, die zwischen den Buschbränden patrouillieren, gehen mit selbst gestalteten Waffen auf die Jagd, was auch unter dem einen Prozent der Tiere, die überhaupt Werkzeuge zu irgendwelchen Zwecken benutzen, selten ist. Wenn sie ein Nest mit schlafenden Buschbabys ausfindig gemacht haben, suchen sie einen geeigneten Stock, befreien ihn von Blättern und spitzen ihn mit den Zähnen an. Sie konstruieren also einen Speer – im Durchschnitt sind diese Waffen 60 cm lang. Buschbabys sind nachtaktive Tiere, und wenn man eine Baumhöhle überfällt, in der sie friedlich schlafen, kann man damit rechnen, dass sie Reißaus nehmen. Die Schimpansen gehen deshalb sehr gezielt vor: Sie überraschen die schlafenden Tiere, indem sie die Waffe schnell und wiederholt in Abwärtsrichtung in die Höhle stoßen. Die schnellen Stöße berauben die Buschbabys der Fluchtmöglichkeit. Die Schimpansen töten die Buschbabys und nagen sie häufig bis auf die Knochen ab. Dies ist bisher das einzige bekannte Beispiel dafür, dass ein anderes Wirbeltier als der Mensch ein Werkzeug herstellt, um damit ein zweites Wirbeltier zu jagen.

Was die Ausdrucksformen von Gewalt angeht, sind wir Menschen unübertroffen. Wir jagen effizienter, insbesondere weil wir immer bessere Werkzeuge gezielt zum Töten hergestellt haben, von den einfachsten Knüppeln über Speere mit Acheuléen-Steinspitzen bis hin zu Pfeil, Bogen und Bumerang und dann weiter bis zu Gewehren, Raketen, Bomben und immer effizienteren Methoden, um andere Tiere abzuschlachten.

In unserer prähistorischen Vergangenheit stellten unsere Vorfahren bessere Werkzeuge und immer leistungsfähigere Waffen her. Mit den Fortschritten in der Waffentechnologie wurde es auch immer besser möglich, das Ausmaß der Konflikte auszuweiten. Als soziale Lebewesen organisieren wir uns in Gruppen, und diese Gruppen konkurrieren um Ressourcen. Im Rahmen eines solchen Wettbewerbs richteten die Menschen zwangsläufig ihre Waffen aufeinander und entwickelten effiziente Methoden, um Artgenossen umzubringen. Irgendwann in unserer Geschichte eskalierte die Gewalt innerhalb der eigenen Spezies. Die ältesten Belege für Gruppenkonflikte – eine Art Vorläufer von Kriegen – stammen aus Naturuk in Kenia. Dort entdeckten Wissenschaftler 2012 insgesamt 27 Leichen, die ungefähr 10.000 Jahre ungestört in der Erde gelegen hatten. Als diese Menschen gestorben waren, hatte man sie in eine Lagune geworfen, die seither längst ausgetrocknet ist. Es war ein Massaker. Gefunden wurden die Überreste von acht Männern und acht Frauen, bei fünf weiteren Erwachsenen konnte man das Geschlecht nicht feststellen. Außerdem gab es sechs Kinder. Eine Frau war hochschwanger, und offensichtlich hatte man ihr sowie drei anderen die Hände zusammengebunden. An mindestens zehn Leichen ist eindeutig zu erkennen, dass sie ihr Ende durch schwere stumpfe Schläge auf den Kopf fanden – die Schädel und Jochbeine sind voller Bruchspuren. Derartige Waffen gehörten nicht zur normalen Jagdausrüstung der Nomadenvölker, die nach heutiger Kenntnis zu jener Zeit in Ostafrika heimisch waren. Das Ganze lässt vielmehr an einen vorsätzlichen Angriff denken, der in seiner Gnadenlosigkeit schockierend ist; die Motive für das Blutbad werden wir aber nie ergründen.

Die Funde von Naturuk sind der erste Beleg für einen geplanten Angriff auf eine Menschengruppe. Er fand Jahrtausende vor Beginn der schriftlichen historischen Aufzeichnungen statt, aber man kann mit Fug und Recht davon ausgehen, dass Konflikte auf Gruppenebene zum Wesen der Menschen gehören. Wir haben während unserer gesamten Geschichte Krieg geführt.

Nahezu ebenso lange versuchen Menschen, die Ursachen der Konflikte zu ergründen. Jeder Krieg ist anders, und doch sind alle gleich. Jede Schlacht ist einzigartig – je nach den Beteiligten, ihren technischen Mitteln, den geografischen Verhältnissen und anderen Faktoren. Die Gründe für Konflikte sind aber grundsätzlich ähnlich. Eines der ältesten Werke der Geschichtsforschung ist *Die Geschichte des Peloponnesischen Krieges,* ein Bericht über die mehr als 20 Jahre andauernden Kämpfe zwischen Sparta und Athen, der 431 v. u. Z. von dem großen griechischen Historiker (und Athener General) Thukydides verfasst wurde. Darin erklärt er, die Motive, aus denen sein Land in den Krieg zog, seien Angst, Ehre und Interessen gewesen.

Alle drei sind Interpretationen von Evolutionsthemen: Man hat Angst davor, getötet zu werden, weil man überleben, sich fortpflanzen und die Träger der eigenen Gene groß ziehen will; Ehre, Stolz oder ein Gefühl, die eigene Gruppe schützen zu müssen, dient der Erhaltung der Gene, die verwandte Gruppenmitglieder tragen; und man hat Interesse am Schutz von Ressourcen, die das Überleben der eigenen Gene sichern, darunter Territorium, Nahrung und für Männer der Zugang zu Frauen. Dennoch bin ich absolut nicht bereit, diese sehr stichhaltigen Evolutionstheorien als irgendeine Form moralischer Rechtfertigung für kriegerisches Verhalten von Menschen zu benennen. Auch wenn es sich bei oberflächlicher Betrachtung um Gründe für Kriege zu handeln scheint, ist es intellektuell töricht und unsinniger Reduktionismus, evolutionäre Gesetzmäßigkeiten auf die äußerst komplexen politischen und religiösen Gründe anzuwenden, aus denen Kriege tatsächlich stattfinden. Nationalismus ist keine vernünftige Ausdrucksform von Verwandtenselektion, wonach die Evolution einem gemeinsamen Zweck dienen soll, weil sie das Überleben in einer Population eng verwandter Mitglieder anstrebt, die einen großen Anteil gemeinsamer Gene haben.

Ein Staat ist keine Familie. Die Menschen sind insgesamt so eng verwandt, dass die willkürlichen, vergänglichen, wechselnden Grenzen von Nationen keine sinnvolle biologische Unterscheidung darstellen, die zum Ansatzpunkt der Selektion werden könnte. Das gilt umso mehr für Konflikte auf der Grundlage politischer oder religiöser Meinungsverschiedenheiten. Protestanten, Katholiken und Mormonen, Sunniten und Schiiten sind genetisch nicht nach irgendeinem sinnvollen Kriterium verschieden. Konflikte zwischen solchen Gruppen sind im Grundsatz nicht biologischer, sondern politischer Natur. Wenn man durch die Welt reist, gibt es zwar weit gefasste genetische Unterschiede zwischen den Menschen, aber diese natürliche Variationsbreite berücksichtigt Staatsgrenzen oder Glaubensüberzeugungen kaum, und wenn wir beiläufig über Rassen reden, hat dies kaum etwas mit den Unterschieden zu tun, die in unseren Genen repräsentiert sind. Die Merkmale, aufgrund derer wir die Menschen in der Regel in Rassengruppen einteilen, sind sichtbare Eigenschaften wie Hautfarbe, Haarbeschaffenheit oder anatomische Aspekte wie die Form des oberen Augenliedes. Diese sind zwar genetisch codiert, aber sie stellen nur einen winzigen Anteil an der Gesamtheit der genetischen Unterschiede zwischen Menschen – die allermeisten sind nicht sichtbar und entsprechen nicht den Rassengruppen. Die Millionen Menschen, die sich selbst als Afroamerikaner bezeichnen, lassen sich genetisch nicht auf sinnvolle oder aufschlussreiche Weise zu einer Gruppe zusammenfassen, auch wenn sie vielleicht im Durchschnitt eine dunklere Haut haben als Amerikaner mit vorwiegend europäischen Wurzeln. Die meisten genetischen Variationen bestehen nicht zwischen den Bevölkerungsgruppen, sondern innerhalb von ihnen; so mag es vielleicht banal erscheinen, eine Milliarde Chinesen als Ostasiaten zu bezeichnen, in Wirklichkeit sind sie aber biologisch eine sehr vielgestaltige Gruppe, auch wenn sie einander im Hinblick auf die Augenform stärker ähneln als vielen anderen Menschen auf der Erde. Wenn wir das im Kopf behalten, können wir Kriegen keine unmittelbare evolutionstheoretische Motivation zuschreiben, denn das würde eine Art genetischen Essenzialismus oder eine Reinheit voraussetzen, die in der Realität nicht gegeben sind.[1]

---

[1]Die Zusammenhänge zwischen Menschen, Rasse und der Genetik, von denen die Menschheitsgeschichte geprägt wurde, untersuche ich weitaus eingehender in meinem vorherigen Buch *Eine kurze Geschichte von jedem, der jemals gelebt hat* (Rowohlt 2018).

Das Prinzip, dass der Tod anderer das Überleben der eigenen Gene sichern hilft, gehört zur Evolution. Kämpfen, Fressen, Fortpflanzung, Wettbewerb und Parasitismus sind grundlegende Triebkräfte des evolutionären Wandels. Wir können zwar beobachten, dass Werkzeuge als Drohung oder zu tatsächlicher Gewaltanwendung verwendet werden, was wir aber in der Natur nicht erleben, sind strategische, geplante, langwierige bewaffnete Konflikte zwischen Tiergruppen, die einer Definition von Krieg entsprechen würden.

Mit einer bemerkenswerten Ausnahme: den Schimpansen. Bonobos nutzen zwar begeistert sexuelle Kontakte zur Entschärfung von Spannungen und Konflikten (im Detail werden wir uns in Kap. 13 damit befassen), ihre engsten Verwandten aber, die Schimpansen, bedienen sich viel systematischer der Gewalt. Das weiß man schon seit Jahrzehnten, aber die Eskalation in unseren Kenntnissen über das Ausmaß der Gewalt in einer Schimpansengesellschaft begann unmittelbar nachdem der Sommer der Liebe dahingeschwunden war. Zutreffend wurde der Unterschied zwischen den beiden Arten der Gattung *Pan* in der Hippie-Gegenkultur mit dem Schlagwort *„Make love, not war"* zusammengefasst: Die Bonobos waren die Liebhaber, die Schimpansen die Krieger. Erstmals dokumentierte Jane Goodall das Ausmaß der Konflikte zwischen Schimpansen im Gombe Stream National Park in Tansania. Anfang der 1970er-Jahre beobachtete man dort erstmals in einer zuvor einheitlichen Gesellschaft eine Fraktionsbildung, wobei die Kluft zwischen Nord und Süd verlief. Warum es zu der Spaltung kam, ist nicht bekannt, aber sie fiel mit dem Tod eines Alphamännchens zusammen, dem Goodall den Namen Leakey gegeben hatte und an dessen Stelle anschließend Humphrey trat. Einige Schimpansen schlossen sich Humphrey an, andere aus dem Süden hielten ihn aber offensichtlich für schwach, was sich darin äußerte, dass sie mit ihrer Gefolgschaft zu den Brüdern Hugh und Charlie wechselten. Es folgten strategische Überfälle beider Seiten auf das Territorium der jeweils anderen, gezielte Tötungen oder schwere Schlägereien zwischen den männlichen Feinden und eine Gewalteskalation, die zu ständigen Kämpfen führte. Am Ende trug Humphreys Armee den Sieg davon, und nach vier Jahren ständiger Konflikte waren alle Rebellen tot.

Im Kibale National Park in Uganda leben die Schimpansen von Ngogo. Sie werden von Wissenschaftlern schon seit über zehn Jahren erforscht, und dabei hat man ebenfalls koordinierte, systematische Gewalt und offenkundige Kriegsstrategien beobachtet. Alle paar Wochen versammelten sich junge Männchen am Rand ihres Reviers und patrouillierten schweigend im Gänsemarsch entlang der Grenze. In 18 Fällen konnte man beobachten, wie sie während solcher Ausflüge in das Nachbarterritorium eindrangen und ein Männchen aus einem anderen Trupp totschlugen, ihm alle Gliedmaßen ausrissen und siegreich um den zerlegten Kadaver herumhüpften. Nach zehn Jahren mit solchen siegreichen Scharmützeln hatten die Schimpansen von Ngogo die überfallenen Nachbarterritorien vollständig vereinnahmt.

In den Mahale Mountains im Westen Tansanias unterwanderte eine Schimpansengruppe ebenfalls einen Nachbartrupp und übernahm ihn, und anschließend waren dort die erwachsenen Männchen ausnahmslos einfach verschwunden. Wie bei einem Mafia-Überfall konnte man keine Angriffe beobachten, und es wurden niemals Leichen gefunden. Dennoch geht man davon aus, dass die Schimpansen bei Angriffen auf ihr Revier getötet wurden.[2]

Die Daten sind zwar spärlich, aber wir kennen eine ganze Reihe von Beispielen für länger anhaltende tödliche Aggression, die von Wissenschaftlern manchmal als „Koalitionsgewalt" bezeichnet wird (womit man eine Beschreibung vermeiden will, die an das sehr menschliche Verhalten in Kriegen denken lässt). Man hat die Vermutung geäußert, Menschen hätten den Schimpansen dieses Ausmaß eines kriegsähnlichen Verhaltens aufgezwungen. Indem sie immer wieder in die Territorien der Menschenaffen vordrangen, Wälder abholzten, Krankheiten einschleppten und die Schimpansen jagten, könnten sie in den Schimpansentrupps die Konflikte um Ressourcen geschürt haben; die Tötung wäre dann ein zufälliges Nebenprodukt der so entstehenden, eskalierten Gewalt. Die Schimpansen von Gombe hatten von Menschen im Laufe der Jahre immer wieder Bananen erhalten, weil man sie in Gebiete locken wollte, in denen man sie beobachten konnte.

Die Hypothese, dass Menschen die Schimpansen mit ihrem Verhalten beeinflusst haben könnten, lässt sich überprüfen. Im Jahr 2014 wurde sie einem wissenschaftlichen Test unterworfen. Wenn die Tätigkeiten der Menschen eine Triebkraft für das zunehmende Niveau von Aggression und Gewalt war, würde man damit rechnen, dass man mehr Gewalt beobachtet, wenn Menschen in der Nähe sind. Es war eine umfassende Studie: Analysiert wurden 18 Schimpansenreviere und sämtliche Akte von Gewalt und

---

[2]Ein weiteres Beispiel für Gewalt unter Schimpansen erlebten Wissenschaftler 2017: Sie wurden bei der Gruppe von Mahale Zeugen eines grausamen Säuglingsmordes. Sekunden nachdem das Baby geboren war, wurde es von einem Männchen geraubt, das man einige Stunden später in einem Baum beim Fressen beobachten konnte. Insgesamt haben Menschen nur ungefähr fünf Geburten bei Schimpansen überhaupt beobachtet, denn in der Regel verstecken sich die Weibchen, nachdem sie ein Junges zur Welt gebracht haben – eine Art Mutterschaftsurlaub nach Art der Schimpansen. Möglicherweise tun sie das, um genau diese Form des Säuglingsmordes zu vermeiden.

Mord, die im Laufe der Forschung von insgesamt 426 Jahren beobachtet wurde. Dabei zeigte sich ein enger Zusammenhang zwischen Gewalt und der Konkurrenz um Territorium und Ressourcen sowie der Bevölkerungsdichte (insbesondere der Männchen), aber kaum eine Verbindung zur Nähe von Menschen und ihren Tätigkeiten. In Tansania und Uganda führten die beiden Ausbrüche der (im ersten Fall mutmaßlichen) Koalitionsgewalt zu größeren Geländegewinnen. Aus evolutionärer Sicht bedeutet das mehr Früchte tragende Bäume, ein größeres Nahrungsangebot und damit auch eine gesündere Population und mehr Schimpansenbabys.

Offensichtlich deutet man also die tödliche Aggression unter Schimpansen einschließlich der Koalitionsgewalt am besten als Anpassungsstrategie. Zeitlich und genetisch stehen wir den Schimpansen und Bonobos nahe, und die Versuchung, auch komplexe Verhaltensweisen mit der evolutionären Verwandtschaft zwischen uns allen zu erklären, ist stets gegeben. Neigte schon der gemeinsame Vorfahre dieser drei Menschenaffengruppen zu Gewalt, und wuchsen nur die Bonobos darüber hinaus? Oder war es andersherum – war sexuelle Konfliktlösung die Norm, und nur die Bonobos behielten sie bei? Das sind berechtigte Fragen, aber beide Annahmen lassen sich kaum mit Daten belegen, und bei Vergleichen muss man wissenschaftliche Vorsicht walten lassen. Wir sollten nicht vergessen, dass auch die anderen Menschenaffen in den sechs Millionen Jahren, seit ihre Abstammungslinie sich von unserer trennte, eine Evolution durchgemacht haben; die Schimpansen könnten sich so entwickelt haben, dass sie ihre eigenen Überlebensaussichten durch Gewalt verbesserten. Ihre Gewaltneigung ist ein Verhaltensaspekt, den man unter seinen eigenen Gesichtspunkten verstehen muss und nicht nur als Modell, wenn wir unser Verhalten erklären wollen. Wir haben selbst so viele Kriege geführt, dass das Verhalten der Schimpansen für uns nur von begrenzter Bedeutung ist.

Dieser Überblick über einige weniger bewundernswerte Eigenschaften der Menschen und anderer Tiere zeigt, dass Gewalt – in manchen Fällen auch extreme, tödliche Gewalt – zum Daseinskampf gehört und allgemein verbreitet ist. Das Überleben geht auf Kosten anderer, mit denen man nicht die eigenen Gene teilt. In der Evolutionstheorie sprechen wir häufig von einem Rüstungswettlauf, weil die Beute sich so entwickelt, dass sie den Fähigkeiten des Räubers etwas entgegenzusetzen hat, und der Räuber entwickelt sich dann seinerseits ebenfalls weiter. Dieser ewige Konflikt tobt innerhalb der Arten zwischen den Geschlechtern und zwischen den Arten in allen Maßstäben. Betrachten wir ein naheliegendes Beispiel: Motten fallen zu Dutzenden den Fledermäusen mit ihrer Echoortung zum Opfer. In Arizona hat sich bei einer Mottenart ein erstaunlicher doppelter Kunstgriff entwickelt, mit dem das Gefressenwerden vermieden wird: Die Motten sezernieren eine unangenehme Substanz, welche die Fledermäuse nicht mögen, und außerdem senden sie einen hochfrequenten Echoklick aus, den die Fledermäuse wahrnehmen. Wenn die Fledermaus einmal eine solche Motte gefressen und mit dem Warngeräusch in Verbindung gebracht hat, meidet sie in Zukunft diese Insekten. Auf mikroskopischer Ebene ist auch unser ganzes Immunsystem nichts anderes als ein Mechanismus der Angriffs- und Abwehrstrategien, und es bekämpft damit die erbarmungslosen Angriffe der Lebewesen, die ihr Dasein auf Kosten des unseren fortsetzen wollen. Immerhin sind die natürlichen Todesursachen bei Menschen weitaus zahlreicher als unsere eigenen entschlossenen Bemühungen, uns gegenseitig auszurotten. Die kleinsten Dinge in der Welt des Lebendigen haben die größten schädlichen Auswirkungen auf das Leben der Menschen: Pest, Spanische Grippe, Tuberkulose, HIV/AIDS, Pocken und die Malaria, deren Erreger vermutlich mehr Todesopfer gefordert hat als jeder andere in unserer Geschichte.

Dennoch gelingt es uns auch ziemlich gut, uns gegenseitig umzubringen. Eines steht außer Zweifel: Mit unserem Gehirn, unserem Erfindungsreichtum und unseren Fähigkeiten haben wir den Akt des Tötens zwischen Mensch und Mensch heute aber auch global immer effizienter gestaltet. Vielleicht liegen die Tage der gegenseitig gesicherten Zerstörung durch Kernwaffen hinter uns, und es bedarf keines Evolutionstheoretikers für die Erkenntnis, dass dies für unsere Gene und unsere Spezies etwas Gutes ist. Unsere Gründe, in den Krieg zu ziehen, lassen sich mit der Evolutionstheorie nur schwer rechtfertigen, und diese Erkenntnis wird auch dadurch bestärkt, dass offensichtlich nur Schimpansen mit ihren Konflikten ein Ausmaß erreichen, das man entfernt als Kriegsführung bezeichnen könnte. Die meisten Kulturen sind sich einig, dass das Töten anderer Menschen verboten ist, und diese Vorschrift ist sogar in den abrahamitischen Geboten festgeschrieben; wenn man allerdings bedenkt, mit welcher Begeisterung die Anhänger von Christus und Mohammed sich mit der Auslöschung des Lebenslichts anderer Menschen beschäftigt haben, scheint es so, als würde dieses Gebot mehr als Richtlinie denn als Gesetz interpretiert.

Landwirtschaft und Lebenskunst

Wir sind Meister darin, unseren Aktionsradius mit Werkzeugen über die Begrenzungen unseres Körperbaues hinaus zu erweitern. Derartige Fähigkeiten sind fast ausnahmslos nicht angeboren, sondern sie werden erlernt, aber sie bauen auf biologischen Grundlagen auf, die ihre Entwicklung erlauben. Wie wir am Beispiel der Tiere gesehen haben, die sich technologischer Mittel bedienen, sind manche Fähigkeiten erlernt, andere biologisch codiert. Aber keine davon kommt den unseren in ihrer Raffinesse auch nur nahe. Einer Untersuchung wert sind aber auch zwei andere Merkmale, die echte Teile unserer Kultur sind und zu denen es bei anderen Tieren möglicherweise offenkundige Entsprechungen gibt. Keines davon ist im eigentlichen Sinn ein Werkzeug, aber beide sind Beispiele dafür, wie Menschen ihre Umwelt tief greifend verändert und damit ihre Fähigkeiten erweitert haben. Beide erfordern die Anwendung von Werkzeugen, und beide sind für die Menschheit von grundlegender Bedeutung.

Die erste ist die Landwirtschaft. Wir haben an mehreren Beispielen erfahren, wie Tiere unbelebte Gegenstände benutzen, und im Fall der schwammtragenden Delfine nutzt ein Tier auch ein zweites, um auf die Jagd nach einem Dritten zu gehen. Wir selbst nutzen eine andere Methode, um uns zu ernähren: Wir bauen Lebewesen an und ernten ein Lebensmittel – oder anders gesagt: Wir betreiben Landwirtschaft. Ackerbau und Viehzucht haben die Menschen ein für alle Mal verändert und die Grundlagen für unser heutiges Zeitalter geschaffen. In kurzer Zeit entwickelten sich unsere Vorfahren von Jägern und Sammlern zu Bauern, die ihre eigene Nahrung anbauten und damit die Räder in Bewegung setzten, aus denen

© Springer-Verlag GmbH Deutschland, ein Teil von Springer Nature 2020
A. Rutherford, *Bin ich etwas Besonderes?*, https://doi.org/10.1007/978-3-662-61566-9_9

die Zivilisation hervorging. Ungefähr 10.000 Jahre lang war die Landwirtschaft die beherrschende Industrie und Technologie. Mit ihrer Entstehung finden wir Hinweise auf die Zucht neuer Nutzpflanzen – Roggen in Mesopotamien, Einkorn in der Levante. An zahlreichen Orten in Europa und Asien sehen wir die Domestikation wilder Schweine und Schafe. In einem Zeitraum von rund 1000 Jahren nach dem Ende der letzten Eiszeit entwickelten sich die Anfänge der Landwirtschaft überall, wo es Menschen gab. Jetzt brauchten unsere Vorfahren nicht mehr den Jahreszeiten oder wandernden Tieren zu folgen, um ihre Ernährung zu sichern. Man konnte dauerhafte Siedlungen errichten und Getreide für Hungerjahre lagern. Landwirtschaft erfordert Planung und Voraussicht, denn man muss im Voraus wissen, was wie und wann wachsen wird. Schon das treibt technische Neuerungen voran: Gefäße für die Lagerung, Siebe für die Verarbeitung der Lebensmittel, Pflug und Schaufel zur Bearbeitung des Bodens. Das alles hatte zur Folge, dass eine wertvolle Handelsware an zentralen Orten erzeugt wurde, und das zog weitere Menschen an. Wirtschaftliche Ungleichheit entstand, und der Handel folgte auf dem Fuße. Da die neue Lebensweise stabiler war, gewann sie die Vorherrschaft über die einfache Nahrungssuche, und die Methoden wurden in und zwischen den Familien, die zu Gemeinden heranwuchsen, überliefert und gelehrt.

Die Landwirtschaft veränderte auch Knochen und Gene der Menschen. In unserem Genom spiegelte sich der Wandel der Ernährung schneller wider als in vielen äußeren Merkmalen, und den Wechsel zu einer landwirtschaftlichen Lebensweise können wir in unserer DNA nachvollziehen: Das klassische Beispiel ist der Verzehr von Milch. Europäer und Menschen, die erst kürzlich aus Europa ausgewandert sind, trinken während ihres ganzen Lebens Milch. Historisch betrachtet jedoch und auch für die meisten heutigen Menschen ist der Milchverzehr nach der Entwöhnung von der Muttermilch die Ursache aller möglichen Verdauungsbeschwerden, weil das Enzym, das zum Abbau des Milchzuckers (Laktose) gebraucht wird, nur im Säuglingsalter aktiv ist. Irgendwann vor rund 7000 Jahren jedoch mutierte vermutlich bei Bewohnern im Nordwesten Europas das Gen für dieses Enzym, und das hatte zur Folge, dass seine Funktion während des ganzen Lebens erhalten blieb. Die Menschen hatten zuvor bereits Milchtiere gehalten und aus der Milch vermutlich Weichkäse hergestellt (bei der Weiterverarbeitung von Milch zu Käse wird die Laktose beseitigt, sodass man Käse ohne jede Nebenwirkungen verzehren kann), aber die Milch als solche wurde nicht getrunken. Nach der Mutation verfügten unsere Vorfahren in Verbindung mit den landwirtschaftlichen Praktiken über eine neue Protein- und Fettquelle, und sie hatten die Kontrolle über deren

Produktion. Was das für einen Vorteil bedeutete, liegt auf der Hand, und für die Selektion sorgte nicht nur die Natur, sondern auch die Kombination aus der Lebensweise und den entsprechend gezüchteten Tieren. Heute ist sie in unserer DNA festgeschrieben.

In einer Fußnote in der Einleitung habe ich erwähnt, dass kein Lebewesen jemals unabhängig von anderen existiert hat (und gleichzeitig habe ich die Vorstellung, ein Virus sei kein Lebewesen, infrage gestellt). Das stimmt sicher, denn Räuber sind auf Beute angewiesen, und die Nahrungsnetze der Ökosysteme sind heikel ausbalancierte Netzwerke der gegenseitigen Abhängigkeit. Mit der Landwirtschaft verhält es sich anders. Sie ist der industrielle Prozess eines symbiontischen Anbaues in dem Sinne, dass ein Produkt durch systematische Arbeit erzeugt wird. Die Ziegen, die unsere Vorfahren vor 7000 Jahren molken, hatten ihre Gestalt durch Domestikation erhalten und sind heute so, wie sie von den Menschen gemacht wurden.

Die Landwirtschaft war eine entscheidende kulturelle Entwicklung, die uns durch die Geschichte und in Richtung der Zivilisation vorantrieb. Aber wir sind nicht die einzigen Bauern.

Blattschneiderameisen wurden durch Naturfilme bekannt, in denen sie im Gänsemarsch riesige, von Pflanzen abgeschnittene Blattstücke tragen. Die Blätter dienen ihnen aber nicht als Futter; sie ernähren sich von einem Produkt, das in den Zellen von Pilzen der Familie Lepiotaceae erzeugt wird; diese wurden nicht unmittelbar von den Ameisen gestaltet, sondern durch gegenseitig nützliche Evolution: Die Ameisen füttern den Pilz, und der Pilz füttert die Ameisen. Die Blätter dienen dabei wie gepflügter Boden als Substrat, auf dem der Pilz heranwächst und der Ameisenkolonie die lebensnotwendige Nahrung liefert.

Es gibt ungefähr 200 Arten von Blattschneiderameisen, die so vorgehen, und das Ganze ist schon seit mehr als 20 Mio. Jahren ein Teil ihres Daseins. Sie sind obligate Pilzzüchter, das heißt, sie sind von dieser Tätigkeit ebenso vollständig abhängig wie wir von den landwirtschaftlich hergestellten Lebensmitteln. Es ist eine gegenseitige Abhängigkeit: Der Pilz bringt Gongylidien hervor, dünne Fasern, die mit nahrhaften Kohlenhydraten und Lipiden gefüllt sind, sodass die Ameisen sie leicht ernten und damit ihre Königinnen und Larven füttern können. Außerhalb der Pilz-Ameisen-Landwirtschaft gibt es die Gongylidien nicht.

Die Symbiose hat noch eine weitere erstaunliche Ebene. Der Nährboden aus Blättern wird leicht von einem anderen Pilz infiziert, und diesen jäten die Ameisen manuell (das heißt eigentlich mit ihren Kiefern). Sie tragen aber auch Bakterien der Gattung *Pseudonocardia* am Körper und in spezialisierten endokrinen Drüsen. Diese Bakterien produzieren ein Antibiotikum, das die Pilzinfektion bekämpft. Es ist ein erstaunlicher, vielschichtiger Mutualismus: Tiere bauen Pilze an und nutzen Bakterien als Pestizid, und jeder ist von allen anderen abhängig. Die Evolution ist ungeheuer schlau, und von den Ameisen können wir noch viel lernen.

*****

Die zweite unentbehrliche kulturelle Säule der Menschheit ist in der übrigen Natur viel schwerer dingfest zu machen: Wir schmücken uns. Die Art, wie wir uns kleiden oder unsere Haare frisieren, als banal, bedeutungslos oder wertlos abzutun, ist töricht. Die oftmals groteske Haute Couture der Laufstege mag den meisten von uns verblüffend erscheinen, aber das Äußere ist von entscheidender Bedeutung, weil es anderen viele Signale vermittelt. Die sexuelle Selektion ist eine gewaltige Triebkraft des evolutionären Wandels; im nächsten Abschnitt wird genauer davon die Rede sein. Hier nur ein erster Gedanke: Merkmale, die Gesundheit, Kraft, gute Gene oder Fruchtbarkeit signalisieren, versetzen (im Allgemeinen) die Weibchen in die Lage, diejenigen Männchen auszuwählen, mit denen sie sich paaren wollen. Ein Weibchen investiert in seine Eier viel mehr Aufwand als ein Männchen in seine Samenzellen – Eizellen sind größer und weniger zahlreich, und damit sind sie ein wertvollerer Vermögensgegenstand. Dieses Ungleichgewicht ist im gesamten Tierreich eine wichtige Triebkraft für das Verhalten. Optisch besonders auffällig wird es an den übertriebenen Merkmalen vieler Männchen. Am häufigsten wird der Schwanz des Pfaus genannt: Einen solchen pompösen Fächer hervorzubringen, ist für den Stoffwechsel aufwendig, und ein solcher angeberischer Gockel hat es viel schwerer, vor einem hungrigen Fuchs davonzulaufen. Wenn man trotz der Prahlerei überlebt, kann das bedeuten, dass man ganz allgemeine gute Gene hat, und dann neigt das Weibchen vielleicht zu dem Gedanken, es könne sich lohnen, solche Gene auszunutzen und damit für die eigenen Gene die bestmöglichen Überlebenschancen zu schaffen.[1]

---

[1]Übertriebene Merkmale findet man in nahezu allen Fällen bei den Männchen. Die Weibchen erzielen mit ihren großen Investitionen in die Eizellen die höchste Rendite, wenn sie sich mit den besten Männchen paaren, und die Männchen sind am besten dran, wenn sie sich mit möglichst vielen Weibchen zusammentun. Deshalb konkurrieren die Männchen untereinander um den Zugang zu den Weibchen, und die Weibchen haben die Wahl. Dies ist ein Kernstück im Konzept der sexuellen Selektion, einer der größten Facetten der natürlichen Selektion. Allerdings ist die biologische Wissenschaft von Ausnahmen durchsetzt – oder bereichert –, und in manchen Fällen haben auch die Weibchen prächtige Verzierungen. Die Seenadel ist eine Art auseinandergewundenes Seepferdchen, und die Weibchen werden im Gegensatz zu den unscheinbaren Männchen im fruchtbaren Zustand besonders bunt. Auch bei den Mornellregenpfeifern ist das Weibchen am auffälligsten gefärbt. In beiden Fällen übernehmen die Männchen den größten Teil der Brutpflege.

Deshalb beobachten wir an Paradiesvögeln wie auch an Insekten jeder Form und Größe prächtige Schwänze und leuchtende Körperanhänge. Wir sehen das verrückte Imponiergehabe brünstiger Gabelböcke, die Balz der Schreipihas oder ausgelassen herumhüpfende Paradieswitwenvögel in den Graslandschaften Afrikas. Die Männchen putzen sich heraus und stellen ihre Qualitäten zur Schau.

Für ein Piha-, Gabelbock- oder Pfauenweibchen mag das ein schöner Anblick sein. Aber um Mode handelt es sich dabei sicher nicht. Übertriebene, prächtige Merkmale entwickeln sich langsam über viele Generationen. Ein Merkmal ist vielleicht aufgrund zufälliger Schwankungen bei einem Männchen ein wenig größer, und bei den Weibchen schwankt die Vorliebe für größere Merkmale, sodass beide sich am Ende paaren. Wiederholt sich der Vorgang im Laufe der Generationen immer wieder, kann das Merkmal irgendwann absurde Ausmaße annehmen. Vorangetrieben wird diese aufwendige Übertreibung in allen Fällen durch die zunehmende Größe des Merkmals bei den Männchen und eine passende Vorliebe für das größere Merkmal bei den Weibchen.

Manche Tiere schmücken sich auch. Sie befestigen Gegenstände und manchmal auch andere Tiere aus der Umwelt zu verschiedenen Zwecken, in den meisten Fällen aber zur Verteidigung. Das ist etwas anderes als die Werkzeugbenutzung, aber auch eine Erweiterung davon, und scheint vorwiegend im Wasser vorzukommen. Hunderte von Krabben aus der Familie Majoidea schmücken ihre Panzer mit allen möglichen Gegenständen. Das Ganze ist ein mühsamer Prozess, und ihr Gehäuse hat feine Borsten, die wie ein Klettverschluss bei der Befestigung helfen. Manchmal dient der Schmuck einfach zur Tarnung, aber da seine Anbringung eine gewisse Zeit dauert und da es sich bei den Objekten häufig um stinkende Pflanzen oder sogar sesshafte Weichtiere handelt, nimmt man heute an, dass sie zur Abwehr dienen; demnach wissen die natürlichen Feinde ganz genau, dass die Krabbe sich dort befindet. Viele Insektenlarven erzeugen eine Ganzkörperabschirmung, die häufig aus ihren eigenen Exkrementen besteht und gleichzeitig der Abschreckung, dem Schutz und der Tarnung dient. Raubwanzen tragen einen Rucksack aus den Kadavern ihrer Beutetiere, aber man nimmt an, dass dies bei ihren Feinden keine Angst erzeugen soll, sondern der Tarnung dient.

Unsere eigene Mode hat mit solchen Verzierungen wenig zu tun. Die Art, wie wir uns kleiden, könnte zwar ihre Wurzeln in Aspekten der sexuellen Selektion haben, vielleicht ist dies aber auch nicht der Fall. Manche Evolutionspsychologen haben zu erklären versucht, dass sich in gewissen Modeerscheinungen die Prinzipien der Paarung widerspiegeln, aber insgesamt betrachtet glaube ich das nicht. Mode vermittelt sicherlich eine äußerliche Verstärkung, mit der vielleicht ein wünschenswertes Merkmal wie breite Schultern, eine schmale Taille oder leuchtende, große Augen zur Schau gestellt werden. In seinem ungeheuer populären, aber wissenschaftlich fragwürdigen Bestseller *Der nackte Affe* äußerte der Autor Desmond Morris die Vermutung, mit Lippenstift sollten die Lippen einer Frau im Gesicht stärker den geschwollenen, sexuell erregten Schamlippen ähneln. Oberflächlich betrachtet, mag das ein attraktives Argument sein, aber schon bei etwas genauerem Hinsehen verflüchtigt es sich, denn es gibt einfach keine Anhaltspunkte, die dafür sprechen. Würde es stimmen, würden wir mit einer Selektion auf das Tragen von Lippenstift rechnen, und Frauen, die Lippenstift auflegen, hätten einen größeren Fortpflanzungserfolg. Ebenso ist es keine Erklärung für den wechselnden Stil und die unterschiedlichen Farben von Lippenstiften oder für die Tatsache, dass die meisten Frauen während des weit überwiegenden Teils der Menschheitsgeschichte keinen Lippenstift getragen haben und dennoch zahlreiche gesunde Nachkommen zur Welt bringen konnten. Es ist ein Beispiel für die wissenschaftliche Sünde einer „Just-so-Story", einer Spekulation, die sich reizvoll anhört, sich aber nicht überprüfen oder durch Indizien belegen lässt.

Sigmund Freud sah in der Krawatte ein Symbol für den Penis. Überhaupt glaubte er, viele Dinge würden den Penis symbolisieren. Im Laufe der Jahre wurde die Vermutung geäußert, der phallische Aspekt einer Krawatte leite sich davon ab, dass sie lang und dünn ist, nach unten hängt und ganz buchstäblich auf die Leistengegend zeigt; außerdem wird sie von Männern getragen, die sich gern mächtig fühlen wollen. Das erklärt aber noch nicht die Fliege oder das Halstuch. Ebenso ist es keine Erklärung dafür, dass die große Mehrzahl der Männer heute keine Krawatte mit Windsorknoten trägt und auch während des größten Teils der Menschheitsgeschichte nicht getragen hat, und dass es ihnen dennoch irgendwie gelungen ist, Nachkommen zu zeugen. In Europa waren mehrere Jahrhunderte lang Halskrausen in Mode, aber die zeigen nicht auf die Leistengegend, und die Tudors waren offenbar dennoch in ausreichendem Maße fruchtbar. Ebenso erklärt keines dieser Argumente die Tatsache, dass die Mode rund um die Welt höchst unterschiedlich ist und sich auch im Laufe der Geschichte radikal gewandelt hat. Man stelle sich vor, jemand würde heute mit weiß geschminktem Gesicht, Kniehosen und einer riesigen, gepuderten Perücke ins Büro kommen. Oder er würde keine Krawatte tragen, sondern eine kleine Halskrause, ein Wams und einen Hosenbeutel.

Dass eine Hose in dieser Saison den einen Schnitt und in der nächsten einen anderen hat, ist wahrscheinlich eine Facette der vorübergehenden

Gruppenmitgliedschaft. Moden kommen und gehen in schneller Folge. Ich war eine Zeit lang ein Goth, kleidete mich ausschließlich einfarbig und gab mir alle Mühe, missmutig auszusehen. Dann aber begeisterte ich mich für Hiphop. Oscar Wilde bezeichnete Mode als „so unerträgliche Hässlichkeit, dass wir sie alle sechs Monate wechseln müssen"; dabei trug er mit ziemlicher Sicherheit ein Halstuch, einen Pelzkragen, einen flotten Hut und im Knopfloch eine Lilie, über die man sich damals ebenso lustig machte wie heute. Stammesdenken ist ein höchst menschliches Merkmal, und auch wenn man es im Zusammenhang mit der biologischen Evolution nicht als bedeutungslos abtun sollte, sind Stämme etwas Vorübergehendes und vielleicht ein gutes Beispiel für eine Verhaltensweise, mit der wir uns von den Fesseln der natürlichen Selektion befreien. Bei nicht menschlichen Tieren gibt es so gut wie keine Beispiele für scheinbar sinnlose Verhaltensänderungen, in denen sich Mode oder Marotten widerspiegeln.

Ein gutes Beispiel ist Julie. Sie setzte 2007 einen neuen Trend in die Welt, der sich seitdem durchgesetzt hat. Julie war damals 15, eine junge Erwachsene, die vielleicht gerade aus den Launen einer spielerischen, wechselvollen Jugend herausgewachsen war. Das hielt sie aber nicht davon ab, etwas Neues auszuprobieren. Eines Tages entschloss sie sich, sich einen steifen Grashalm in ein Ohr zu stecken, und das sollte zu ihrem Markenzeichen werden. Sie ging weiterhin ihren ganz normalen Alltagstätigkeiten nach, aber immer ragte ein Grashalm aus ihrem Ohr. Ihrem vierjährigen Sohn Jack fiel auf, was seine Mutter für einen neuen Look an den Tag legte, und er machte es nach. Kathy, fünf Jahre jünger als Julie, trieb sich die meiste Zeit zusammen mit ihr und allen anderen Kameraden aus ihrer Gruppe herum, und wenig später steckte auch sie sich Gras ins Ohr. Der Nächste war Val. Andere enge Bekannte folgten auf dem Fuße – insgesamt waren es acht aus einer Clique von zwölf Halbwüchsigen.

Julie war ein Schimpanse. Sie starb 2012, aber der von ihr initiierte Trend ist in ihrer lokalen Gruppe erhalten geblieben und hat sich in der Nachbarschaft auf mindestens zwei weitere Schimpansenpopulationen verbreitet, mit denen sie gelegentlich in Kontakt kommen, ohne sich aber wirklich mit ihnen herumzutreiben. Das Ganze fand im Chimfushi Wildlife Orphanage Trust statt, einem Schutzgebiet im Nordwesten Sambias. Nach den letzten Berichten der Primatenforscher, die diese Schimpansen studieren, tragen Kathy und Val noch heute einen einzelnen steifen Grashalm in einem Ohr (Abb. 1).

Wir beobachten bei Schimpansen zahlreiche soziale Verhaltensweisen, die erkennbar unseren eigenen ähneln. Viele von ihnen werden in diesem Buch an anderer Stelle erörtert. Dies ist vielleicht der einzige dokumentierte

Abb. 1 Modemacherin Julie

Fall, in dem sich Schimpansen eine „nicht anpassungsorientierte willkürliche Tradition" zu eigen machten, oder mit anderen Worten: eine Mode.

Man kennt auch einige Beispiele, bei denen Schimpansen aus Gründen, die wir nicht verstehen, das Verhalten anderer Schimpansen kopieren. Tinka, ein ausgewachsenes Schimpansenmännchen, das in der Region Budungo in Uganda lebt, leidet an einer fast vollständigen Lähmung beider Hände, nachdem er sie in eine der vielen Fallen gesteckt hatte, die Jäger in der Gegend für Buschschweine und Ducker, eine Art kleiner Hirsche, aufgestellt hatten. Seine Hände sind hakenförmig starr; den linken Daumen kann er noch ein wenig bewegen, den rechten überhaupt nicht. Insgesamt kann er die Hände kaum gebrauchen. Außerdem hat Tinka offensichtlich eine Allergie mit kahlen, entzündeten Hautstellen; die Ursache sind möglicherweise Milben, und mit ziemlicher Sicherheit wird die Krankheit verstärkt, weil er sich mit den Händen nicht kratzen und die Milben nicht von seiner Haut sammeln kann. Viele normale, lebenswichtige Alltagstätigkeiten von Schimpansen, die wie die gegenseitige Körperpflege sowohl eine biologische als auch eine soziale Funktion haben, kann er nicht ausführen. Stattdessen hat Tinka eine eigene Methode entwickelt, um sich am Kopf zu kratzen: Dazu zieht er eine Liane, die an einem Zweig befestigt ist, mit dem Fuß straff und reibt dann den Kopf daran hin und her wie an einer Säge.

Das ist schon für sich betrachtet interessant. Hier zeigt sich eine hochentwickelte Fähigkeit, in die Umwelt einzugreifen und die Umgebung zur Herstellung eines notwendigen Werkzeugs zu nutzen. Auch Kleinaffen, Bären, Katzen und viele andere Säugetiere kratzen sich den Rücken an Bäumen, Felsen oder Möbelstücken. Interessanter ist aber, dass nicht nur Tinka es irgendwann so machte, sondern auch viele seiner Kameraden. Insgesamt kopierten sieben vollkommen gesunde Schimpansen seine Tätigkeit. Alle waren jünger, und fünf von ihnen waren Weibchen; in 21 Fällen wurde das Kratzen mit der Liane gefilmt, und nur bei einer Gelegenheit war Tinka anwesend. Man kann also nicht sagen, dass die Nachahmer sich nur bei dem älteren Schimpansen einschmeicheln wollten. Das Verhalten hatte sich einfach durchgesetzt.

Solche Beispiele kennt man nur in geringer Zahl und von weit voneinander entfernten Orten. Vielleicht sind sie exotische Einzelfälle, absonderliche Seltsamkeiten und nicht repräsentativ für die kognitiven Fähigkeiten der Schimpansen. Aber es gibt sie. Vielleicht ist Tinkas Erfindung die bessere Methode, um sich den Kopf zu kratzen. Entscheidend ist, dass solche Verhaltensweisen anscheinend nicht der Anpassung dienen, zumindest nicht unmittelbar. Vielmehr sieht es aus, als würden diese Schimpansen eine Tätigkeit aus keinem anderen Grund kopieren als dem, mit dem Strom zu schwimmen.

*****

Mit Werkzeugen und Waffen, aber auch mit Mode haben wir unsere Fähigkeiten weit über die anderer Tiere hinaus erweitert. Zwar beobachten wir einen gewissen Werkzeuggebrauch, ein Aufflackern der Gewalt, die auch wir ausüben, und einen ganz schwachen Abglanz ästhetischer Entscheidungen. Aber die Unterschiede sind krass. Unsere Kognition und Geschicklichkeit haben uns in die Lage versetzt, derart hochentwickelte Gegenstände herzustellen, dass wir regelmäßig Werkzeuge benutzen; wir greifen schon seit so langer Zeit in unsere Umwelt ein, dass wir seit Hunderttausenden von Jahren vollständig auf die Technologie angewiesen sind.

Menschen erfreuen sich aber auch einer noch älteren Kategorie lebensnotwendiger Tätigkeiten. Dazu gehören Verhaltensweisen, die einem grundsätzlicheren Evolutionsprinzip dienen. Diese Verhaltensweisen haben wir uns zu eigen gemacht und bis zu einem hohen Niveau entwickelt, das weit über ihren ursprünglichen Zweck hinausgeht. Im nächsten Abschnitt werde ich der Frage nachgehen, ob und wie andere Tiere unsere bemerkenswerte Begeisterung für Sex teilen.

Sex

Stellen wir uns einmal einen außerirdischen Naturforscher vor – einen Wissenschaftler aus einer anderen Welt, der zu uns kommt, um das Leben auf der Erde zu studieren, um uns und unseren Platz im großen Ganzen der Natur zu beobachten. Ein solcher Wissenschaftler würde eine Welt sehen, in der es von Leben wimmelt. Vitale Zellen überall, manche davon organisiert in größeren Körpern, aber alle setzen codierte Informationen um, die in ihrem Inneren liegen, und alle sind gegenseitig voneinander abhängig. Der Außerirdische kann sich über die Zeit einen Überblick verschaffen und sieht, dass das Leben bereits seit acht Neunteln der Lebensdauer unseres Planeten existiert und während dieser Zeit ununterbrochen vorhanden war, zwar mit einigen Einschnitten, aber ohne echte Brüche. Außerdem würde er sehen, dass keine dieser Zellen und kein Lebewesen von Dauer ist. Alle produzieren ständig neue Versionen ihrer selbst, und so setzt sich die Kette des Lebendigen ununterbrochen fort.

Besonders interessiert sich der außerirdische Wissenschaftler für uns Menschen, und zwar sowohl für unsere biologischen Eigenschaften als auch für unser Verhalten. Er stellt fest, dass die Menschen groß (aber nicht die Größten), zahlreich (aber nicht die Zahlreichsten) und (allerdings erst seit sehr kurzer Zeit) überall verbreitet sind. Wir sind weder zahlenmäßig noch als Vertreter innerhalb unserer selbstgeschaffenen Systematik am zahlreichsten. Die Säugetiere – Tiere mit einem Fell, die ihre Jungen mit selbst produzierter Milch ernähren – sind auf der Erde nur eine kleine Gruppe: Man kennt rund 6000 Typen von ihnen, und ein Fünftel davon sind verschiedene Arten von Fledermäusen. Es gibt wenige Primatenarten und noch

© Springer-Verlag GmbH Deutschland, ein Teil von Springer Nature 2020
A. Rutherford, *Bin ich etwas Besonderes?*, https://doi.org/10.1007/978-3-662-61566-9_10

weniger Arten von Menschenaffen. Keine von ihnen ist so zahlreich wie der *Homo sapiens*, der einzige noch vorhandene, als „Mensch" bezeichnete Menschenaffe, der während der letzten Jahrmillionen über die Landflächen der Erde streifte.

Im Laufe der Jahre gab es eine ganze Reihe Angehörige der Gattung *Homo*, auf eine eindeutige Zahl verschiedener Spezies konnte man sich aber bisher nicht einigen. Manche wurden erst in den ersten Jahren des 21. Jahrhunderts neu entdeckt, so beispielsweise der kleinwüchsige, auch als Hobbit bezeichnete *Homo floresiensis* von der indonesischen Insel Flores, oder *Homo naledi*, eine geringfügig größere primitive Menschenspezies, die man 2013 rätselhafterweise tief in einem pechschwarzen Höhlenlabyrinth in Südafrika gefunden hat. Beide lebten zur gleichen Zeit, aber nicht am gleichen Ort wie unsere Vorfahren. Dann gibt es die Denisova-Menschen, die man nur von einem Zahn und einigen Knochen sowie aufgrund ihres gesamten Genoms kennt. Eine Artbezeichnung haben sie noch nicht, denn die Klassifikation der Lebewesen basiert auf der Anatomie, und dazu reichen diese Überreste nicht aus. Aus ihrer DNA wissen wir, dass sie anders als wir waren und sich auch von allen anderen bekannten Menschenarten unterschieden. Eines ist aber trotz des ganzen Durcheinanders klar: Wir, die Spezies *Homo sapiens,* sind die letzten überlebenden Menschen, und da keine plausiblen Aussichten darauf bestehen, dass wir uns zu neuen, sexuell unverträglichen Bevölkerungsgruppen auseinanderentwickeln, werden wir auch die letzten Menschen sein.

Aber trotz unserer offenkundigen Allgegenwart und unseres Erfolges würde der neugierige Wissenschaftler sehen, dass wir zumindest bisher keine sehr dauerhaften Lebewesen sind. Unsere Spezies ist erst zarte 300.000 Jahre jung; unsere größere systematische Gruppe – die Menschenaffen – hat allerdings schon robustere zehn Millionen Jahre überlebt. Die Lebensdauer der Dinosaurier dagegen, über die wir uns manchmal lustig machen, weil sie einen Asteroideneinschlag, wie man ihn seit 66 Mio. Jahren nicht mehr gesehen hat, nicht überlebt haben, übertraf die unsere bei Weitem; wir mussten uns schlicht noch nicht mit den Folgen eines Meteoriten auseinandersetzen, der so groß war wie Paris. Die Dinosaurier waren sogar so langlebig, dass wir Menschen dem mächtigen *Tyrannosaurus rex* näher stehen als der mächtige *Tyrannosaurus rex* dem kultigen *Stegosaurus*.[1]

---

[1]Ungefähre Zeitangaben: Die Dinosaurier lebten 250 Mio. Jahre lang bis vor 66 Mio. Jahren; *Stegosaurus*: Vor 155 bis 150 Mio. Jahren; *Tyrannosaurus*: vor 68 bis 66 Mio. Jahren.

Wenn der Außerirdische nach allgemeingültigen Regeln dafür sucht, warum alle diese Tiere sich so und nicht anders verhalten, würde er ein breites Spektrum verschiedener Fähigkeiten und Lebensweisen beobachten. Schon bei ganz oberflächlicher Betrachtung könnte er einen Aspekt im Verhalten der Menschen unmöglich übersehen. Wir verwenden ungeheuer viel Zeit, Mühe und Ressourcen auf Bestrebungen, die Genitalien anderer Menschen zu berühren.

Wenn unser extraterrestrischer Wissenschaftler kein sexuelles Wesen ist,[2] würde er damit vor einem Rätsel stehen. Er würde feststellen, dass es meist zwei Arten von Menschen gibt (auch wenn es historisch und in allen Kulturen immer wieder diejenigen gab, die biologisch oder aus eigenem Antrieb irgendwo dazwischen stehen). Er würde sehen, dass ein großer Anteil der Menschen bis zum zweiten Lebensjahrzehnt kein besonderes Interesse an Sexualität hat, von da an haben es aber fast alle. Der Außerirdische ist auf Daten aus und beobachtet, dass die meisten Angehörigen der Menschenspezies nach dem Einsetzen ihres Interesses an Sex während des ganzen Lebens weniger als 15 Sexualpartner haben.[3] Außerdem würde er feststellen, dass sie auch gern die eigenen Genitalien anfassen: Fast alle Menschen, die masturbieren können, tun es auch.

Von außen betrachtet, ist Sex also ein gewaltiger, lebensprühender Teil des Lebens von Menschen. Manche Formen des Berührens von Genitalien gab es schon im Meer, viele Erdzeitalter bevor auch nur irgendetwas, was entfernt ein Fell hatte, über das trockene Land wandelte, ja sogar schon bevor es Bäume gab und bevor sich die heutigen Kontinente bildeten. Der Außerirdische beobachtet den riesigen, Furcht einflößenden, gepanzerten, mit rasiermesserscharfen Zähnen ausgestatteten *Dunkleosteus*, einen Fisch, der vor etwa 400 Mio. Jahren im Devon lebte und mit seiner Partnerin kopulierte, indem er ihr den Bauch zuwandte – das heißt, in einer Fisch-

---

[2]Was auf viele komplexe Lebewesen zutrifft. Rädertierchen zum Beispiel sind winzige, wurmähnliche, ungefähr einen Zehntelmillimeter lange Lebewesen, die man fast überall findet, wo es Süßwasser gibt. Hunderte von Rädertierarten sind ausschließlich weiblich – die Männchen haben sie, da unnötig, schon vor 50 Mio. Jahren abgeschafft. Offensichtlich kommen sie damit gut zurecht.

[3]In solchen Fragen gibt es keine umfangreichen, detaillierten Daten. Was wir wissen, ist aber sehr aufschlussreich. Nach Angaben der Mathematikerin Hannah Fry liegt die Zahl der Sexualpartner, über die die Befragten selbst berichten, für heterosexuelle Frauen bei sieben und für heterosexuelle Männer bei 13; sie stellt aber fest, dass manche (insbesondere Männer) über Tausende von Partnerinnen berichten, das heißt, der Mittelwert ist in diesem Fall keine sonderlich nützliche Angabe. Wir wissen auch, dass Frauen in der Regel über eine bestimmte Zahl berichten und von unten nach oben zählen, Männer dagegen runden häufig auf die nächsten fünf auf. Beides sind stichhaltige Schätzungsmethoden, aber die Frauen neigen so dazu, die Zahl zu unterschätzen, während Männer sie eher überschätzen. Ganz lustig, das alles.

version der Missionarsstellung, deren sich viele Haie auch heute bedienen. Auf diese Weise kommt es zur Penetration und zur inneren Befruchtung (wie viele heutige Fische, so hatten die Männchen einen recht robusten Penis, mit dem sie sich festhalten konnten).

Der Kontakt der Genitalien kann bei Menschen und anderen Tieren in jeder Kombination der beiden Geschlechter auf höchst vielfältige Weise stattfinden, aber der Akt der sexuellen Penetration ist sehr alt. Dennoch genießen ihn die Menschen auch heute noch. Der Statistiker David Spiegelhalter rätselte über die Zahlen, mit denen sich unser Sexualleben beschreiben lässt; nach seiner Schätzung findet Geschlechtsverkehr allein in Großbritannien jedes Jahr rund 900 Mio. Mal statt, das sind ungefähr 100.000 Geschlechtsakte in der Stunde. Rechnen wir diese Zahl auf die heute lebenden sieben Milliarden Menschen hoch, gelangen wir zu ungefähr 166.667 pro Minute.

Warum verwenden diese aufrecht gehenden Lebewesen so viel Fleiß auf eine solche körperliche Vereinigung?

Die Antwort kennt natürlich jeder: Sex dient der Fortpflanzung. Er ist für jede sexuelle Spezies nützlich. Die Kombination des mit Ei- und Samenzelle bereitgestellten genetischen Materials erlaubt die Entwicklung neuer, geringfügig anderer Exemplare der gleichen Spezies. Sexualität dient vor allem dem Zweck, Babys zu machen. Frauen möchten Sex mit Männern haben, und Männer möchten Sex mit Frauen haben. Aber zwischen diesen beiden Säulen der evolutionären Notwendigkeit liegt eine Fülle von Sünden.

Dass nicht alle Sexualakte unter Menschen gezielt zu dem Zweck stattfinden, Babys zu produzieren, braucht nicht besonders betont zu werden. Wir vollziehen sie auch aus anderen naheliegenden Gründen: zum Spaß, zur Herstellung von Bindungen, zur sinnlichen Anregung. Angesichts der Häufigkeit sexueller Betätigung und der Anstrengungen, die Menschen darauf verwenden, würde unser außerirdischer Anthropologe vermutlich nur mit Mühe zu der Schlussfolgerung gelangen, dass überhaupt irgendwann eine Schwangerschaft auf einen Sexualakt folgt und dass daraufhin ein kleiner Mensch entsteht. In Großbritannien werden jedes Jahr rund 770.000 Babys geboren, und wenn wir Fehlgeburten und Abtreibungen hinzurechnen, steigt die Zahl der Befruchtungen auf ungefähr 900.000 im Jahr.

Das heißt, von den 900 Mio. britischen Sexualakten führen nur 0,1 % zu einer Befruchtung. Von jeweils 1000 Gelegenheiten, bei denen Geschlechtsverkehr zu einem Baby führen könnte, führt nur eine tatsächlich dorthin. Statistisch betrachtet, wird dies als nicht sonderlich signifikant eingestuft. Wir betrachten hier nur heterosexuelle Akte der vaginalen Penetration; nehmen wir homosexuelles Verhalten und Sexualpraktiken, die nicht zu

Schwangerschaften führen können, wie beispielsweise einsame Akte, hinzu, stellt der Umfang der Sexualität, deren wir uns erfreuen, ihren hauptsächlichen Zweck bei Weitem in den Schatten. Können wir also wirklich behaupten, die Sexualität sei bei Menschen zur Fortpflanzung da?

Menschen unterscheiden sich von anderen Tieren. Wir beschäftigen uns mit Tätigkeiten, die nicht unmittelbar unsere Überlebensaussichten verbessern, und haben damit die Fesseln der natürlichen Selektion gelockert. Die Evolution der Menschen war in den letzten Jahrtausenden ein komplexes Wechselspiel zwischen unseren grundlegenden biologischen Eigenschaften und der Kultur, die wir mit unserer Intelligenz, unserem Fleiß und unserem Erfindungsreichtum geschaffen und geprägt haben. Damit wurde auch der Fortpflanzungstrieb, der ursprünglich nur das Mittel für den Fortbestand unserer Gene war, zumindest im Vergleich zu allem Früheren komplizierter und verwickelter.

Dennoch sollte niemand behaupten, wir seien keine fruchtbare Spezies. Heute leben mehr Menschen als zu jedem anderen Zeitpunkt in der Vergangenheit. Bis 1977 waren sie alle die Abkömmlinge eines Mannes und einer Frau, die irgendwann einmal Geschlechtsverkehr hatten.[4] Die Bevölkerungszunahme hat sich beunruhigend beschleunigt. Die erste Milliarde Menschen war zu Beginn der viktorianischen Zeit erreicht, die zweite 1927. Aber die Lücken zwischen der zweiten und dritten, und dann der ganze Weg zu den sieben Milliarden heute lebenden Menschen, sind immer kürzer geworden. Zu einem großen Teil liegt das nicht daran, dass wir mehr Sex hätten, sondern an unseren hervorragenden Möglichkeiten, mit Krankheiten, Säuglingssterblichkeit und Tod fertig zu werden. Die verbreitete Anwendung wirksamer Verhütungsmethoden hat das Bevölkerungswachstum anscheinend nicht nennenswert gedämpft, sie könnte aber in Zukunft größere Auswirkungen haben, wenn wir uns weltweit darum bemühen, die verfügbaren Ressourcen mit unserem Wunsch nach Sex und Fortpflanzung ins Gleichgewicht zu bringen. Statistische Angaben über unser Sexualleben zu machen ist schon im 21. Jahrhundert schwierig genug,

---

[4]Im Jahr 1978 kennzeichnete die Geburt von Louise Brown, die im November zuvor gezeugt worden war, den Beginn der In-vitro-Befruchtung (IVF). Auch dabei verschmolzen die Ei- und Samenzelle einer Frau und eines Mannes, es handelte sich also nach wie vor um sexuelle Fortpflanzung. Manchen Schätzungen zufolge wurden seither mehr als fünf Millionen Babys nach IVF geboren. Ich werde manchmal gefragt, ob die IVF und insbesondere die Selektion von Embryonen, die von bestimmten Krankheiten frei sind – ein Verfahren namens „genetische Präimplantationsdiagnostik" – nennenswerte Auswirkungen auf die Evolution der Menschen haben werden. Nach meiner Überzeugung ist das nicht der Fall, denn die Zahlen sind relativ klein und das komplizierte, teure Verfahren steht nur einem winzigen Anteil aller Menschen zur Verfügung.

von der Vergangenheit ganz zu schweigen. Dennoch deutet kaum etwas darauf hin, dass wir uns heute sexuell deutlich stärker betätigen würden als früher.

Es besteht also ein ungeheuer einseitiges Verhältnis zwischen Fortpflanzungsakten und allen anderen sexuellen Aktivitäten. Wenn wir an unser Sexualleben im Verhältnis zur übrigen Natur denken, stellt sich also die Frage: „Ist das normal?" Wir verwenden sehr viel Zeit auf sexuelle Betätigung und tun wenig dafür, dass sie zu Babys führt. Sex ist eine biologische Notwendigkeit, und unser Interesse daran hat sich im Laufe der Evolution eindeutig weit über alle grundlegenden animalischen Instinkte hinaus entwickelt. Aber wir sind Tiere. Macht unsere Versessenheit auf Sex uns zu etwas anderem?

Von Vögeln und Bienen

Betrachten wir zunächst einmal die Grundlagen der sexuellen Fortpflanzung. Auf den ersten Blick mögen sie einfach aussehen, in Wirklichkeit sind sie aber quer durchs Tierreich unglaublich vielfältig und chaotisch. Manches in den nachfolgenden Beschreibungen der Sexualität wird uns vertraut vorkommen, anderes, so hoffe ich, weniger. Aber um unser eigenes, vielschichtiges Sexualverhalten verstehen zu können, müssen wir uns einen kurzen Überblick über das Sexualleben anderer Tiere verschaffen.

Man kann auf vielerlei Weise sexuell sein, es lassen sich aber zwei weit gefasste Kategorien unterscheiden. Erstens gibt es bei sexuellen Arten zwei Geschlechter, die wir traditionell als männlich und weiblich bezeichnen. Bei Säugetieren liegen der Sexualität abgegrenzte DNA-Pakete zugrunde, die man Chromosomen nennt. Wir Menschen erben von jedem Elternteil einen Satz von 23 Chromosomen; diese gehören paarweise zusammen, nur ein Paar passt in der Hälfte der Fälle nicht: Frauen besitzen zwei X-Chromosomen, Männer ein X und ein Y. Die weibliche Eizelle enthält einen Chromosomensatz mit einem X, jede Samenzelle einen anderen Chromosomensatz mit entweder einem X oder einem Y. Bei Reptilien, Vögeln und Schmetterlingen ist es andersherum (mit einer geringfügig anderen, aber bedeutungslosen Schreibweise: Männchen besitzen die Kombination WW, bei Weibchen lautet sie WZ).

Das ist aber nicht die einzige Form der Geschlechtsbestimmung. Bei manchen Tieren wird Weiblichkeit und Männlichkeit nicht durch bestimmte Chromosomen festgelegt, sondern durch den Ort, an dem ein Junges gezeugt wurde: Das Geschlecht vieler Reptilien ist temperatur-

© Springer-Verlag GmbH Deutschland, ein Teil von Springer Nature 2020
A. Rutherford, *Bin ich etwas Besonderes?*, https://doi.org/10.1007/978-3-662-61566-9_11

abhängig, das heißt, Unterschiede von manchmal nur einem Grad am Ort der Eiablage bestimmen darüber, ob es sich um ein männliches oder ein weibliches Ei handelt. Bei manchen Reptilienarten ist das Ei im Zentrum eines Geleges ein wenig wärmer, und deshalb entwickelt sich daraus ein Männchen. Bei der Brückenechse, einem eigenartigen Reptil aus Neuseeland, ist es andersherum. Krokodile entwickeln sich zu Weibchen, wenn das Ei es besonders kalt oder besonders warm hat, und zu Männchen, wenn die Temperatur in der Mitte liegt. So geht es immer weiter. Der Weg, auf dem bei uns Männer und Frauen entstehen, ist nur einer von sehr vielen.

Zu der zweiten weit gefassten Kategorie sexueller Lebewesen gehören Arten, die sich in Dutzende, vielleicht auch Tausende von Geschlechtern gliedern. Meist handelt es sich dabei um große und kleine Pilze – diese halten wir in der Regel nicht für sexuell, aber sie sind es. Bei ihnen gibt es die sogenannten „Paarungstypen", DNA-Abschnitte, die sich von einem Individuum zum anderen unterscheiden und einfach einem potenziellen Paarungspartner das Signal geben, dass es sich von diesem ausreichend unterscheidet, sodass Sex sich lohnt. Partner zu finden, ist für Pilze nicht einfach, denn sie bewegen sich ziemlich langsam, und es kommt nicht oft zum Sex; eine seltene zufällige Begegnung mit einem anderen einsamen Pilz, der zufällig zum gleichen Paarungstyp gehört wie man selbst, kann zur Katastrophe führen. Deshalb zahlt es sich aus, wenn man möglichst viele Wahlmöglichkeiten hat, und am besten eignen sich dafür viele verschiedene Paarungstypen, solange es sich nicht um den eigenen handelt.

Sieht man von den Pilzen einmal ab, gehören die meisten sexuellen Organismen in die Kategorie von männlich und weiblich. Im Vergleich zu den Kombinationsmöglichkeiten bei Pilzen ist der Akt selbst, wenn es um die sexuelle Fortpflanzung von Männchen und Weibchen geht, von faszinierender Vielfalt. Penis in der Vagina ist nur eine Möglichkeit. Es ist eine alte Methode, die man schon bei dem zuvor erwähnten prähistorischen *Dunkleosteus* findet. Viele Insekten, darunter die Bettwanze *Cimex lectularius,* geben sich keine große Mühe, einen besonderen Eingang für die Penetration zu finden: Hier stößt das Männchen einfach mit seinem sehr spitzen, sensenähnlichen Aedeagus (der Entsprechung zum Penis) ein Loch in den Bauch seiner Partnerin, und die Samenzellen finden über die inneren Organe des Weibchens den Weg zur Eizelle. Dies bezeichnet man auch als „traumatische Insemination".

Viele Tiere bedienen sich beim Sex überhaupt nicht der Penetration, sondern bewerkstelligen den Akt durch äußere Befruchtung. Männliche und weibliche Königslachse machen es wie viele Tiere: Sie geben ihre Samen- und Eizellen ins Wasser ab, und die Flüssigkeit aus den Eierstöcken, die jede

Eizelle einhüllt, dient als wirksamer Filter. Manche Samenzellen können in der gelartigen Substanz schneller schwimmen als andere, und die Weibchen sind offenbar genetisch auf diese Fähigkeit geprägt: Ihre Flüssigkeit filtert die schnellsten, genetisch am besten geeigneten Schwimmer aus. Vögel haben in der Regel keinen Penis, sondern übertragen die Samenzellen über einen „Genitalkuss": Ei- und Samenzelle treffen in der Nähe der Kloakenöffnung aufeinander und werden dann vom Weibchen aufgenommen. So ist es bei den meisten Vögeln, aber nicht bei allen. Argentinische Ruderenten haben einen „Korkenzieher-Penis", der in der entgegengesetzten Richtung wie die gewundene Vagina des Weibchens gedreht ist, sodass dieses eine gewisse Kontrolle darüber behält, wer ihre Nachkommen zeugt.

Da ein so lebhafter Wettbewerb um das Recht zur Fortpflanzung herrscht, dienen manche Aspekte der Sexualität nicht nur dazu, dass Weibchen zu befruchten, sondern sie sollen auch andere Männchen daran hindern, zum Vater zu werden. Wie in jedem Sportwettbewerb gibt es dabei Defensiv- und Offensivstrategien. Zur Verteidigung nutzen viele Arten aus dem gesamten Tierreich Kopulationspfropfen, physische Barrieren, die nach dem Sexualakt eingeführt werden, damit andere Männchen ihre Samenzellen nicht unterbringen können. Als offensive Maßnahme scheiden manche Fliegenmännchen eine giftige Samenflüssigkeit aus, die andere Versuche vereitelt. Manche Fische und Fliegen bringen ihre Samenzellen in besonderen Behältern unter und können steuern, wie viel davon sie freisetzen, und das wiederum hängt davon ab, wie viele Männchen sich bereits mit einem Weibchen gepaart haben und auf welcher Rangstufe sie stehen. Die einfachste Taktik besteht darin, in der Nähe zu bleiben, nachdem man sich gepaart hat, und manchmal auch im Koitus zu verharren. Hunde machen es so: Manchmal sieht man ein Hundepaar eine halbe Stunde lang *in flagranti* in einem Park, wobei das Männchen vom Weibchen auf dem Rücken hin und her gezerrt wird. Im Hundepenis gibt es einen Knoten (in der Fachsprache Bulbus glandis genannt), einen Abschnitt aus Erektionsgewebe, der dem Tier hilft, auch nach der Ejakulation eine große Erektion aufrecht zu erhalten; der so entstehende Vaginalanker sorgt eine Zeit lang dafür, dass kein anderes Männchen die gleiche Position einnehmen kann. Nicht besonders raffiniert, aber sehr wirksam.

Männchen und Weibchen können es also auf vielerlei Weise tun, aber viele Tiere sind nicht so zweigeteilt. Wenn an sexueller Fortpflanzung zwei Geschlechter beteiligt sind, bedeutet das nicht zwangsläufig, dass es zwei verschiedenartige Organismen gibt. Viele Lebewesen sind auch Hermaphroditen und tragen beide sexuellen Typen in einem Körper. Das gilt natürlich für die Blütenpflanzen, die sowohl Pollen als auch einen

Fruchtknoten tragen, die botanischen Entsprechungen zu Samen- und Eizelle. Das älteste bekannte Beispiel für sexuelle Fortpflanzung ist eine Alge mit dem großartig passenden Namen *Bangiomorpha pubescens*, die vor rund einer Milliarde Jahren im Schiefergestein des heutigen Kanada versteinerte. In mikroskopischen Schnitten durch diese Fossilien erkennt man sexuelle Sporen, die Samen- und Eizellen entsprechen.

Weibliche Komodowarane sind zur Parthenogenese in der Lage, wenn die Situation es erfordert. Sie können Junge bekommen, ohne dass sie jemals Kontakt mit einem Männchen hatten – sie vollziehen also buchstäblich eine jungfräuliche Geburt –, und wenn das Geschlechtschromosom vom Vater fehlt, sind alle Nachkommen männlich. Komodowarane leben mehr oder weniger als Einzelgänger und treffen nicht sehr oft auf potenzielle Paarungspartner. Das Weibchen kann sich also mit seinen Söhnen paaren, ohne dass es mit einem anderen Männchen zusammengetroffen ist. (Dies ist allerdings nur die letzte Möglichkeit, denn über mehrere Generationen praktiziert, ist es nicht ideal; wenn kein Vater neue genetische Information beisteuert, kommt es sehr schnell zu einer weitreichenden, gefährlichen Inzucht.)

Ein anderes Drama spielt sich bei den Plattwürmern und ähnlichen Lebewesen ab. Wenn zwei Hermaphroditen der Spezies *Pseudobiceros hancockanus* den Drang zur Fortpflanzung spüren, winden sie sich um einander und vollziehen mit gezückten Waffen einen aggressiven Ringkampf, ein Vorgang, der die wissenschaftliche Bezeichnung „Penisfechten" trägt. Der siegreiche Wurm durchstößt dann mit seinem spitzen Organ den Kopf des anderen und zwingt den Verlierer, die weibliche Rolle anzunehmen, das heißt, der Unterlegene nimmt die Samenzellen auf und trägt die Eier. Samenzellen sind leichter zu produzieren als Eizellen, und die Jungen herumzutragen ist schwieriger; das Individuum, das die männliche Rolle für sich gewinnen konnte, bleibt also kinderlos und ist bereit, eine weitere sexuelle Runde mit einem neuen Partner zu beginnen. Man sagt ja auch, die Romantik sei tot.

Im großen Evolutionsstammbaum sind die Plattwürmer von uns fast so weit entfernt, wie Tiere es überhaupt nur sein können, aber das Penisfechten kommt auch bei Arten vor, die viel näher mit uns verwandt sind, beispielsweise bei den Säugetieren. Viele Wale verschränken auf diese Weise ihre Geschlechtsorgane, und auch die Bonobos, unsere noch näher verwandten Säugetiervettern, kreuzen die Schwerter, wenn sie Konflikte lösen oder Freunde gewinnen wollen, ja sogar wenn sie sich auf eine bevorstehende Mahlzeit freuen (ein solches Techtelmechtel ist dann aber nur ein Konkurrenzkampf und führt nicht zu einer vollständigen Penetration).

Lippfische, Zackenbarsche und Anemonenfische sind sequenzielle Hermaphroditen: Es gibt bei ihnen eine strenge soziale Hierarchie mit einem dominierenden Weibchen, das die einzige Mutter der Brut ist. Verschwindet bei Anemonenfischen das dominierende Weibchen, beispielsweise weil es gefressen wird, fehlen ihre Hormone in der Gruppe, und nun steigt ein Männchen – im typischen Fall das größte – auf der streng eingeteilten sozialen Leiter eine Stufe nach oben und durchläuft spontan eine radikale Geschlechtsumwandlung. Die Hoden verkümmern, Eierstöcke wachsen heran, und im Laufe weniger Tage wird aus ihm eine Sie. Der Fisch nimmt an Größe zu und wird zum nächsten dominierenden Weibchen.[1]

In der Natur ist die Sozialstruktur von großer Bedeutung dafür, wie die Geschlechter organisiert sind. Bienen, Wespen und Ameisen haben zwei Geschlechter, aber Gleichberechtigung kommt in ihren Kolonistenköpfen nicht vor. Die Männchen besitzen nur ein halbes Genom, und ihr Leben ist durch zwei Aufgaben definiert: Einerseits sollen sie die Königin und die Kolonie schützen, und andererseits auf Kommando Sex mit den Weibchen haben. Sie sind buchstäblich Sexsklaven. Solche Insekten mögen zwar weit von unserer eigenen systematischen Gruppe entfernt sein, aber ein ähnliches System findet man auch bei zwei Säugetierarten. Zur Sozialstruktur der Nackt- und Graumulle gehören eine fruchtbare Königin und mehrere paarungsfähige Männchen; alle anderen sind sterile männliche Arbeiter – manche bauen Tunnel, andere sind als Soldaten tätig.

Als Sexsklave ist man vielleicht immer noch besser dran als die Männchen der Rotrückenspinne, denn deren Evolutionstaktik besteht darin, die höchste Form eines romantischen Abendessens zu veranstalten: Unmittelbar nachdem das Männchen seine Samenzellen an ein aufnahmebereites Weibchen abgegeben hat, wird es von ihr gefressen. Wenn sie isst, ist sie beschäftigt und mit nahrhaftem Futter gesättigt, das für die Ernährung ihrer kleinen Spinnen nützlich sein wird; deshalb wird sie sich wahrscheinlich nicht mit einem anderen Spinnenmännchen paaren, das sonst die Samenzellen des Vorgängers verdrängen könnte. Diese Strategie wird auch als „reproduktiver Kannibalismus" bezeichnet – vielleicht der am wenigsten erotische Begriff, der jemals geprägt wurde.

Einen viel besseren wissenschaftlichen Namen trägt eine andere Form des Werbungsverhaltens von Tieren. Bei Arten mit ausgeprägten sozialen

---

[1]Mit dem Verschwinden des dominierenden weiblichen Anemonenfisches beginnt der hervorragende, 2003 erschienene Film *Findet Nemo*. Der tapfere Titelheld ist der kleinste und einzig verbliebene Nachkomme in dem Schwarm und wird von seinem Vater großgezogen, bevor ein spannendes Abenteuer beginnt. In einer biologisch zutreffenden Version des Filmes hätte sich der Vater Marlin körperlich in ein Weibchen verwandelt und dann Sex mit seinem Sohn betrieben, aber ich nehme an, das wäre eine andere, möglicherweise weniger populäre Geschichte geworden.

Schichten zahlt es sich für die Weibchen aus, sich gelegentlich mit einem Männchen zu paaren, das kein Alphatier ist, aber das ist für das untergeordnete Männchen nicht immer einfach und potenziell tödlich. Es gibt viele Taktiken, mit denen dominante Männchen so lange abgelenkt werden, dass eine schnelle, heimliche sexuelle Begegnung möglich ist. Rauchschwalben stoßen den Alarmruf wie bei einer Bedrohung aus der Luft aus, um sich dann schnell und vorsichtig zu paaren, während die getäuschten Vögel vor einem fiktiven Angriff flüchten. Die spektakulärste Taktik wenden Tintenfische der Spezies *Sepia plangon* an: Männchen, die opportunistisch nach ungefährlichem Sex mit einem Weibchen streben, verändern ihr Farbmuster auf der Seite, die den dominierenden Männchen zugewandt ist, sodass sie aussehen wie ein Weibchen. Das dominierende Männchen geht also nicht von einem Konkurrenten aus, und sein vorübergehend getarnter Geschlechtsgenosse kann sich Zugang zu einem Weibchen verschaffen, was ansonsten den wütenden Zorn des dominierenden Männchens erregen würde. Diese hinterhältige Niedertracht wird offiziell als „Kleptogamie" – gestohlene Paarung – bezeichnet, aber so nennt sie in Wirklichkeit niemand. Der große Evolutionsbiologe John Maynard Smith gab ihr einen viel besseren Namen, und der ist in Evolutionsforscherkreisen allgemein gebräuchlich: die „Strategie des heimlichen Fickers".

Manch einer jault nun vielleicht auf – oder nickt zustimmend –, weil solche Handlungen denen, die wir vollziehen, so offensichtlich ähnlich oder unähnlich sind. Man ist vielleicht versucht anzunehmen, dass wir einen Hinweis auf eine gemeinsame Handlungsweise unserer Vorfahren erhalten, wenn wir manche derartigen Verhaltensweisen in uns selbst wiedererkennen. Aber hier müssen wir vorsichtig sein. Die Fortpflanzung von Lebewesen, die sowohl männliche als auch weibliche Teile haben, ist sicher ein sehr alter Vorgang, aber die Details, mit denen er sich bei verschiedenen Organismen abspielt, dürften voneinander unabhängig sein. Zu den Geschlechtsakten, die wir in der Natur beobachten, muss es bei uns nicht zwangsläufig Entsprechungen geben, ganz gleich, wie ähnlich sie zu sein scheinen.

In den zahlreichsten und erfolgreichsten großen Gruppen des Lebendigen – den Bakterien und Archaea – gibt es natürlich überhaupt keine Sexualität, sondern sie machen schlicht eine Zweiteilung durch und geben so ihre Gene für die Zukunft weiter.[2] Aber unter den Tieren (und auch unter

---

[2]Auch hier gibt es allerdings eine Version der Sexualität, durch die Gene von einer einzelnen Zelle zur anderen weitergegeben werden können. Die eine streckt einen *Pilus* (lateinisch für „Speer") aus und überträgt einen kleinen DNA-Ring zur anderen. Dieser Prozess, „horizontaler Gentransfer" genannt, ist der Grund, warum wir Menschen derzeit vor einer großen Krise wegen Antibiotikaresistenz stehen.

Pflanzen und Pilzen) ist Sexualität eindeutig ein schlauer Kunstgriff, den man im evolutionären Gepäck haben sollte, und sie hat sich auf vielfältige Weise so entwickelt, dass sie uns manchmal vertraut und manchmal vollkommen fremdartig vorkommt.

Wenn sich eine nützliche Eigenschaft (beispielsweise die Resistenz gegen ein ansonsten tödliches Medikament) in einer Zelle entwickelt hat, kann sie schnell und nach Belieben weiterverbreitet werden. Es ist auch der Grund, warum der Baum des Lebendigen in der Zeit vor mehr als 2,4 Mrd. Jahren, als es noch keine komplexen Lebensformen gab, überhaupt kein Baum war, sondern ein mattenförmiges Geflecht ohne abgegrenzte Äste, in dem Gene schlicht zwischen den Milliarden Zellen unter der Sonne hin und her flossen.

Autoerotik

Der Hauptzweck der Sexualität ist die Fortpflanzung. In der Natur gibt es unzählige Wege, Nachwuchs zu produzieren, aber wie wir erfahren haben, führt sexuelle Aktivität bei Menschen fast nie zu diesem Ergebnis. Es stellt sich die Frage, warum so viel Sex eindeutig nicht zu Nachkommen führen kann.

Im Gegensatz zu Blütenpflanzen, Rädertierchen oder auch alle Jubeljahre einem Komodowaran sind wir nicht zur Selbstbefruchtung in der Lage, das heißt, Autoerotik funktioniert nicht. Was die Masturbation angeht, sind die Zahlen wiederum ein wenig unklar; im Laufe der Jahre wurden viele Umfragen durchgeführt, aber dabei gab es große Unterschiede in der Ausführung der Umfrage, in den gestellten Fragen, in der Altersgruppe der Befragten und vielen anderen Variablen. Dennoch legen fast alle die Vermutung nahe, dass die Mehrzahl aller zur Sexualität fähigen Menschen im vorangegangenen Jahr masturbiert hat. Manchen Umfragen zufolge lag der Anteil unter den Männern bei über 90 %. Man kann solche Statistiken nach vielen Kriterien filtern, aber ich entscheide mich hier für eine vorsichtige Zahl aus dem United States National Survey of Sexual Health and Behavior: Danach hatten alle Männer und Frauen, abgesehen von drei Altersgruppen[1], im Laufe des vorangegangenen Jahres mindestens einmal masturbiert.

---

[1]Nur bei Frauen unter 17 und über 60 Jahren sowie bei über 70-jährigen Männern sank der Anteil unter 50 %. Umfrageergebnisse schwanken aus vielen Gründen: So sinken die Zahlen, wenn die Umfrage im persönlichen Gespräch stattfindet, und Männer neigen dazu, ihre sexuellen Aktivitäten zu überschätzen, während Frauen sie zu gering einstufen.

© Springer-Verlag GmbH Deutschland, ein Teil von Springer Nature 2020
A. Rutherford, *Bin ich etwas Besonderes?*, https://doi.org/10.1007/978-3-662-61566-9_12

Dass wir mit den Zahlen solche Schwierigkeiten haben, liegt unter anderem auch daran, dass dem Thema ein historisches Stigma anhaftet.[2] Der große altgriechische Anatom Galen empfahl zwar Frauen die Masturbation zum Abbau körperlicher Spannungen, Samuel Pepys fühlte sich jedoch nicht gleichermaßen wohl dabei, als er sein eigenes einsames Verhalten dokumentierte, und hielt es deshalb verschlüsselt in einem geheimen Tagebuch fest. Seit Anfang des 18. Jahrhunderts und noch lange danach betrachtete die Kirche in Europa das Masturbieren als schwere Sünde, und andere glaubten, es sei schlecht für die Gesundheit. Der Schweizer Arzt Samuel-Auguste Tissot schrieb 1760 eine einflussreiche Abhandlung über die weitreichenden Gefahren der Onanie und stellte darin ganz gezielt die Behauptung auf, der Verlust von einer Unze Sperma sei für die Gesundheit schädlicher als der Verlust von 40 Unzen Blut. Ich hoffe, ich muss nicht ausdrücklich darauf hinweisen, dass dies keineswegs stimmt.[3] Ähnliche Sorgen um die schädliche Abgabe kostbarer Körperflüssigkeiten machte sich auch John Harvey Kellogg, der Begründer des Frühstückscerealien-Imperiums; deshalb schuf er nicht nur die Cornflakes, sondern er erfand auch Lebensmittel, von denen er hoffte, sie würden den Übeln der männlichen Selbstbefleckung entgegenwirken; außerdem konstruierte er einen erstaunlichen Onanie-Verhinderungsapparat – eine Art Metallhülle mit nach innen gerichteten Spitzen, nur für den Fall, dass der Träger eine Erektion bekam.

Aber alle, die sich darum bemühten, der Masturbation ein Ende zu bereiten, führten einen hoffnungslosen Kampf gegen eine erbarmungslose Flut. Wie die Zahlen im Einzelnen auch aussehen mögen: Man kann mit Fug und Recht behaupten, dass die meisten Menschen, die masturbieren können, es auch tun.

Das Solo-Verhalten beschränkt sich aber mit Sicherheit nicht nur auf Menschen. Zwar wäre es einfacher, schlicht die Tiere aufzuzählen, die masturbieren, denn es kommt in der Natur sehr häufig vor; stattdessen möchte ich aber einige besonders aufschlussreiche Beispiele beschreiben.

---

[2]Als maßgebliche Lektüre zu diesem Thema und alle anderen Themen im Zusammenhang mit der Sexualität der Menschen empfehle ich hier das großartige Buch *Sex by Numbers* von dem Statistiker David Spiegelhalter (Profile, 2015). Es ist streng wissenschaftlich, eindringlich, gründlich, stichhaltig und äußerst vergnüglich.

[3]In dem Buch *L'Onanisme* schrieb Tissot auch, das Masturbieren führe zu „einer deutlichen Verminderung der Stärke, des Gedächtnisses und sogar der Vernunft; zu unscharfem Sehen, allen Nervenkrankheiten, allen Arten von Gicht und Rheuma, zu einer Schwächung der Fortpflanzungsorgane, Blut im Urin, Störungen des Appetits, Kopfschmerzen und einer großen Zahl weiterer gesundheitlicher Störungen". Wer wirklich an solchen Symptomen leidet, sollte sich bitte an einen Arzt wenden.

Schon viele Eltern haben im Zoo jenen seltsamen Augenblick erlebt, in dem sie ihren Kindern erklären – oder sie davon ablenken – mussten, dass ein Primatenmännchen vor aller Augen masturbierte. Die Männchen von etwa 80 und die Weibchen von rund 50 Primatenarten befriedigen sich bekanntermaßen häufig selbst. Vereinfacht wird die Sache sicher durch die manuelle Geschicklichkeit, aber offensichtlich sind Hände für einsamen Sex nicht unbedingt notwendig: Viele Meeressäuger reiben in Gefangenschaft ihre Genitalien an einer harten Oberfläche, bis sie ejakulieren. Elefantenmännchen können ihren Penis mit Muskeln so bewegen, dass er sich in der langen, gebogenen Vagina des Weibchens ein wenig steuern lässt, und junge Elefantenmännchen schlagen ihn mit diesen Muskeln auch rhythmisch gegen den eigenen Bauch, bis der Höhepunkt erreicht ist. In der Antarktis drehen sich männliche Adélie-Pinguine um die eigene Achse, reiben sich und vergießen den Samen auf den Boden, wenn kein Weibchen in der Nähe ist.

Die knappste Erklärung dafür, dass Menschen so häufig masturbieren, lautet: Es macht Spaß. Tiere können wir nicht fragen, ob sie ebenfalls Freude am einsamen Sex haben, und die Lust mit anderen Mitteln einzuschätzen, fällt schwer. Die Frage lautet: Warum tun sie es überhaupt?

Die Meeresechsen auf den Galapagosinseln haben unter dem Gesichtspunkt der Fortpflanzung einen sehr stichhaltigen Grund für die Selbststimulation. Ihre Weibchen paaren sich in jeder Saison nur einmal, und die Männchen brauchen ziemlich genau drei Minuten, bis sie ejakulieren. Große Männchen reißen häufig einen kleineren Geschlechtsgenossen vom Rücken eines Weibchens, bevor die Kopulation beendet ist, und schalten ihn damit buchstäblich aus. Die kleineren Echsenmännchen haben aber eine listige Taktik. Sie ejakulieren schon vor Beginn des Geschlechtsaktes und bewahren das Sperma in einer besonderen Körperhöhle auf, sodass sie auch in der begrenzten Zeit, bevor sie von einem größeren Männchen vertrieben werden, das entscheidende Päckchen abliefern können, ohne ganze drei Minuten zu benötigen.

Es gibt also viele Ergüsse, die nicht der Fortpflanzung dienen, und zu ihrer Erklärung finden sich in der wissenschaftlichen Literatur einige interessante Ideen. Eine davon ist die Befreiung von überschüssigem oder unerwünschtem Sperma, eine andere die spontane Ejakulation als sexuelles Imponiergehabe – das Männchen der afrikanischen Leierantilope (*Damaliscus lunatus*) ejakuliert, nachdem es ein empfängnisbereites Weibchen gerochen hat, aber noch vor der Paarung als eine Art Zurschaustellung. Die männlichen Kap-Borstenhörnchen machen es andersherum: Sie bringen sich selbst unmittelbar nach der Kopulation mit dem Weibchen ein zweites Mal zum Abschluss. Diese Borstenhörnchen und insbesondere ihre dominierenden Männchen sind sehr promiskuitiv. Nach der besten Theorie hat das Verhalten hygienische Gründe und ist für die Männchen ein Mittel, um sich durch Spülen ihrer Rohrleitungen vor sexuell übertragbaren Krankheiten zu schützen.

Alle diese Beispiele scheinen in den vorhandenen evolutionstheoretischen Rahmen zu passen, in vielen anderen Fällen der Masturbation gilt das aber nicht. In der Wissenschaft besteht ein gewisser Widerwille dagegen, das Lustprinzip in Betracht zu ziehen – den Gedanken, dass eine Handlung sich einfach gut anfühlt. Vielleicht liegt das daran, dass Lust und alle Emotionen bei uns selbst im Kopf stattfinden und dass wir dazu bei anderen Tieren so gut wie keinen Zugang haben. Menschen können Freude ausdrücken, indem sie es sagen, und sie sagen es genau – *das fühlt sich gut an*. Wir vertrauen dann darauf, dass das Gefühl echt ist. Dagegen können wir den Gefühlszustand von Tieren nur auf indirekten Wegen beurteilen. Oftmals scheint er auf der Hand zu liegen, so wenn eine Katze gestreichelt wird und schnurrt oder wenn ein Hund mit wedelndem Schwanz die Begeisterung für sein Herrchen anzeigt. Dabei ist es nicht von Bedeutung, dass wir den Haustieren solche Merkmale über Tausende von Generationen angezüchtet haben oder dass der Ausdruck solchen Vergnügens oder das Streben danach einfach dem wechselseitigen Austausch zwischen den Arten dient. Keiner dieser sehr plausiblen Gründe für die Existenz eines Gefühls schließt aus, dass das Gefühl echt ist. Nur in wenigen Experimenten hat man versucht, wissenschaftlichen Zugang zum Gefühlszustand eines Tieres zu finden; in Kap. 28 wird davon die Rede sein, wie man Enttäuschung und Bedauern bei Nagetieren messen kann, aber manche Studien deuten darauf hin, dass es Ratten Spaß macht, sich von Menschen kitzeln zu lassen. Sie stoßen ein Ultraschall-Kreischen aus, das sich stark nach Lachen anhört, und vollführen spontane Freudensprünge. Aber soweit mir bekannt ist, hat man sich noch in keiner Studie der Frage gewidmet, ob sich ein Tier beim Masturbieren wohlfühlt.

Ich habe den Verdacht, dass wir uns selbst vom Rest der Natur abheben wollen und uns deshalb nicht die Vorstellung gestatten, sehr menschliche Empfindungen könnten zumindest manchmal auch hinter ähnlichen Verhaltensweisen von Tieren stecken. In der Wissenschaft verallgemeinern wir gern und finden Regeln, mit denen sich eine Vielzahl von Beobachtungen abdecken lässt. Anthropomorphe Erklärungen lehnen wir ab, und ich bin sehr skeptisch, wenn wir uns übermäßig auf anpassungsorientierte Begründungen verlassen, die allzu nett sind und allzu sehr dem Pangloss-Prinzip eines übermäßigen Optimismus folgen. Sicher gehören manche Formen der Autoerotik zu den vielen Formen der Sexualität, die nicht der Fortpflanzung dienen und dennoch von einer Evolutionsstrategie vorangetrieben werden. Aber Masturbation ist so weit verbreitet und wird zumindest von Säugetieren mit einer solchen Kreativität betrieben, dass verallgemeinerte, anpassungsorientierte Erklärungen zu kurz greifen.

Notärzte können ein Lied von Patienten singen, die sich mit nicht unbedingt naheliegenden, fantasievollen Formen der Selbststimulation ungewöhnliche Verletzungen zugefügt haben. Der große Alfred Kinsey, der seit den 1950er-Jahren Pionierarbeit für eine wissenschaftliche, nicht von Scham belastete Untersuchung der sexuellen Gebräuche leistete, fragte in die Männer in seinen Umfragen auch nach Formen der Masturbation, bei denen Gegenstände in die Harnröhre gesteckt wurden. Wir dürfen nicht urteilen, und das Verdienst für die größte Fantasie geht sicher an die Meeressäuger. Es gibt einen dokumentierten Fall von einem Delfinmännchen, das masturbierte, indem es sich einen Zitteraal um den Penis wickelte.

Wer den Mund zu voll nimmt …

Der Sexualakt beschränkt sich nicht auf die Genitalien und ihre Anatomie. Auch der Mund ist ein komplexes anatomisches Gebilde mit zahlreichen mechanischen Eigenschaften, mit Kiefern, Lippen, Zunge und Zähnen. Außerdem ist er ein Brennpunkt der Empfindungen mit einer Fülle von Nervenenden für Berührung, Temperatur und Geschmack. Wegen dieser Eigenschaften ist der Mund nicht nur zum Essen oder zur Kommunikation nützlich, sondern er kann auch als Mittel für verschiedene andere Handlungen dienen; dazu gehört auch der Sexualakt. Oralsex scheint in den Annalen der Erotikgeschichte und auch in der antiken Kunst Griechenlands und Roms keine große Rolle zu spielen. Vielleicht hatten solche historischen Vorlieben ihre Gründe zum Teil in der Hygiene. Auch hier sind statistische Angaben nicht ohne Weiteres verfügbar, aber in jüngster Zeit deutete eine Umfrage unter mehr als 4000 Männern und Frauen darauf hin, dass mehr als 84 % der Erwachsenen schon Fellatio oder Cunnilingus betrieben haben, obwohl keines von beiden zu einem Baby führen kann. Ist die beinahe vollständige Allgegenwart des Oralverkehrs auf Menschen beschränkt? Auch hier lautet die Antwort ganz eindeutig nein.

Sehen wir uns zunächst einmal kurz einen oralen Sexualakt an, für den es anatomische Grenzen gab. Henry Havelock Ellis schrieb in seinem 1927 erschienenen Buch *Studies in the Psychology of Sex* über Ziegen:

> Ich wurde von einem Gentleman, der ein anerkannter Fachmann für Ziegen ist, darüber in Kenntnis gesetzt, dass sie manchmal den Penis in den Mund nehmen und tatsächlich einen Orgasmus herbeiführen, womit sie eine Auto-Fellatio praktizieren.

© Springer-Verlag GmbH Deutschland, ein Teil von Springer Nature 2020
A. Rutherford, *Bin ich etwas Besonderes?*, https://doi.org/10.1007/978-3-662-61566-9_13

Wenn man es schafft, ist das ein hübscher Trick. Für Menschen ist es zwar körperlich schwierig, im Kinsey-Report stellte sich aber heraus, dass 2,7 % der männlichen Befragten erfolgreich den Oralverkehr an sich selbst vollzogen hatten. Als ich zur Schule ging, lautete eine mit ziemlicher Sicherheit falsche Legende, der Sex-verrückte Rockgott Prince habe sich chirurgisch eine Rippe entfernen lassen, um sich selbst oral befriedigen zu können. Grundsätzlich ist die Vorstellung der menschlichen Kultur sicher nicht fremd. In allen Gesellschaften gibt es Schöpfungsmythen, und nicht alle sind so banal wie der christliche, in dem das Universum *ex nihilo* oder aus nichts entstand und Adam aus roter Erde geformt wurde. Viel dramatischer machte es der ägyptische Gott Atum, der sich selbst erschaffen hatte: Er vollzog die Autofellatio und spuckte das Ejakulat aus, das sich daraufhin teilte und zu den Göttern von Luft und Wasser wurde. An so etwas denken Menschen ganz offensichtlich schon sehr lange.

Die Autofellatio dürfte also bei Menschen selten sein, und ein Autocunnilingus ist körperlich nahezu unmöglich (meinen Recherchen zufolge gibt es darüber keine Fachliteratur). Dennoch ist Oralsex unter Menschen eine verbreitete, beliebte Form der Sexualität, die nicht der Fortpflanzung dient. Wir praktizieren sie, weil sie angenehm ist, aber wir sind bei Weitem nicht die Einzigen, die einen solchen Akt vollziehen. Oralsex ist auch bei Tieren weitverbreitet, aber die Gründe zu analysieren ist schwieriger. Heterosexueller Oralsex kommt häufig vor; besonders auffällig ist er beim Indischen Kurznasenflughund (*Cynopterus sphinx*): Die Weibchen dieser Fledermausart lecken während des penetrierenden Geschlechtsverkehrs (der dorsoventral, das heißt von hinten ausgeführt wird, wobei die Partner allerdings kopfüber hängen) am Penisschaft des Partners. Anders als man intuitiv vielleicht glauben würde, führt dies dazu, dass der Sex sich verlängert. Zu den Gründen, warum die Fledermäuse es tun, gibt es zahlreiche wissenschaftliche Theorien, und enttäuschenderweise lässt sich keine davon mit dem Schlagwort „Weil sie es können" zusammenfassen. Längerer Geschlechtsverkehr steigert möglicherweise die Wahrscheinlichkeit der Befruchtung, oder er dient auch der Bewachung der Partnerin – das heißt, es wird verhindert, dass ein anderes Männchen zum Zuge kommt. Möglicherweise ist es sogar ein Weg, um sexuell übertragbare Krankheiten zu verhüten: Der Speichel der Flughunde könnte bakterien- und pilzhemmende Eigenschaften haben, und wenn er während der Penetration zur Schmierung der Vagina beiträgt, schützt er möglicherweise wie Safer Sex vor Chlamydien und anderen Infektionen.

Die männliche Heckenbraunelle (*Prunella modularis*) vollzieht zwar aus anatomischen Gründen keinen eigentlichen Oralsex, das Männchen pickt aber häufig an der Kloake des Weibchens und entfernt so das Sperma eines konkurrierenden Geschlechtsgenossen. Diese recht unscheinbaren Heckenvögel haben bis zu hundertmal am Tag Sex, eine Tatsache, die nur geringfügig weniger beeindruckt, wenn man weiß, dass jeder Akt nur ungefähr eine Zehntelsekunde dauert.

Wem diese beiden oralen Sexualakte ganz und gar zweckmäßig und wenig zärtlich erscheinen, dem liefert der erste Bericht über Oralsex bei Bären vielleicht eine andere Perspektive. Er wurde 2014 veröffentlicht und legt in allen Einzelheiten dar, wie zwei nicht miteinander verwandte Braunbärenmännchen im Zoo von Zagreb in Kroatien sechs Jahre lang täglich wiederholt die Fellatio ausübten. Die Rollen des Gebenden und Nehmenden waren immer gleich verteilt, und der Akt als solcher war in einem vorhersehbaren Ablauf ritualisiert. Der eine näherte sich dem anderen, der auf der Seite lag. Der Gebende schob die Hinterbeine des Nehmenden auseinander und begann mit der Fellatio, wobei er häufig brummte. Das Ganze dauerte in der Regel eine bis vier Minuten und schien beim Empfänger ganz offensichtlich zu einer Ejakulation zu führen, jedenfalls soweit man es an den Muskelzuckungen ablesen konnte. Die beiden Bären waren in Gefangenschaft aufgewachsen; auch hier könnte es sich um anormales Verhalten handeln, zumindest im Vergleich zu wild lebenden Bären, bei denen man eine Fellatio nie beobachtet hat. Nach den Spekulationen der Wissenschaftler könnte es damit angefangen haben, dass die stillende Mutter fehlte – die Bären waren schon als Jungtiere Waisen gewesen. Was sein Ursprung auch sein mag, es erscheint vollkommen plausibel, dass das Verhalten fortgesetzt wird, weil es angenehm ist.

Die Lust ist der Grund, warum wir Oralsex betreiben. Aber hier gilt das Gleiche wie bei den Fällen von Masturbation bei anderen Tieren: Der Gedanke, sie könnten für Sexualakte, die nicht der Fortpflanzung dienen, die gleichen Motive haben wie wir, ist für Wissenschaftler nicht sonderlich attraktiv. Ob dieser Widerwille seine Gründe hat, ist schwer genau festzustellen, aber mit Sicherheit sind Fälle, in denen Lust plausiblerweise eine sparsame Erklärung sein könnte – wie bei den Bären in Kroatien – selten. Wir müssen aufgeschlossener gegenüber der Möglichkeit sein, dass manche Verhaltensweisen von Tieren, sexuelle ebenso wie andere, ihre Gründe möglicherweise im Lustempfinden haben, aber wir müssen es auch besser beurteilen können. Bis es soweit ist, beschränkt sich der Spaß am Sex in den meisten Fällen auf uns selbst.

Whole Lotta Love

Autoerotik, Fellatio, Autofellatio: Die Liste der Sexualpraktiken, die nicht der Fortpflanzung dienen, ließe sich beliebig verlängern. Die wilde Party der sexuellen Verhaltensweisen in der Natur fordert unsere Fantasie heraus; in diesem Panoptikum zu schwelgen, macht zwar Spaß, entscheidend ist aber etwas anderes: Bei den meisten Tieren einschließlich unserer selbst hat sich die Sexualität in der Evolution zu viel mehr als nur einem einfachen Fortpflanzungsakt entwickelt. Damit soll nicht behauptet werden, die unzähligen Zwecke solcher Akte liefen alle auf das Gleiche hinaus oder ähnliche Akte hätten die gleichen evolutionären Wurzeln. Offensichtlich existieren die meisten von ihnen – insbesondere die vielen Formen der Autoerotik – schlicht deshalb, weil sie angenehm sind. Wir sollten nicht den Fehler begehen und annehmen, alle Verhaltensweisen hätten eine ganz bestimmte, in der Evolution entstandene Funktion: Auch Tiere können sinnliche Stimulation genießen. Ratten haben Spaß daran, gekitzelt zu werden, Katzen schnurren, und auch die kroatischen Braunbären haben an ihrer Fellatio ganz offensichtlich Freude.

Menschen praktizieren ein breites Spektrum verschiedener sexueller Verhaltensweisen. Die meisten davon dienen nicht der Fortpflanzung, und manche beobachtet man vereinzelt auch bei Tieren. Es bestehen kaum Meinungsverschiedenheiten darüber, dass ein gesundes Sexualleben zwischen Menschen der Paarbindung und der Stabilität von Beziehungen dient; dabei kann es sich um Homo- oder Heterosexualität, Monogamie oder Polyamorie handeln, oder auch um andere Kombinationen, an die ich noch nie gedacht habe. Der Spaß am Sex ist also die Erklärung für das schiere

© Springer-Verlag GmbH Deutschland, ein Teil von Springer Nature 2020
A. Rutherford, *Bin ich etwas Besonderes?*, https://doi.org/10.1007/978-3-662-61566-9_14

Ausmaß; in vielen Fällen liegt eine zweite Funktion vor allem bei Paaren, aber auch in der Stärkung sozialer Bindungen. Neben uns Menschen hat nur eine einzige Tierart ein ähnlich großes sexuelles Repertoire und praktiziert es mit vergleichbarer Begeisterung; für Verhaltensforscher und Psychologen stellt sich also die Frage, ob sie es aus ähnlichen Gründen so und nicht anders macht. Der Bonobo (*Pan paniscus*) ist die fünfte heute noch lebende Menschenaffenart neben uns, den Gorillas (*Gorilla gorilla*), den Orang-Utans (*Pongo pygmaeus*) und den Schimpansen (*Pan troglodytes*). Bonobos ähneln den Schimpansen so stark, dass man sie früher als Zwergschimpansen bezeichnete; eine eigene Artbezeichnung erhielten sie erst in den 1950er-Jahren. Sie sind nicht nennenswert kleiner als ihre Gattungsgenossen und unterscheiden sich zwar morphologisch von ihnen, allerdings nicht stark: Bonobos leben ausschließlich auf den Bäumen in der einzigen Waldregion am Fluss Kongo in der Demokratischen Republik Kongo und bilden kleine Gruppen – insgesamt gibt es nur noch knapp 10.000 von ihnen. Sie sind meist weniger muskulös als Schimpansen und wirken mit ihren schmaleren Schultern und geringfügig längeren Armen graziler. Sie haben rosarote Lippen und ein dunkles Gesicht, ihre flauschigen Kopfhaare sind häufig in der Mitte durch einen ordentlichen Scheitel zweigeteilt.

Ihre Gesellschaft ist wie die aller Menschenaffen stark strukturiert. Ungewöhnlich ist aber, dass Bonobos im Matriarchat leben. Die dominierenden Weibchen herrschen über soziale Gruppen und gestehen den Männchen ihren Status je nach ihrer Beziehung mit den führenden Weibchen zu. Sie bilden eingeschworene Gruppen und üben insbesondere in Hinblick auf Aggression und Paarungsversuche die Kontrolle über die Männchen aus. Auch etwas anderes ist für Primaten ungewöhnlich: Wenn die Weibchen heranreifen, entfernen sie sich von der Gruppe, in der sie geboren wurden, und lassen sich in einem anderen Clan nieder, wenn sie dort von den herrschenden Matriarchinnen aufgenommen werden.

Die Weibchen bringen ihre Bindungen untereinander unter anderem durch heftigen Kontakt zwischen den Genitalien zum Ausdruck (in der wissenschaftlichen Literatur wird dies als „GG-Rubbing" oder Tribadismus bezeichnet). Zwei Weibchen nähern sich einander an und reiben bis zu einer Minute lang rhythmisch vermutlich ihre Klitoris aneinander. Dabei schwellen die Klitoris an, und manchmal stoßen die Beteiligten Schreie aus. Dies tun sie mit unterschiedlicher Häufigkeit, aber Beobachtungen deuten darauf hin, dass es ungefähr alle zwei Stunden geschieht. In der Kultur der Bonobos sind solche sexuellen Interaktionen zwischen Weibchen alles andere als ungewöhnlich. Es ist auch eine der wichtigsten Methoden, mit denen sich Weibchen in einer neuen sozialen Gruppe beliebt machen.

Die Bonobos sind mit Sicherheit die geilste Spezies im gesamten Tierreich. Das GG-Rubbing beschränkt sich nicht auf Weibchen. Es kommt unabhängig von Geschlecht, Alter und sogar Geschlechtsreife in allen nur denkbaren Kombinationen vor. Weibchen tun es auch mit Männchen, Männchen mit anderen Männchen und beide mit Jungtieren. Die Männchen praktizieren es vorwiegend nicht von Angesicht zu Angesicht, sondern in der Hündchenposition, wobei ihre erigierten Penisse sich berühren. Manchmal, meist wenn sie an den Ästen eines Baumes hängen, „fechten" sie auch von Angesicht zu Angesicht mit ihrer Erektion.

Statistiken zum Sexualverhalten von Menschen beinhalten ein gerüttelt Maß an Vermutungen, aber nach meiner Überzeugung kann man vernünftigerweise annehmen, dass es ungewöhnlich ist, wenn jemand viele Male am Tag und mit zahlreichen anderen Menschen sexuellen Kontakt hat. Für den durchschnittlichen Bonobo dagegen ist es der Normalfall.

Dennoch werden Bonoboweibchen ungefähr ebenso häufig schwanger und bringen Nachkommen zur Welt wie Schimpansen: Sie bekommen alle fünf bis sechs Jahre ein Kind. Man kann also eine grobe Berechnung anstellen: Wenn man über einen Zeitraum von fünf Jahren zehn sexuelle Kontakte pro Tag unterstellt (was durchaus im Rahmen des beobachteten Verhaltens liegt) und in der gleichen Zeit ein Junges zur Welt kommt, führt ungefähr einer von 18.250 Geschlechtsakten zu einem Baby. Das ist nicht ganz der gleiche Wert wie der zuvor angeführte, wonach bei Menschenaffen ungefähr eine von 1000 sexuellen Begegnungen, die zu Nachwuchs führen könnten, auch tatsächlich diese Folge haben – wir müssen hier mit unvollständigen Daten auskommen. Es weist aber darauf hin, dass wir mit unseren engsten Verwandten ein Verhaltensmuster gemeinsam haben, auf das unser fiktiver außerirdischer Wissenschaftler eines Tages stoßen würde: Ganz offensichtlich haben wir Sexualität und Fortpflanzung getrennt.

Um das Sexualleben der Bonobos wurde verständlicherweise viel Aufhebens gemacht, denn sie sind unsere engen evolutionären Verwandten, und ihr Sexualleben ist mit unserem eigenen vielleicht eher vergleichbar als das von Flughunden oder Nacktmullen. Verschiedenen Behauptungen zufolge, die sich auf die schiere Häufigkeit ihrer Orgasmen stützten, leben sie in einer Hippiekommune nach dem Motto „*Make love, not war*". Dieser angenehme Eindruck wurde in Gegensatz zur patriarchalischen, gewalttätigen, mörderischen Kultur der Schimpansen gestellt. Die Wahrheit ist wie immer ein wenig komplizierter.

Schimpansenmännchen kämpfen um ihren Status und töten auch, um ihn zu stärken. Bei Bonobos wurde so etwas nie beobachtet: Hier dominieren die Weibchen, und der Status der Männchen steht im Verhältnis zur Stellung ihrer Mütter – von diesen sind sie abhängig und bleiben während ihres ganzen Lebens in ihrer Nähe. Dennoch ist die Vorstellung, Bonobos seien friedliebende Menschenaffen und Sex sei für sie die sanfte Antwort auf alles, nicht ganz richtig. Bei wilden Bonobos hat man durchaus tödliche Aggression beobachtet, aber zu großen Teilen wurde ihr Verhalten in den künstlichen Umfeldern von Zoos erforscht, ein unnatürlicher Einfluss, der die Ergebnisse verzerren könnte. Eine solche Umgebung schafft offenbar manchmal künstlich übermäßig dominante Weibchen, und die können in Konflikten übermäßig gewalttätig werden. In Zoos sind manche Bonobomännchen nicht vollständig mit Fingern oder Zehen ausgestattet, und im Stuttgarter Zoo wurde der Penis eines Männchens von zwei übergeordneten Weibchen in der Mitte durchgebissen.

Es liegt nahe, das Verhalten von Tieren aus menschlicher Sicht zu interpretieren, und ähnlich reizvoll ist auch die Vermutung, unsere nicht der Fortpflanzung dienenden sexuellen Betätigungen hätten ihren Ursprung in der Evolution. Aber die Belege sind nicht überzeugend. Nachdrücklich zu behaupten, derartige Verhaltensweisen seien evolutionären Ursprung und würden sich aus ähnlichen Wurzeln ableiten wie das, was wir bei Bonobos, Kleinaffen, Delfinen, Ottern oder Schienenechsen (auf die wir noch zu sprechen kommen werden) beobachten, ist problematisch. Weder Bonobos noch Schimpansen sind unsere Vorfahren.

Wenn Studien an unseren engsten evolutionären Vettern erörtert werden, wird damit häufig unausgesprochen gesagt, die bei solchen Arten beobachteten Verhaltensweisen seien eine Erklärung für unser eigenes Verhalten. Menschenaffen sind untereinander zwar enger verwandt als beispielsweise mit Ottern, aber eine Art von ihnen hat sich nicht aus einer anderen entwickelt. Wir alle drei – Schimpansen, Bonobos und Menschen – haben einen gemeinsamen Vorfahren. Das eigentlich Faszinierende an den Bonobos ist ihre Evolutionsvergangenheit. Der Kongo ist ein großer Fluss, der sich durch Zentralafrika schlängelt. Bonobos leben ausschließlich an seinem linken Ufer. Erst seit Kurzem geht man der Frage nach, wie sie dorthin gelangt sind. Wir wissen, dass die beiden Zweige, von denen einer zur Gattung *Homo* – den Menschen – und der andere zur Gattung *Pan* – Schimpansen und Bonobos – führte, sich vor sechs oder sieben Millionen Jahren irgendwo in Afrika getrennt haben. Aus der fraglichen Zeit und der betreffenden Gegend gibt es nur spärliche Fossilien, aber ein plausibler Kandidat für den letzten gemeinsamen Vorfahren ist vielleicht *Sahelanthropus tchadensis*, ein Hominine, der einem Schimpansen weitaus stärker ähnelte als einem Menschen. Es ist in der Evolutionsgeschichte der Menschenaffen eine chaotische Zeit, und in der Frage, wie, wo und wann sich die Abstammungslinien trennten, besteht keine wissenschaftliche Einigkeit, ja man ist sich nicht einmal einig, wie sauber der Bruch eigentlich war.

Nach einer gewissen Zeit jedoch hatten die Abstammungslinien sich wirklich getrennt, das heißt, Schimpansen und Bonobos bildeten einen eigenen Zweig. Und genau wie wir die Geschichte der menschlichen Populationen mithilfe der DNA rekonstruieren konnten, so können wir mit genetischen Mitteln auch herausfinden, wer sich wann mit wem paarte. Dazu müssen wir nur die DNA der heute lebenden Schimpansen und Bonobos vergleichen.

Dabei stellt sich heraus, dass es seit mindestens 1,5 Mio. Jahren keinen Genfluss mehr zwischen Schimpansen und Bonobos gegeben hat – „Genfluss" ist der wissenschaftlich beschönigende Name für erfolgreiche, der Fortpflanzung dienende Sexualität. Analysen der Sedimente von den Ufern des Kongo lassen darauf schließen, dass der Fluss rund 34 Mio. Jahre alt ist, und er ist so breit, dass er für die meisten Landtiere und jeden mutmaßlichen Genfluss eine unüberwindliche Barriere darstellte. Anscheinend kam es aber in dem sich ständig wandelnden Klima zu natürlichen Schwankungen seines Hoch- und Niedrigwassers, und vor etwa zwei Millionen Jahren war der Wasserstand so niedrig, dass eine kleine Gründerpopulation den Kongo überqueren konnte. Diese Pilger wurden dann auf Dauer am jenseitigen Ufer isoliert, und von da an entwickelten sich alle besonderen Merkmale der Bonobos.

Nach dem gleichen Prinzip laufen viele Artbildungsereignisse ab: Ein kleiner Trupp trennt sich von einer größeren Gruppe, ist aber nicht zwangsläufig repräsentativ für die gesamte Variationsbreite der Population. Eine Spezies kann sich mit ihrem Verhalten isolieren – eine Gruppe sucht ihre Nahrung beispielsweise an einem Baum, der zu einer anderen Zeit Früchte trägt –, oder sie isoliert sich räumlich, beispielsweise mit einem Einwegticket über einen ansonsten unüberwindlichen Fluss. Nach der Trennung findet Kreuzung nur noch innerhalb der Gruppen statt, und der Genpool, mit dem die neue Population sich gründet, kann sich in seine eigene Richtung weiter entwickeln. Man kann sich bei den ersten Vorfahren der Bonobos ohne Schwierigkeiten geringfügige Unterschiede vorstellen, die zu ihrer sexuellen Befreiung führten. Bei Schimpansen fällt die Zurschaustellung des Östrus mit leuchtend roten, angeschwollenen Genitalien sehr genau mit der Zeit der größten Fruchtbarkeit zusammen. Bei Bonobos scheinen die Weibchen viel länger fruchtbar zu sein, als sie es wirklich sind. Beim Menschen gibt es keine überzeugenden, sichtbaren Zeichen für Phasen der hohen Fruchtbarkeit, die ihren Höhepunkt in der Regel wenige Tage nach dem Ende der Menstruation erreicht.[1] Die Tatsache, dass die Bonobos ihre Hinweise auf Fruchtbarkeit über die offenkundigen Signale hinaus erweitert haben, gibt uns auch einen Anhaltspunkt für unser eigenes Sexualleben. Es ist vorstellbar, dass die natürlichen genetischen Variationen, die den Östrus beeinflussen, von der natürlichen Selektion in einer Gründerpopulation der Bonobovorfahren verstärkt wurden.

Wenn es um eine Überinterpretation solcher Ähnlichkeiten geht, bin ich zwar vorsichtig, aber diese Überlegung ist auch für unsere eigene Evolution von entscheidender Bedeutung. Wir haben Eigenschaften mit beiden Arten der Gattung *Pan* gemeinsam, mit denen wir einen gemeinsamen Vorfahren hatten, lange bevor *Pan* oder *Homo* sich entwickelte. Die beiden Linien haben sich genetisch und im Verhalten auseinander entwickelt. Die Genetik der Bonobos deutet darauf hin, dass vielleicht nur wenige kleine Veränderungen in der Gründerpopulation eine radikale Verhaltensänderung in Gang setzten und für eine völlig andere Bevölkerungsstruktur sorgten: *Pan paniscus* ist weniger gewalttätig als *Pan troglodytes* und nutzt sexuelle Kontakte anstelle von Gewalt, um Meinungsverschiedenheiten beizulegen und eine soziale Hierarchie aufzubauen.

Wir tun keines von beiden. Die Bonobos sind faszinierend, aber eigentlich sind sie auch eine Inselspezies, und solche Arten sind häufig revolutionäre Besonderheiten. Aufgrund ihrer geografischen Isolation sind sie oftmals sowohl genetisch als auch in ihrem Verhalten eigenartig. Das heißt nicht, dass ihre Lebensweise bedeutungslos wäre, wenn wir unser eigenes Leben verstehen wollen, aber wenn wir ehrlich sind, unterscheidet sich das Sexualleben der Bonobos stark von dem unseren oder auch von dem, was wir uns vielleicht wünschen – es hört sich einfach zu anstrengend an. Sexuelle Kontakte haben bei Bonobos eine ganz andere Funktion als bei uns. Obwohl der Anteil der Sexualität, der nicht der Fortpflanzung dient, vielleicht vergleichbar ist, und obwohl wir ursprünglich eine gemeinsame genetische Grundlage haben, sind sowohl die Motive als

---

[1]Allerdings wurde vielfach behauptet, es gebe Anzeichen in Erscheinungsbild und Verhalten: Genannt wurden unter anderem die Symmetrie der Brüste, ein rotes Gesicht, der Geruch, der Gang, die Wahl der Kleidung und mehr. In fast allen Fällen handelte es sich dabei um Studien mit kleinen Stichproben, oder sie waren methodisch fehlerhaft oder zumindest fragwürdig. Eine der berühmtesten Untersuchungen gab den Anlass zu unzähligen unhinterfragten Schlagzeilen: Tänzerinnen in Striplokalen erhielten während des Eisprung mehr Trinkgelder als in jeder anderen Phase des Menstruationszyklus. Die Wissenschaft nutzt Zahlen, um Anekdoten von Daten abzugrenzen, und an dieser Studie nahmen nur 18 Tänzerinnen teil, die über den Verlauf von zwei Menstruationszyklen selbst über ihre Trinkgelder berichteten; das würde jeder Wissenschaftler, der etwas auf sich hält, als entsetzlich unzureichend ablehnen.

auch die Evolutionsvergangenheit unterschiedlich. Wir berühren zumindest in anständiger Gesellschaft nicht die Genitalien anderer, um Konflikte zu lösen, oder um Kollegen zu begrüßen, oder weil wir uns auf eine üppige Mahlzeit freuen. Wenn wir unsere eigenen sexuellen Vorlieben enträtseln wollen, sind kleine Sünden und Voreingenommenheiten zwar unserer Betrachtung wert, aber noch einmal: Vielleicht fühlt das alles sich einfach nur gut an.

Homosexualität

Unter allen Geschlechtsakten, die möglich sind, führt nur einer zu
Babys. Eine gleitende Skala gibt es hier nicht – die Befruchtung ist entweder möglich oder nicht. Aufgrund der Natur von Lebewesen, die zwei
differenzierte Geschlechter bei zwei Individuen erfordern, gibt es eine
garantierte Methode, um Sexualität zu praktizieren, ohne dabei Nachwuchs
zu produzieren: Man hat Sex mit Angehörigen des eigenen Geschlechts. In
Zukunft wird es vielleicht Wege geben, auf denen man Ei- oder Samenzellen
genetisch so manipulieren kann, dass sie sich für eine Empfängnis eignen.
Beide Zelltypen haben einen vollständig differenzierten Zustand erreicht –
sie sind ausgereift und haben ihre DNA-Menge zur Vorbereitung auf das
Zusammentreffen mit einer passenden Zelle durcheinandergewirbelt und
halbiert, damit zu Beginn des neuen Lebens wieder die vollständige Ausstattung vorhanden ist. Bald werden wir vielleicht in der Lage sein, diesen
Reifungsprozess zum Teil zurückzudrehen und Zellen beider Typen dazu zu
veranlassen, dass sie zu etwas anderem werden: Eine Samenzelle könnte man
beispielsweise zurückentwickeln und dann in Richtung der Entstehung einer
Eizelle lenken, oder umgekehrt. Auf diese Weise könnten theoretisch auch
zwei Frauen oder zwei Männer ein Kind zeugen, das jeweils die Hälfte des
Genoms der beiden gleichgeschlechtlichen Eltern besitzt.

Bisher ist so etwas nicht möglich. Zwei Männer oder zwei Frauen besitzen
gemeinsam nicht die erforderliche genetische Verträglichkeit, um eine
Eizelle zu befruchten und eine Schwangerschaft in Gang zu setzen. Deshalb
ist Homosexualität als sexuelle Identität unabhängig von der evolutionären
Fortpflanzungsnotwendigkeit.

© Springer-Verlag GmbH Deutschland, ein Teil von Springer Nature 2020
A. Rutherford, *Bin ich etwas Besonderes?*, https://doi.org/10.1007/978-3-662-61566-9_15

Zur Beantwortung der Frage, wie viele Menschen homosexuell sind, könnte ich Dutzende von Statistiken zitieren – eine einheitliche Zahl gibt es nicht. Ebenso gibt es kein einheitliches Verhaltensmuster, das eine einfache, klare Definition oder demografische Angaben ermöglichen würde. Manche Menschen sind offensichtlich von jungen Jahren an ausschließlich homosexuell, andere ausschließlich heterosexuell. Viele stehen irgendwo dazwischen – sie sind vielleicht vorwiegend das eine oder das andere, hatten aber auch homosexuelle, bisexuelle oder heterosexuelle Erlebnisse oder Gedanken, und das entweder einmal oder auch regelmäßig. Manchen Studien zufolge fühlen sich 20 % der Erwachsenen von Angehörigen des gleichen Geschlechts angezogen, der Anteil derer, die tatsächlich gleichgeschlechtliche Kontakte vollzogen haben, ist aber in der Regel nur halb so hoch.

Wenn man an die Evolution im Ganzen denkt, spielt Genauigkeit bei solchen demografischen Angaben eigentlich keine Rolle. Es gibt die Homosexualität, und Hunderte von Millionen Menschen bezeichnen sich selbst als homosexuell. Die Befruchtung bleibt beim homosexuellen Sex bisher eine Unmöglichkeit, was bei oberflächlicher Betrachtung die Vermutung nahelegt, dass er nicht der Anpassung dient. Damit stellt sich ein potenzielles Problem, wenn man nach einer evolutionären Erklärung für eine bestimmte Verhaltensweise sucht. Wie kann ein Sexualverhalten, das nicht zu Nachkommen führt, in so großer Häufigkeit erhalten bleiben? Handelt es sich hier vielleicht um ein Phänomen, das eine Grenze zwischen der Spezies Mensch und den nichtmenschlichen Tieren zieht?

Offensichtlich nicht. Homosexualität gibt es auch in der Natur in Hülle und Fülle. Einige Beispiele haben wir bereits erwähnt, auch wenn die Bonobos vielleicht kein geeigneter Vergleich sind: Sie vollziehen Sexualkontakte ständig und mit allen Mitgliedern ihrer Gruppe aus komplexen sozialen Gründen, ungefähr so, wie die Engländer über das Wetter plaudern.

Betrachten wir einmal die Giraffen. Diese Tiere sind bei Evolutionsbiologen aus mehreren Gründen besonders beliebt. Natürlich sind sie die größten lebenden Tiere, und das vor allem wegen ihres eleganten Halses. Seine übertriebene Form wurde früher als Musterbeispiel dafür genannt, wie die Evolution sich nach einer heute aufgegebenen Theorie angeblich abgespielt hat. Jean-Baptiste Pierre Antoine de Monet, Chevalier de Lamarck, beschäftigte sich nicht als Erster mit der Evolution – also einfach gesagt, mit der Frage, wie Tiere sich im Laufe der Zeit verändern –, aber als einer der Ersten dachte er über das Thema ernsthaft nach, schrieb darüber und veröffentlichte seine Gedanken. Für seine Theorie spielten die

Giraffen oder Kameloparden[1], wie man sie im 19. Jahrhundert nannte, eine große Rolle. Im Jahr 1809, dem Geburtsjahr von Charles Darwin, veröffentlichte Lamarck sein Werk *Philosophie Zoologique* und legte darin dar, warum Tiere sich nach seiner Theorie verändern. Die Giraffe, so erklärte er, sei „mit einem langen, biegsamen Hals ausgestattet worden", weil sie sich immer streckte, um so die saftigen Akazienblätter zu erreichen.[2] Dabei fließe so etwas wie eine „nervöse Flüssigkeit" in den Hals, der daraufhin länger werde. Diese allmähliche Längenzunahme werde dann an die Jungtiere weitergegeben, und bei diesen wiederholte sich angeblich der Vorgang.

50 Jahre später erschien *Der Ursprung der Arten*, und darin wurde die Vorstellung von der Vererbung erworbener Merkmale vollständig aufgegeben:[3] Die Erfahrungen zu Lebzeiten führen in der DNA keine Veränderungen herbei, die an die nächste Generation weitergegeben werden können, und damit haben sie auch wenig oder gar keinen Einfluss auf die Gene, auf die die natürliche Evolution wirkt. Darwin verbannte Lamarck in die Kategorie der wichtigen, fleißigen, großen wissenschaftlichen Denker, die mit ihren großen Ideen unrecht hatten. Heute machen wir uns manchmal über Lamarck lustig, weil er eine falsche Theorie aufstellte, aber das ist eine unangebrachte Geringschätzung seiner gedankenvollen Arbeiten. Seine Ideen wurden durch die größte aller wissenschaftlichen Theorien und vom größten aller Biologen verdrängt. Jeder Wissenschaftler muss so oft wie möglich unrecht haben, denn das ist der Ausgangspunkt, von dem aus wir das Richtige entdecken und uns immer mehr an die Wahrheit annähern. Im Pariser Jardin des Plantes steht eine Statue des gealterten, blinden Lamarck, der von seiner Tochter angesprochen wird. Auf dem Sockel steht der eingravierte Text: „Die Nachwelt wird dich bewundern, und sie wird dich rächen, mein Vater."

---

[1]Die altgriechische Bezeichnung für die Giraffe lautet *kam lopárdalis*, was dem biologischen Nomenklaturprinzip des „Sage, was du siehst" entspricht: Kamel deutet auf den langen Hals hin und der Leopard auf die Fleckenzeichnung.

[2]Dies schrieb Charles Lyell in seiner Kritik der lamarckistischen Evolution im zweiten Band seiner *Principles of Geology* (John Murray 1837).

[3]Die Epigenetik ist ein wichtiger Teil der Genetik. Sie ist einer der wenigen Mechanismen, durch den DNA Anweisungen aus der Umwelt aufnehmen kann, aber in den letzten Jahren ist es modern geworden, die Frage zu stellen, ob epigenetische Prägung an Nachkommen weitergegeben werden kann, nachdem sie zu Lebzeiten erworben wurde, was einer Art neolamarckistischer Evolution entsprechen würde. Manche Anhaltspunkte sprechen dafür, dass einige epigenetische Merkmale weitergegeben werden, aber es gibt keinen Beleg, dass sie von Dauer sind. Demnach gibt es auch keinen Anhaltspunkt dafür, dass die lamarckistische Vererbung der Wirklichkeit entspricht und irgendeinen Einfluss auf die natürliche Selektion oder auf die Stichhaltigkeit der darwinistischen Evolutionstheorie hat.

Dass Lamarcks Evolutionstheorie irgendwann tot war, lag an den Daten. Dass erworbene Merkmale nicht vererbt werden, hat viele Ursachen; vor allem haben wir nie einen Mechanismus entdeckt, durch den die Information an nachfolgende Generationen weitergegeben werden könnte. Außerdem beobachten wir nicht, dass ein Merkmal in nachfolgenden Generationen durch Erfahrung abgewandelt würde – die Eisbären im Zoo bleiben weiß, obwohl sie nicht viel Zeit im Schnee verbringen. Prosaischer ist die Erkenntnis bei den Giraffen: Sie suchen ihr Futter vorwiegend auf Schulterhöhe; dass sie sich strecken, um höhere und theoretisch saftigere Blätter zu fressen, lässt sich durch Beobachtungen nicht bestätigen. Andererseits ist ihr Hals ein großartiges, aufschlussreiches Beispiel für darwinistische Evolution. Er enthält ebenso viele Wirbel wie bei Menschen und Mäusen und verrät damit unser aller gemeinsame Abstammung von anderen Tieren. Jeder einzelne Wirbel ist natürlich bei der Giraffe viel größer. Außerdem liegt in dem langen Hals auch der rückläufige Kehlkopfnerv, den wir bei uns selbst und bei den viel entfernter mit uns verwandten Fischen finden; er versorgt Teile des Kehlkopfes (Abb. 1). Bei Giraffen macht dieser Nerv einen absurden, fast fünf Meter langen Umweg und bildet eine gewundene Schleife um eine große Arterie, die unmittelbar aus der Oberseite des Herzens austritt. Er erfüllt genau die gleichen Aufgaben wie bei uns Menschen, aber in dem langen Giraffenhals hat sich die Schleife auf ziemlich verschwenderische Weise verlängert und beschreibt den ganzen Weg aufwärts und wieder abwärts. Seine anatomische Lage ist aber genau die gleiche wie bei uns; damit ist er eine Spur, ein charakteristisches Kennzeichen für die blinde, ineffiziente natürliche Evolution, die Darwin selbst als „schwerfällig, verschwenderisch und tollpatschig" bezeichnete.

Die Entstehung des schönen Halses wurde auch auf sexuelle Selektion zurückgeführt. Er ist übertrieben und ein wenig absurd wie der Schwanz eines Pfaus, es könnte sich also um eines jener außer Kontrolle geratenen Merkmale handeln, die wir in übertriebener Form bei den Männchen vieler Tierarten beobachten. An dieser Stelle wird das Sexualleben der Giraffen interessant. Der Hals ist sicher ein wichtiger Bestandteil des Sexual- und Sozialverhaltens. Die Ringkämpfe zwischen Männchen, die man bei Giraffen häufig beobachtet, werden seit 1958 als „Necking" bezeichnet. Sie schlingen die Hälse umeinander und brunsten. Es ist ein fast unglaublicher Anblick: Die Hälse winden sich umeinander und biegen sich fast im rechten Winkel, an die normale Anmut dieser Tiere treten plumpe Aggression und eine seltsame Beinhaltung; nichts davon hat die elegante Kraft von zwei Hirschen, die mit ihren Geweihe aufeinander losgehen.

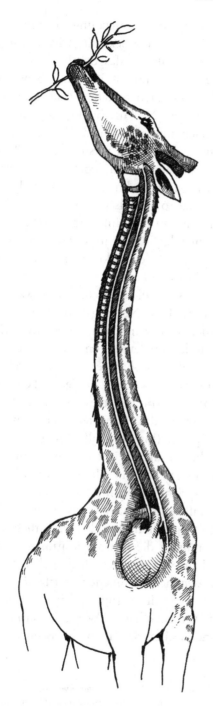

Abb. 1 Der rückläufige Kehlkopfnerv der Giraffe

Das Necking ist, wie seine Entsprechung bei menschlichen Teenagern, häufig ein Vorspiel zu ernsthaftere Sexualität. Es ähnelt vielen Formen des männlichen Konkurrenzverhaltens, das der Kopulation mit einem Weibchen vorausgeht. Die Rivalen kämpfen, und einer behält die Oberhand. Der wichtige Unterschied bei Giraffen besteht jedoch offensichtlich darin, dass die Männchen nach heftigem Necking häufig die sexuelle Penetration vollziehen. Wie bei so vielen interessanten Verhaltensweisen von Wildtieren, die wir beobachten und zu verstehen versuchen, so gibt es auch in diesem Bereich bisher keine umfangreichen Forschungsarbeiten. Entsprechend gering sind die Zahlen, und stichhaltige Schlussfolgerungen lassen sich kaum ziehen. Es sieht aber so aus, als wären an der Mehrzahl der sexuellen Begegnungen bei Giraffen zwei Männchen beteiligt, bei denen auf das Necking der Analverkehr folgt.[4] Nicht immer folgt auf das Necking ein versuchter oder vollendeter Geschlechtsakt, aber in vielen Fällen zanken die Männchen dabei mit erigiertem Penis.

Bei Giraffen halten sich die Geschlechter während eines großen Teils der Zeit getrennt. Das Necking-Verhalten beobachtet man fast ausschließlich in Herden von Männchen. In einem Bericht über mehr als 3200 Beobachtungsstunden im Laufe von drei Jahren in Nationalparks in Tansania wurde in 16 Fällen beobachtet, dass ein Männchen ein anderes bestieg, und bei neun davon war ein erigierter Penis im Spiel. Anfangs gingen die Wissenschaftler davon aus, dies sei ein Ausdruck der Dominanz, aber sie konnten im Umfeld des Aktes keinerlei Aktivität beobachten, die für eine solche Idee sprach (im Normalfall zeigt sich dies durch Unterwerfung oder eine bestimmte Körperhaltung). In der gleichen Zeit beobachteten sie nur einmal, wie ein Männchen ein Weibchen bestieg. 16 von 17 Fällen – das entspricht ungefähr 94 %.

Warum sich die Giraffen so verhalten, wissen wir nicht. In der gleichen Zeit wurden 22 Jungtiere geboren, und das vermutlich nach heterosexueller Betätigung; demnach müssen die meisten Paarungsereignisse unbeobachtet geblieben sein, man kann daraus aber auch schließen, dass mehr gleichgeschlechtliche Akte zwischen Männchen stattfanden. Diese Daten und andere Beobachtungen legen die Vermutung nahe, dass Giraffenmännchen nicht sehr oft Sex mit Weibchen haben. Wenn sie es tun, lecken sie den Urin des Weibchens auf und riechen daran, anschließend folgen sie ihr mehrere

---

[4]Es wird sogar in dem 2000 erschienenen Film *Gladiator* erwähnt: Der römische Tier- und Sklavenhändler Antonius Proximo, gespielt von dem mittlerweile verstorbenen Oliver Reed, beklagt sich bei einem anderen Geschäftsmann bitter darüber, dass seine Tiere sich nicht fortpflanzen, und zischt: „Du hast mir schwule Giraffen verkauft."

Tage lang. Die Weibchen vereiteln die Annäherungsversuche des Männchens mehrere Male mit der beeindruckend lässigen Taktik, einfach vorwärts zu gehen. Erst wenn sie in Stimmung sind, bleiben sie irgendwann stehen.

Auch mit aller wissenschaftlichen Vorsicht kann man wohl sicher sagen, dass es sich bei den meisten sexuellen Kontakten von Giraffen um männlich-homosexuelle Akte handelt. Die Logik besagt, dass eine ausschließlich homosexuelle Spezies nicht lange überleben wird. Ein Verhältnis von eins zu zehn reicht aber aus, damit die Spezies fortbesteht, und tatsächlich sind 22 Jungtiere, die in einem Zeitraum von drei Jahren geboren wurden, eine anständige Zahl von Nachkommen. Giraffenweibchen sind offensichtlich nur wenige Tage im Jahr fruchtbar und aufnahmebereit, und da die Trächtigkeit bis zu eineinviertel Jahre dauert, neigen sie nicht zu einem schnellen Generationswechsel. Die homosexuelle Betätigung hat eindeutig eine gewisse soziale Bedeutung, aber dabei geht es offensichtlich nicht um die Herstellung von Hierarchie oder Dominanz. Viel mehr wissen wir darüber nicht.

Auch viele andere Tiere sind homosexuell aktiv, darunter Ratten, Elefanten, Löwen, Makaken und mindestens 20 Fledermausarten. Für weibliche Homosexualität gibt es weniger dokumentierte Beispiele, aber auch bei Menschen und anderen Tieren ganz allgemein sind die Daten über weibliche Sexualität weniger umfangreich. Wie in so vielen Bereichen der Wissenschaft, so gab es auch hier historisch eine Einseitigkeit in Richtung der Aufklärung männlicher Verhaltensweisen. Bei den lesbischen Beziehungen, über die wir etwas wissen, verstehen wir besser, welche biologischen Prinzipien dabei wirksam sein könnten. Bauern machen sich überhaupt keine Sorgen über homosexuelle Aktivität von Ziegen, Schafen und Hühnern; wenn Kühe einander besteigen, gilt dies sogar als Zeichen für gute Fruchtbarkeit. Schienenechsen können sich durch Parthenogenese fortpflanzen, die jungfräuliche Geburt, die wir auch bei den Komodowaranen beobachten, und wenn ein Weibchen ein anderes besteigt, könnte dies ein Mechanismus zur Anregung des Eisprung sein. Hyänen leben wie die Bonobos im Matriarchat. Außerdem haben sie ungewöhnliche Genitalien: Ihre Klitoris ist erektionsfähig und nur geringfügig kleiner als der männliche Penis. Die Weibchen lecken sich häufig gegenseitig die Klitoris, um soziale Bindungen herzustellen und die Hierarchie zu festigen.

Evolutionstheoretisch ist die Homosexualität tatsächlich ein Rätsel, es gibt aber zahlreiche Ideen zu der Frage, wie solche Verhaltensweisen über lange Zeit erhalten bleiben können. Beim Menschen gibt es Anhaltspunkte dafür, dass bestimmte DNA-Abschnitte in Zusammenhang mit der männlichen Homosexualität stehen. Es handelt sich dabei nicht um ein

„Schwulengen", wie die Medien uns glauben machen wollen – Gene „für" komplexe Verhaltensweisen gibt es nicht. Vielmehr sieht es so aus (auch wenn die Daten ein wenig mager sind), dass bestimmte Versionen einzelner Abschnitte der genetischen Information häufiger mit Homosexualität assoziiert sind, als es dem Zufall entsprechen würde. Das mag sich schönfärberisch und ein wenig übervorsichtig anhören, aber es entspricht genau unserem derzeitigen Kenntnisstand über Genetik und komplexe soziale Verhaltensweisen. Nahezu kein Merkmal der Menschen wird durch das Umlegen eines DNA-Schalters bestimmt, sondern viele genetische Faktoren stehen in Wechselbeziehung und steuern ebenso wie die Lebenserfahrung geringfügige Wirkungen bei.[5]

Neben den einfachen genetischen Analysen gab es zur Frage der männlichen Homosexualität auch eine Fülle von Zwillingsstudien. Eineiige Zwillinge haben (nahezu) identische DNA, Verhaltensunterschiede zwischen ihnen haben ihre Ursache also wahrscheinlich nicht in der Genetik, sondern in der Umwelt. Die verschiedenen Studien gelangten zu sehr unterschiedlichen Prozentsätzen, aber alle legen die Vermutung nahe, dass der eineiige Zwilling eines homosexuellen Mannes im Durchschnitt mit doppelt so hoher Wahrscheinlichkeit ebenfalls homosexuell ist wie der zweieiige Zwilling. Daneben zeigen die Studien, dass ein homosexueller älterer Bruder die Wahrscheinlichkeit steigen lässt, dass auch der jüngere Bruder homosexuell ist.

Es besteht kaum ein Zweifel daran, dass Homosexualität eine genetische Komponente hat – das gilt schließlich für alle Verhaltensweisen. Viele Gene beeinflussen biologische Merkmale im Zusammenwirken mit der Umwelt. Gene, die den Fortpflanzungserfolg vermindern, werden irgendwann ausgemerzt, weil die Individuen, die sie tragen, in der Konkurrenz den Kürzeren ziehen. Deshalb stellt sich für Evolutionsbiologen die Frage: Warum haben diese Gene sich nicht selbst aus dem Genpool entfernt? Homosexuelle Männer haben mit viel geringerer Wahrscheinlichkeit Kinder, deshalb sollten die beteiligten Gene auf den ersten Blick dazu verurteilt sein, aus dem Genom zu verschwinden.

Die erste potenzielle Antwort lautet: Ausschließliche Homosexualität könnte in der Vergangenheit selten gewesen sein. Dies ist eine Frage der

---

[5]Wie so oft bei der Forschung an Menschen, so weiß man auch hier über Männer mehr als über Frauen; insbesondere mangelt es an Forschungsarbeiten über die genetischen Eigenschaften homosexueller Frauen. Lesbierinnen sind aber im Durchschnitt offenbar wandelbarer als homosexuelle Männer, das heißt, ihr Sexualverhalten und ihre sexuelle Identität verändern sich mit größerer Wahrscheinlichkeit im Laufe des Lebens.

Terminologie, denn in der Regel betrachten wir sexuelles Verhalten durch eine moderne und abendländische Brille. Wenn wir heute über Homosexualität sprechen, beschreiben wir in der Regel damit nicht einfach ein Verhalten, sondern wir meinen eine Identität. Auf den vorangegangenen Seiten habe ich mich ein wenig um diese Grenze herumgemogelt, aber wenn wir über Homosexualität bei Menschen reden, ist das nicht möglich. Hier meine ich einen geschlechtlichen oder sexuellen Nonkonformismus, wie man es heute nennen könnte. Sexuelle Beziehungen zu Menschen des gleichen Geschlechts wurden nicht immer unter den gleichen Gesichtspunkten betrachtet wie in unserer Gegenwartskultur, und in vielen Fällen stellt man sich darunter besser „etwas, was sie getan haben" vor und nicht „etwas, was sie sind". Vor diesem Hintergrund wurden gleichgeschlechtliche Aktivitäten bei den alten Griechen, den Römern, den indigenen Völkern Amerikas, in Japan und in vielen anderen Gesellschaften der Vergangenheit beschrieben, wobei die kulturelle Akzeptanz sehr unterschiedlich war.

In vielen Fällen dürfte es sich dabei nicht um eine ausschließliche Praktik gehandelt haben, und dann konnten Fortpflanzung und der Fortbestand einer genetischen Grundlage für sexuell vielfältige Verhaltensweisen ungehindert bestehen bleiben. Bei Tieren findet man Homosexualität zwar überall, sie ist aber nur in den seltensten Fällen etwas Ausschließliches. Hin und wieder interessieren sich Tiere allerdings wahrscheinlich nur für Partner des gleichen Geschlechts: Rund acht Prozent der domestizierten Schafböcke pflegen offenbar sexuelle Beziehungen ausschließlich mit anderen Schafböcken. Zur Erklärung dieser Beobachtung wurden mehrere Ideen geäußert, und wie so oft in der Wissenschaft dürfte die Antwort in einer Kombination aus ihnen allen liegen.

Zu den Schlüsselgedanken der Evolutionsbiologie gehört die Verwandtenselektion. Sie geht davon aus, dass nicht das Individuum, die Gruppe oder auch die Spezies der natürlichen Selektion unterliegt, sondern das Gen. Und damit ein Gen auf lange Sicht überleben kann, ist es der beste Weg, sich mit einer großen Zahl anderer Gene zusammenzutun, die das gleiche egoistische Motiv haben und alle gemeinsam in einem Körper liegen – dieser hat die Aufgabe, die Fortpflanzung der Gene zu gewährleisten. Das ist eine unumstößliche Theorie, ein felsenfester Grundpfeiler der Evolution, und es erklärt die Verhaltensweisen aller möglichen sozialen Lebewesen, insbesondere der Bienen, Ameisen und Wespen, deren Männchen in ihrer großen Mehrzahl überhaupt nicht zur Fortpflanzung kommen. Sie alle haben ihre DNA mit ihrer Mutter gemeinsam, und die pflanzt sich wirklich fort; die Evolution hat also ein System hervorgebracht, in dem unfruchtbare

Männchen ein fruchtbares Weibchen unterstützen, was aus mathematischer Sicht dem Überleben und dem genetischen Fortbestand beider Seiten dient.

Vielen Vermutungen zufolge könnte Verwandtenselektion auch der Mechanismus sein, durch den die Homosexualität in der Evolutionsgeschichte erhalten geblieben ist, obwohl sie scheinbar nicht der Anpassung dient. Um zu erklären, dass es immer homosexuelle Männer gab, hat man zwei Arten der Verwandtschaft genauer betrachtet. Die „Hypothese des schwulen Onkels" besagt, ein eng verwandter, homosexueller Mann werde das Überleben eines Neffen oder einer Nichte begünstigen, weil er hilft, den jüngeren Menschen groß zu ziehen, zu beschützen und zu ernähren. Dahinter steht das biologische Motiv, dass beide einen großen Anteil ihrer Gene gemeinsam haben, sodass die Gene des schwulen Onkels auch dann überleben, wenn er selbst keine Kinder hat. Das Ganze ähnelt anderen Fällen von unterstützter Fortpflanzung bei sexuellen Lebewesen, bei denen Individuen mit gemeinsamen Genen beim Überleben von Nachkommen helfen, obwohl diese nicht ihre eigenen sind. In dieser Hinsicht ähneln die schwulen Onkel dann anderen Familienmitgliedern, die in der Evolution wichtig sind: So wird mit der „Großmutterhypothese" auch erklärt, warum es die Menopause gibt. Wenn Frauen das fortpflanzungsfähige Alter hinter sich haben, treten sie nicht einfach ab und sterben, sondern sie bleiben am Leben und können bei der Versorgung der Enkelkinder, mit denen sie ein Viertel ihrer DNA gemeinsam haben, helfen. Diese beliebte Idee könnte durchaus richtig sein, für Menschen gibt es allerdings keine umfangreichen Daten. Ebenso könnte sie für Mörderwale gelten, bei denen ältere Matriarchinnen an der Spitze einer komplexen Sozialstruktur stehen; sie sind eine von nur drei Arten, bei denen es bekanntermaßen eine Menopause gibt (die dritte sind die Kurzflossen-Grindwale).[6] Die Idee vom schwulen Onkel ist die homosexuelle Entsprechung zur Großmutterhypothese. Problematisch ist dabei nur, dass es auch hier nicht viele einschlägige Daten gibt.

Für eine andere Erklärung gibt es überzeugendere Anhaltspunkte. Eine 2012 veröffentlichte Studie deutet darauf hin, dass die Großmütter und Tanten homosexueller Männer signifikant mehr Kinder haben als die

---

[6]Ein großer Teil dieser Befunde stammt aus einer jahrzehntelangen Studie an einem ganz bestimmten Orcarudel im Nordwestpazifik, das von einem Weibchen namens Granny angeführt wurde. Sie brachte in 40 Jahren kein einziges Junges zur Welt, aber langjährige Zählungen an dieser Population deuten darauf hin, dass das Überleben eines Männchens durch den Tod der Mutter ernsthaft gefährdet ist, und das gilt in besonderem Maße, wenn sie die Menopause hinter sich hat. Granny starb 2017 nach einem langen, machtvollen Leben.

Großmütter und Tanten heterosexueller Söhne und Neffen. Die größere Fruchtbarkeit dieser Frauen schafft offenbar einen angemessenen Ausgleich für die fehlende Fruchtbarkeit der Männer. Das legt die Vermutung nahe, dass der genetische Hintergrund einer Neigung zur Homosexualität gleichzeitig auch eine größere Fruchtbarkeit bei den weiblichen Angehörigen der betreffenden Männer begünstigt. Das heißt nicht zwangsläufig, dass dies die Ursache ist, aber es lässt die Waage in dieser Richtung sinken, und das reicht aus mathematischer Sicht aus, um den offensichtlichen Verlust an genetischem Erbe auszugleichen. Es ist eine interessante Idee, und die Daten sind überzeugend, aber die entsprechenden Forschungsarbeiten stehen noch am Anfang. Die Stichprobe ist zwar groß, aber es ist bisher nur eine Studie; weitere Forschungsarbeiten sind dringend notwendig. Ob das Gleiche auch für die ausschließlich homosexuellen Schafböcke gilt, wurde bisher nicht untersucht.

*****

Bei Tieren ist Homosexualität also weit verbreitet. Etwas Wichtiges gilt es hier aber festzuhalten: Warum Giraffen oder andere Tiere sich homosexuell verhalten, wissen wir nicht, aber wir sollten nicht davon ausgehen, dass die Gründe für die Sexualität der Menschen von Bedeutung sind. Selbst im Spektrum unserer Verhaltensweisen gibt es viele Beispiele für Geschlechtsakte zwischen Männern, die ritualisiert sind und nicht der sexuellen Identität von Männern entsprechen, die sich selbst als schwul bezeichnen. Für die Sambia, einen Stamm im östlichen Hochland von Papua-Neuguinea, ist der Verzehr von Sperma ein unentbehrlicher Ritus für den Übergang zum Mannesalter. Jungen, die sich der Pubertät nähern, praktizieren an älteren Männern jahrelang Oralverkehr, bis der Junge sich dann mit einer jungen Frau zusammentut; anschließend nimmt diese an ihm ebenfalls mehrere Jahre lang die Fellatio vor. Zu diesem Zeitpunkt geben manche Männer ihre gleichgeschlechtlichen Praktiken auf, andere jedoch nicht. Anthropologen haben behauptet, dieses männlich-homosexuelle Verhalten sei ausschließlich ritualisiert und demnach nicht erotisch, aber das scheint mir ein fadenscheiniges Argument zu sein: Immerhin ist sexuelle Erregung eine Voraussetzung für den Samenerguss.

Die Männer vom Volk der Marind-Anim in Neuguinea erfreuen sich während ihres ganzen Lebens des Analverkehrs mit anderen Männern; damit verbunden ist ihre Überzeugung, dass Sperma magische Eigenschaften hat: Man streicht es auf Pfeil- und Speerspitzen, damit sie ihr Ziel besser finden, und es wird in Tränken von Männern, Frauen und Kindern verzehrt. Das Sperma beim Analsex aufzunehmen, gilt als Mittel zur Stärkung der Männlichkeit.

Die Tätigkeit der Geschlechtsorgane in ihren unzähligen Formen bei uns und anderen Tieren zeigt, dass Sexualität ganz eindeutig nicht nur zur Produktion von Nachkommen dient. Manchmal nehmen wir fälschlich an, eine Verhaltensweise sei ein evolutionärer Vorläufer zu unserem eigenen Verhalten, oder sie habe sich umgekehrt parallel dazu entwickelt, weil es sich um einen guten Kunstgriff handelt. Der großartige Karneval der Natur zeigt, dass Sex wichtig ist und dass die Evolution Wege findet, um alle verfügbaren Mittel zu nutzen und damit zu tun, was getan werden muss. Allgemein bekannt ist die Formulierung des Biologen François Jacob, der die natürliche Selektion als Bastler bezeichnet hat. Ich denke gern an die Worte des früheren US-Präsidenten Teddy Roosevelt: „Tu, was du kannst, mit allem was du hast, und überall wo du bist."

Die Evolution hat Einzelteile erfunden und willkürlich zusammengewürfelt, und anschließend konnten sie dazu dienen, Neues auszuprobieren, was zu der sich ständig wandelnden Umwelt passte. Die sexuelle Fortpflanzung ist eindeutig eine nützliche Fähigkeit, die man im Werkzeugkasten haben sollte,[7] und sie begleitet uns schon seit mindestens einer Milliarde Jahren, also seit einer Zeit, als komplexe Lebensformen noch nicht die Meere, die Lüfte und das Land besiedelt hatten. Seit jener Zeit wurde die grundlegende Funktion, Nachkommen auf dem Weg über zwei Eltern zu erzeugen, unzählige Male genutzt und hat dazu gedient, endlose Möglichkeiten zur Stärkung der Überlebensfähigkeit zu schaffen.

Wir könnten uns darum bemühen, die Erscheinungsformen homosexuellen Verhaltens bei uns zu analysieren. Wir könnten uns darum bemühen, die biologischen und gesellschaftlichen Gründe zu entwirren und herauszudestillieren, warum Menschen eine Vorliebe haben oder sogar einen bestimmten „Typ" bevorzugen, ob es sich dabei nun um blonde Haare, um Freundlichkeit oder einen sportlichen Körperbau handelt, oder auch um blonde, athletische Typen des gleichen Geschlechts oder um die kulturellen Riten aus Papua-Neuguinea für den Übergang zum Mannesalter. Wie alle Verhaltensweisen, so ist auch die Sexualität programmiert, aber nicht einfach von Genen oder von der Umwelt, sondern durch undurchschaubare Wechselbeziehungen zwischen Biologie und Erfahrung.

---

[7]Allerdings ist nicht ganz klar, warum. Die sexuelle Fortpflanzung ist nur halb so effizient wie die ungeschlechtliche Vermehrung. Wir wissen, dass das Durcheinanderwirbeln von Genen durch zwei Geschlechtstypen eine gute Methode ist, um Parasiten zuvorzukommen, die ansonsten die Überlebensfähigkeit eines Organismus beeinträchtigen könnten, aber die Berechnungen passen bisher nicht ganz. Das Problem existiert in der Evolutionsbiologie schon seit Jahrzehnten und ist bis heute eines der spannendsten Forschungsthemen.

Daraus ergibt sich eine unvermeidliche politische Erkenntnis. Homosexualität findet man bei nichtmenschlichen Tieren in Hülle und Fülle. Oberflächlich betrachtet, scheint das den allgemeinen Prinzipien der Evolution zuwiderzulaufen, aber je genauer wir uns das Sexualverhalten ansehen, desto weniger problematisch scheint es für die Wissenschaft zu sein.

Recht amüsant ist, wie ein kenianische Beamter im November 2017 auf Berichte und Fotos reagierte, in denen zwei große Löwenmännchen im Maasai-Mara-Nationalpark Analverkehr praktizierten (was sie häufig tun): Er behauptete, die Tiere müssten es nachgemacht haben, nachdem sie es bei Menschen beobachtet hätten.[8] Was er wohl denken würde, wenn er von den Giraffen erfährt?

So etwas mag amüsant sein, aber in vielen Ländern auf der ganzen Welt, auch in Kenia, werden homosexuelle Männer und Frauen verfolgt, eingesperrt, gefoltert und ermordet, und unter Vorurteilen leiden sie auf der ganzen Welt. Historisch wurde die Verfolgung mit der Behauptung gerechtfertigt, das Verhalten sei *contra naturam* – widernatürlich. Woher die homophobe Heuchelei auch kommen mag, die Wissenschaft steht nicht auf ihrer Seite. Wie wir erfahren haben, ist Homosexualität etwas Natürliches, und zwar überall.

---

[8]Ezekial Mutua ist Vorsitzender des Kenyan Film Classification Board, der moralischen Geschichtsinstanz für Filme in Kenia. In dem gleichen Interview stellte er seine Haltung mit einer unnötigen Äußerung klar: „Wir erlassen keine Vorschriften für Tiere."

Und der Tod soll keine Macht haben

Betrachten wir jetzt noch kurz eine letzte sexuelle Handlung, bei der keinerlei Chance besteht, dass sie zu einer Befruchtung führt: die Nekrophilie. Es gibt kaum Daten darüber, wie oft sie in den Gedanken oder Taten von Menschen vorkommt (Menschen fantasieren viel häufiger über sexuelle Beziehungen zu Toten, als dass sie sie tatsächlich praktizieren), aber in den meisten Ländern ist sie gesetzwidrig. Allerdings hat die Nekrophilie auf der Welt eine sehr unterschiedliche juristische Stellung: In Großbritannien wurde sie erst 2003 gezielt verboten, und in den Vereinigten Staaten gibt es keine bundesweiten gesetzlichen Vorschriften über Nekrophilie; vielmehr hat hier jeder Bundesstaat seine eigenen Vorstellungen. Sex mit Toten gilt als Paraphilie, als unnatürliche Abweichung, die auf eine anomale Psychopathologie hindeutet.[1] Das ist eine ziemlich unumstrittene Aussage, und doch beobachtet man die Praxis bei Dutzenden von Tierarten.

Zootiere verhalten sich häufig seltsam: Die künstliche Umwelt eines Lebens in Gefangenschaft sorgt für Abweichungen vom mutmaßlichen Verhalten der Tiere in ihrem natürlichen Lebensraum, in dem sie von Menschen in Ruhe gelassen werden. Aber in Gefangenschaft haben Tiere vielfach Tätigkeiten vollzogen, mit denen die Zoobesucher nicht gerechnet

---

[1] In einem 2009 erschienenen Bericht des *Journal of Forensic and Legal Medicine* wurde ein neues Klassifikationssystem für die Nekrophilie beschrieben. Es umfasste zehn Klassen, darunter Rollenspiele, bei denen die Beteiligten sexuelles Vergnügen daraus bezogen, so zu tun, als sei ihr in Wirklichkeit lebender Partner tot; romantische Nekrophile bleiben als Hinterbliebene dem toten Körper des geliebten Menschen verbunden; opportunistische Nekrophile haben normalerweise kein Interesse an Nekrophilie, nehmen aber die Gelegenheit wahr, wenn sie sich bietet; und homozidale Nekrophile begehen einen Mord, um sich anschließend mit dem Opfer sexuell zu betätigen.

© Springer-Verlag GmbH Deutschland, ein Teil von Springer Nature 2020
A. Rutherford, *Bin ich etwas Besonderes?*, https://doi.org/10.1007/978-3-662-61566-9_16

hatten: So beobachtete man beispielsweise seit den 1960er-Jahren, dass männliche Grindwale sich bei toten Weibchen um die sexuelle Penetration bemühten.

So etwas geschieht aber nicht nur im unnatürlichen Zusammenhang der Gefangenschaft. Nekrophilie ist auch in freier Wildbahn weitverbreitet. Dass Sex mit toten Individuen bei den Adélie-Pinguinen vorkommt, weiß man seit den ersten Tagen der Antarktisforschung; dokumentiert wurde es unter anderem von den Wissenschaftlern, die Captain Scott auf seinem letzten, tödlichen Südpolabenteuer begleiteten. Sie schrieben, das Verhalten der Pinguine sei von einer „erstaunlichen Sittenlosigkeit" und für die heiklen Empfindlichkeiten der Edwardianischen Zeit ungenießbar; die Bemerkung wurde aus dem umfassenden Bericht für die Öffentlichkeit gestrichen, auf Griechisch verfasst und nur einer ausgewählten Gruppe hartgesottener britischer Wissenschaftler zugänglich gemacht.[2]

In Brasilien konnte man 2013 beobachten, wie zwei männliche Schienen-echsen der Spezies *Salvator merianae* zwei Tage lang mit einem toten Weib-chen kopulierten, obwohl sie während dieser Zeit bereits aufgedunsen war und die Verwesung eingesetzt hatte.[3] So stark ist das Gebot der Biologie: Die Triebkraft waren wahrscheinlich immer noch vorhandene Pheromon-signale, die Weibchen abgeben, um ihre sexuelle Zugänglichkeit bekannt zu machen. Unter anderem wurde über männliche Frösche und Schlangen berichtet, die Kopulationsversuche bei Weibchen unternahmen, nachdem diese enthauptet oder von einem Eisenbahnwaggon überfahren worden waren. Ein brutaler Aufsatz über männliche Seeotter erschien 2010: Man hatte immer wieder beobachtet, wie sie erfolgreich die Kopulation bei Weib-chen erzwungen hatten, wobei diese manchmal ertranken, und in anderen Fällen verursachten die Männchen so schwere Verletzungen (beispielsweise Stichwunden in Bauch und Vagina), dass die Weibchen später starben. Anschließend konnte man zusehen, wie die Männchen noch mehrere Tage

---

[2]Der Autor des Artikels war der Wissenschaftler George Levick aus der Expedition des Captain Robert Falcon Scott von 1910 bis 1912, die mit Scotts Tod endete. Levick bezeichnete die jungen Pinguin-männchen als „Krawallbrüderbanden von einem halben Dutzend oder mehr Tieren, die sich an den Rändern der Hügel herumtreiben und deren Bewohner mit ihren ständigen sittenlosen Handlungen belästigen."

[3]Mein ganzer Respekt gilt dem Autor Ivan Sazima für den Titel seines Berichts: „Corpse bride irresistible: A dead female tegu lizard *(Salvator merianae)* courted by males for two days at an urban park in south-eastern Brazil" („Unwiderstehliche Leichenbraut: Eine tote weibliche Schienenechse *[Salvator merianae]* wird zwei Tage lang in einem Stadtpark im Südosten Brasiliens von Männchen umworben.").

lang mit den Kadavern kopulierten. Noch verblüffender war, dass sie dies nicht nur mit Ottern derselben Spezies taten, sondern auch mit Seehunden.

Vielleicht gibt es keine geeignetere Stelle als diese, um noch einmal darauf hinzuweisen, dass Verhaltensweisen, die wir bei nichtmenschlichen Tieren beobachten, nicht zwangsläufig in einer Beziehung zu unserem eigenen Verhalten stehen. Wie die pathologischen Triebkräfte hinter dem nekrophilen Verhalten bei Menschen auch aussehen mögen, sie haben nichts mit den Motiven anderer Tiere zu tun, denn über diese können wir wissenschaftlich nur spekulieren oder unwissend bleiben.

Nekrophilie ist zwar abstoßend, aber wie sich herausgestellt hat, ist sie von wesentlicher Bedeutung, wenn man mit sorgfältig geplanten Experimenten bestimmte Aspekte der Sexualbiologie verstehen will. Ich habe zuvor bereits die Spermienkonkurrenz erwähnt: Sie ist ein wichtiger Mechanismus, durch den Männchen um Weibchen konkurrieren, weil der Konflikt sich nicht auf der Ebene der Individuen abspielt, sondern in ihrem Ejakulat. Die Männchen mancher Vogelarten scheinen sich nicht großartig darum zu kümmern, ob ihre Partnerin lebendig ist oder nicht, und diese mangelnde Unterscheidungsfähigkeit nutzen Wissenschaftler aus, um biologische Aspekte der Sexualität zu erforschen. Sie suchen nach kürzlich verendeten Vogelweibchen und kleben sie an einen Ast. Die Männchen paaren sich, geben ihr Sperma über den allgemein bekannten Kloakenkuss ab und fliegen dann davon, nachdem sie ihren biologischen Auftrag scheinbar erfüllt haben; anschließend bergen die Wissenschaftler das Ejakulat und analysieren es im Labor.

Sex und Gewalt

Sex ist ein physischer Akt zwischen Individuen, und aus den zuvor erörterten Gründen passen die sexuellen Neigungen von Männchen und Weibchen unter Umständen nicht genau zusammen: Der Stoffwechsel erfordert unterschiedliche Investitionen in Ei- und Samenzellen, und dieses Missverhältnis treibt die sexuelle Selektion an. Aufgrund solcher Evolutionskräfte beobachten wir offenkundige körperliche Unterschiede zwischen Männchen und Weibchen, beispielsweise in der Körpergröße, bei den Genitalien (den primären Geschlechtsmerkmalen), dem Körperschmuck (sekundären Geschlechtsmerkmalen) und im Verhalten. Da bei den sexuellen Triebkräften ein Missverhältnis besteht und da Sexualität außerdem ein körperlicher Akt ist, sind physische Konflikte häufig ein Teil sexueller Begegnungen.

Die Wortwahl in diesem Abschnitt ist absichtlich vorsichtig und geradezu unelegant. Die Sprache, die wir zur Beschreibung sexueller Verhaltensweisen bei nichtmenschlichen Tieren verwenden, wirft Probleme auf. Wir haben bestimmte Ausdrücke für typisch menschliche Verhaltensweisen, und zu ihnen scheint es bei nichtmenschlichen Tieren sehr klare Entsprechungen zugegen. So gibt es mehrere Beispiele für „Sex gegen Bezahlung", unter anderem bei den weiblichen Adélie-Pinguinen, die Steine zum Bau ihrer Nester brauchen, sich mit einem Männchen paaren, an das sie nicht gebunden sind, und sich anschließend einen Kieselstein aus dessen Vorrat nehmen. In der Presseberichterstattung wird so etwas als „Prostitution" bezeichnet. Einer Studie zufolge tauschen Rhesusaffen offenbar eine Ware – in diesem Fall Wasser – dafür ein, dass sie einfach Bilder von Affen

© Springer-Verlag GmbH Deutschland, ein Teil von Springer Nature 2020
A. Rutherford, *Bin ich etwas Besonderes?*, https://doi.org/10.1007/978-3-662-61566-9_17

mit höherem Rang und Fotos der von hinten aufgenommenen Genitalien geschlechtsbereiter Weibchen betrachten dürfen; die Medien berichteten darüber unter der Überschrift „Affen mögen Pay-per-View-Pornographie".

Sexualität bei Tieren erscheint uns häufig gewalttätig. Aber hier müssen wir Vorsicht walten lassen. Bei Menschen ist sexuelle Gewalt ein schweres Verbrechen; Vergewaltigung ist ein weitreichender Gewaltakt und verletzt die Selbstbestimmung. Sie ist aber auch so alt wie die Kultur – Beschreibungen von sexueller Gewalt und Vergewaltigung finden sich schon in den ältesten Texten. Dazu gehören die Vergewaltigung von Hera, Antiope, Europa und Leda, alle durch Zeus; Persephone durch Hades; Odysseus durch Calypso; im Ersten Buch Mose des Alten Testaments gibt Lot seine beiden jungfräulichen Töchter der Vergewaltigung durch eine wütende Menge preis, aber diese lehnt das Angebot ab und wird stattdessen von Engeln mit Blindheit geschlagen. Die Engel setzen Sodom in Brand; Lot und seine Familie flüchten, aber da seine Frau hinter sich blickt, wird sie in eine Salzsäule verwandelt.

Manche Psychologen vermuten, Vergewaltigung könne für Menschen eine Evolutionsstrategie sein.[1] In meinen Augen sind das schlecht durchdachte Spekulationen und vielleicht die destruktivsten, am stärksten umstrittene Version einer „Just-so-Story". Ungeachtet der bedeutenden gesellschaftlichen Folgerungen, die sich aus einem evolutionären Nutzeffekt der Vergewaltigung ergeben würden, kommt die Idee aus rein wissenschaftlicher Sicht kaum über die Stellung einer reinen Vermutung hinaus, was vorwiegend daran liegt, dass sie nur durch unzureichende Daten gestützt wird.[2] Hinter ihr steht wie in großen Teilen der Evolutionspsychologie der Gedanke, dass wir heute die Überbleibsel einer Verhaltensweise sehen, die sich in unserer Vorgeschichte entwickelt hat und von der natürlichen Selektion begünstigt wurde: Wenn Männer im Pleistozän vergewaltigten, zeugten sie mehr Kinder, als wenn sie sich nur einvernehmlich fortpflanzten; demnach konnten Gene, die den erzwungenen Sex erleichterten, sich vermehren und bis heute erhalten bleiben. Einige Argumente für diese Sichtweise lauten ungefähr so: Vergewaltigungsopfer sind meist jung und

---

[1]Am bekanntesten wurde das Buch *A Natural History of Rape: Biological Bases of Sexual Coercion* von Randy Thornhill und Craig Palmer (The MIT Press 2000).

[2]Im Rahmen dieser kurzen Erörterung betrachte ich nur die Vergewaltigung von Frauen durch Männer. Für solche Verbrechen verfügen wir über die meisten Daten. Eine Vergewaltigung von Männern durch Männer (und in geringerem Umfang auch von Frauen durch Frauen) kommt natürlich ebenfalls vor, kann aber nicht zu einer Befruchtung führen; deshalb gibt es für ihre Existenz keine schlüssigen evolutionstheoretischen Argumente.

befinden sich auf dem Höhepunkt der fortpflanzungsfähigen Jahre; deshalb wählen sich Männer ihre Opfer so aus, dass möglichst große Chancen auf eine Schwangerschaft bestehen; zweitens kämpfen Frauen dieses Alters häufiger gegen den Vergewaltiger, was darauf schließen lässt, dass sie mit ihrer eigenen, selbstständigen Partnerwahl eine größere Fortpflanzungsinvestition schützen, und das wiederum deutet darauf hin, dass sie ein wünschenswerteres Ziel für Vergewaltiger sind.

Solche entsetzlichen Argumente sind nicht mehr als unbelegte Behauptungen, die beim leisesten Windstoß umfallen. Schon das erste wirft zahlreiche Probleme auf. Vergewaltigung ist eines der am wenigsten angezeigten Verbrechen: Die statistischen Angaben schwanken, aber sie lassen darauf schließen, dass der allergrößte Teil der Vergewaltigungen in den offiziellen Verbrechensstatistiken nicht auftaucht, weil die Opfer nicht zur Polizei gehen. In Großbritannien wurden 2017 beispielsweise den Schätzungen zufolge nur 15 % aller Vergewaltigungen angezeigt. Wegen solcher Zahlen ist es praktisch unmöglich, eine Gesetzmäßigkeit entsprechend der Behauptung zu formulieren, Vergewaltigung sei vorwiegend ein Angriff von Männern auf Frauen in den fruchtbarsten Jahren, was ein zentraler Aspekt der These ist. Viele Vergewaltiger greifen ältere Frauen an, die sich vermutlich jenseits des fortpflanzungsfähigen Alters befinden oder zumindest weniger fruchtbar sind, und in vielen Fällen werden auch Kinder vergewaltigt, bei denen eine Befruchtung unmöglich ist. Ein beträchtlicher Anteil der Vergewaltigungen findet in Ehen oder langjährigen, monogamen Beziehungen statt, belastbare statistische Angaben über die Vergewaltigung durch Partner gibt es aber nicht. Dennoch ist die sexuelle Gewalt unter Partnern ein ernsthaftes Gegenargument gegen den Gedanken, Vergewaltigung sei ein Mittel, um Gene weiter zu verbreiten als durch einvernehmlichen Verkehr. Selbst wenn eine dieser Behauptungen durch Tatsachen gestützt würde – was nicht der Fall ist –, müsste eine evolutionstheoretische Erklärung das entscheidende Argument beinhalten, das ein Maß für den Evolutionserfolg ist: Männer, die vergewaltigen, müssten mehr Kinder haben als solche, die es nicht tun. Zu diesem Thema haben wir keine Daten, und nichts lässt darauf schließen, dass es tatsächlich so sein könnte.

Die Vertreter der Ansicht, Vergewaltigung sei eine Evolutionsstrategie, liefern auch ihr eigenes Gegenargument: Wenn Vergewaltigung keine unmittelbare Grundlage in der Evolution hat, ist sie deren Nebenprodukt. Auch das ist eine hohle Aussage, denn wie wir bereits erfahren haben, sind alle Verhaltensweisen Nebenprodukte der Evolution. Sie bedeutet nicht, dass es sich um Anpassungen handeln würde, die gezielt selektiert wurden. Eine Begabung für Eistanz oder Flaschentauchen wurde nicht direkt von der Natur selektioniert und konnte nicht von ihr selektioniert werden; demnach sind dies ebenfalls Nebenprodukte unseres durch Evolution entstandenen Gehirns, unseres Geistes und unseres Körpers. Da das Argument so schwach ist, wird unausgesprochen gesagt, das Argument der natürlichen Selektion sei stark. Aber das stimmt nicht. Die Behauptung, Vergewaltigung habe ihre naturgeschichtlichen Wurzeln unmittelbar in einer biologischen Strategie, dürfte ein Tiefpunkt der Evolutionspsychologie sein. Wenn man sich darüber lustig macht, indem man es als „Just-so-Story" bezeichnet, tut man seiner intellektuellen Leere noch zu viel Ehre an.

Das alles wirft viele Probleme auf, wenn wir uns dem Sexualverhalten anderer Tiere zuwenden. Hier gibt es viele Beispiele für sexuelle Gewalt oder offensichtlich erzwungene Sexualität, aber die Frage, ob wir irgendetwas davon als Vergewaltigung bezeichnen können, ist schwierig. Das Wort hat eine ganz bestimmte juristische Bedeutung, und nach den meisten Definitionen gehört dazu, dass das Opfer nicht ausdrücklich zugestimmt hat. Eine solche Definition trifft nur auf Tiere der Spezies Mensch zu, und wir sollten sehr vorsichtig sein, wenn wir das Wort „Vergewaltigung" auf irgendeine andere biologische Art anwenden, denn das Konzept der Zustimmung ist für nichtmenschliche Tiere nicht ohne Weiteres zu gebrauchen.

Erzwungener Sex kommt aber ebenso häufig vor wie die Aggression von Männchen gegenüber Weibchen (das Umgekehrte ist selten). Erzwungene Paarungsakte beobachtet man bei Tieren von den Guppys bis zu den Orang-Utans. Die Weibchen wehren sich gegen die Kopulation, aber dies wird von den Männchen ignoriert. Schimpansen beißen die Weibchen, greifen sie an, kratzen sie und wedeln mit Zweigen, um sie zur Unterwerfung zu zwingen.

Es gibt auch andere, subtilere Zwangstaktiken. Männliche und weibliche Molche betreiben den „Amplexus", eine Art Umarmungsringkampf; das Gleiche tun auch viele Tiere, die sich der äußeren Befruchtung bedienen, aber beim Grünlichen Wassermolch () ist dies nicht der Geschlechtsakt selbst. Das Männchen legt vielmehr im Anschluss an den Ringkampf eine Spermatophore ab, ein kleines Samenpaket, und das Weibchen entschließt sich entweder, es aufzunehmen, oder es läuft weg. Die Männchen versuchen aber, das Gleichgewicht zu ihren Gunsten zu verschieben, indem sie während der Umarmung ausgeschiedene Hormone in die Haut des Weibchens reiben, was bewirkt, dass sie den Samen mit größerer Wahrscheinlichkeit aufnimmt. Letztlich setzt das Männchen also das Weibchen unter Drogen.

Eine andere Taktik wird als Einschüchterung bezeichnet, besser würde man jedoch vielleicht von sexueller Schikane sprechen. Wasserläufer der Spezies *Gerris gracilicornis* tragen im Gegensatz zu vielen anderen Arten der Gattung einen Schutz über den Genitalien, eine Art natürlichen Keuschheitsgürtel. Die Paarung mit einem Männchen ist nur möglich, wenn sie ihre Genitalien freiwillig offenlegen. In der Evolution hat sich diese physische Schranke entwickelt, um den sexuellen Zwang zu verhindern, mit dem Männchen ein Weibchen einfach niederringen und besteigen können, sodass sie ihn abwehren muss – was anstrengend ist – oder nachgibt. Für *G. gracilicornis* sollte sexueller Zwang also kein Thema mehr sein. Aber wie man so oft sagt: Die Evolution ist schlauer als wir. In diesem Fall ist sie auch viel hinterhältiger. Die Wasserläufermännchen klopfen mit einer bestimmten Frequenz auf die Wasseroberfläche und machen damit eine andere Insektenart, die Ruderwanzen, auf die Weibchen aufmerksam. Ruderwanzen fressen Wasserläufer. Das Weibchen reagiert auf die Bedrohung, indem es dem Männchen die Paarung gestattet, damit er mit dem Klopfen aufhört und so den potenziell tödlichen Angriff verhindert.

Solche Zwangsakte zeigen, welch erstaunliche Mühe die Evolution darauf verwendet hat, den Rüstungswettlauf der Genitalien zwischen Männchen und Weibchen zu organisieren. Die Verhaltensweisen sehen zwar vielfach ähnlich aus wie bei Menschen, und wir bedienen uns dafür auch einer vertrauten Sprache, aber in dem Vergleich kann man keine Homologie sehen. Im Allgemeinen sind die Weibchen wählerisch und die Männchen handeln wahllos, was sich durch die mathematische Betrachtung der Strategien erklären lässt. Das muss auch so sein: Belästigung, Einschüchterung und unverblümte Gewalt haben für die Weibchen ihren Preis, und dieser kann ihre Fortpflanzungsfähigkeit insgesamt beeinträchtigen – sei es durch Verletzungen, ein höheres Risiko, gefressen zu werden, oder einfach weil sie weniger Zeit für Sex mit bevorzugten Männchen haben. Wie die Strategie auch im Einzelnen aussieht: Im Allgemeinen ist es die Taktik der Weibchen, mit evolutionsbedingten Merkmalen den Preis des Zwangs zu vermindern.

Nicht immer lässt sich die Gewalt bei der Sexualität einfach erklären. Im Fall der zuvor erwähnten Seeotter kann man vernünftigerweise davon ausgehen, dass die Weibchen nicht so heftig penetriert werden wollen, dass sie dabei sterben; eine solche Evolutionsstrategie ließe sich nur schwer erklären. Das Weibchen zahlt hier den höchstmöglichen Preis, aber auch dem Männchen nützt es nichts: Ein totes Weibchen bekommt keine Jungen, und seine Gene überdauern nicht. Noch rätselhafter wird das Verhalten, weil die männlichen Otter die gleichen Gewalttaten auch gegenüber einer anderen Art verüben, den Seehunden. Dort besteht keine Chance auf eine Schwangerschaft, und doch leiden die Opfer unter ähnlich tödlichen Folgen. Die Tötung lässt sich vielleicht erklären, weil beide Arten um Ressourcen konkurrieren, aber dass sie mit den Kadavern kopulieren, ist rätselhaft.

Die Natur ist „rot an Zähnen und Klauen", wie Alfred Lord Tennyson in seinem Gedicht *In Memoriam A.H.H.* schrieb. Ich gehe davon aus, dass er damit keine Molche oder Wasserläufer meinte. In der heute berühmten Zeile ging es Tennyson in der Zeit vor Darwin um die scheinbare Herzlosigkeit der Natur. In Wirklichkeit ist die Natur nicht grausam, sondern schlicht gleichgültig, und solche Verhaltensweisen sind kein Anzeichen für Boshaftigkeit, sondern sie zeigen eine Missachtung anderer Lebewesen. Nur Menschen sind zu Grausamkeit fähig, und sexueller Zwang und Vergewaltigung sind unmoralische, verbrecherische Taten. Wenn man das Verhalten anderer Tiere mit solchen Begriffen beschreibt, verniedlicht man die Vergewaltigung.

Allerdings müssen wir über Delfine reden, denn deren Sexualverhalten ist beunruhigend und wird vielfach diskutiert. Wir haben zu den Delfinen eine eigenartige Beziehung. Oft staunen wir über ihre Intelligenz und Eleganz, aber auch darüber, welche Kunststücke sie für uns in Gefangenschaft und in freier Wildbahn vollführen; außerdem haben sie ein nettes, lächelndes Gesicht. „Delfin" ist ein lockerer, informeller Name für mehrere Gruppen von Meeressäugern, darunter die Delphinidae (Meeresdelfine) und drei Klassen, die in Flüssen oder Flussmündungen leben (in Indien, in der Neuen Welt und im Brackwasser).[3] Sie sind klug und haben ein großes, komplexes Gehirn (siehe Kap. 4), bilden aber auch komplexe Gesellschaften. Das gilt insbesondere (aber sicher nicht ausschließlich) für die Tümmler, die besonders in der australischen Shark Bay eingehend untersucht wurden. Zwei oder drei Männchen bilden eine Gruppe, die gemeinsam schwimmt und auf die Jagd geht und deshalb als Paar oder Trio „erster Ordnung" bezeichnet wird. Manchmal tun sich zwei Paare zusammen – ein Bündnis zweiter Ordnung.

Die Tümmler von der Shark Bay sind aber auch von heimtückischer Gewalttätigkeit. Wenn die Paarungssaison näher rückt, kommt es wie

---

[3]Eine weitere Gattung ist der Baiji oder Jangtse-Flussdelfin, aber das letzte Exemplar wurde offiziell 2002 gesehen. Eine mögliche Sichtung im Jahr 2007 ließ sich nicht belegen, durch sie ändert sich aber auch nichts an seiner Stellung als ausgestorbene Spezies. Vielleicht war es der letzte oder zweitletzte, aber eigentlich spielt das keine Rolle. Wenn eine Population bis auf ein oder zwei Exemplare geschrumpft ist, besteht für den Erhalt der Spezies keine Hoffnung mehr.

bei vielen sexuellen Arten zu hitziger Konkurrenz um den Zugang zu den Weibchen. In der Natur spielt sich dieser Wettbewerb vorwiegend zwischen einzelnen Männchen ab. Die Tümmler haben eine andere Taktik: Sie bilden Banden. Solche Allianzen sind ein unverzichtbarer Bestandteil der männlichen Paarungsstrategie: Eine Gruppe erster Ordnung greift sich ein Weibchen heraus; die Männchen schwimmen auf sie zu und treiben sie von den anderen weg, um sich mit ihr zu paaren. Das geschieht unter Zwang (so jedenfalls die allgemeine Annahme – beobachtet wird es selten). Während der aggressiven Entführung versuchen die Weibchen immer wieder zu entkommen, und ungefähr bei jedem vierten Versuch gelingt es ihnen auch. Die Männchen beschränken ihre Versuche der Freiheitsberaubung darauf, auf das Weibchen zuzustürmen und sie mit dem Schwanz zu schlagen, mit dem Kopf zu stoßen, zu beißen und sie mit Körperstößen zum Nachgeben zu bewegen. Allianzen zweiter Ordnung tun das Gleiche, aber durch die Teambildung kommen dann fünf oder sechs Männchen auf ein Weibchen. Die Männchen in einem solchen Bündnis sind oft eng verwandt; als Mittel zur Weitergabe ihrer Gene in die Zukunft passt ihr Verhalten also hervorragend in die Evolutionstheorie. Gelegentlich bilden sich auch lockere „Überallianzen", in denen mehrere Gruppen zweiter Ordnung – insgesamt bis zu 14 Männchen – mit vereinten Kräften ein einzelnes Weibchen in die Enge treiben. Die Mitglieder solcher Gruppen sind in der Regel nicht eng verwandt.

Man sollte festhalten, dass die erzwungene Kopulation, soweit mir bekannt ist, nie unmittelbar beobachtet wurde. Die Indizien stammen aus Beobachtungen am Verhalten vor der Kopulation und an der körperlichen Gewalt gegenüber den Weibchen. Viele Menschen sagen halb im Scherz, Delfine würden im Gegensatz zu ihrem scharfsinnigen, schlauen Image vergewaltigen. Es besteht kein Zweifel, dass sexueller Zwang wie bei vielen anderen Lebewesen zu ihrer Fortpflanzungsstrategie gehört. Sie verhalten sich gewalttätig, aber wir müssen vorsichtig sein und darauf achten, dass wir ihr Verhalten, ob scharfsinnig, schlau oder entsetzlich, nicht vermenschlichen.

Eine weitere unangenehme Verhaltensweise, die man bei Delfinen beobachtet, ist die Tötung von Jungtieren. Auch dies wird in der Laienpresse gern als Mord bezeichnet, man sollte aber festhalten, dass auch Männchen und Weibchen vieler anderer Arten die Jungen von Artgenossen im Rahmen ihrer Fortpflanzungsstrategie töten. Ein Löwenweibchen produziert mehr als ein Jahr lang Milch, wenn sie Jungtiere ernährt, und paart sich während dieser Zeit nicht. Häufig töten Männchen allein oder im Rudel die Jungen, damit die Mutter wieder fruchtbar wird und sie selbst dann Nachwuchs zeugen können. In Tansania hat man beobachtet, wie Schimpansenteams aus Mutter und Tochter die Babys anderer Eltern töten und fressen – die Gründe sind in diesem Fall nicht geklärt. Bei den Grünmeerkatzen töten Alphaweibchen den Nachwuchs untergeordneter Weibchen, damit diese bei der Ernährung des Wurfes der Alphamutter helfen können. Gepardenweibchen umgehen alle diese Schwierigkeiten, indem sie sich mit mehreren Männchen paaren; in ihrem Körper vermischen sich die Samenzellen, sodass jedes ihrer Jungen einen anderen Vater hat.

Es gibt eine Fülle von Berichten über junge Delfine, die mit umfangreichen Verletzungen an Stränden angespült wurden. Eine Studie aus den 1990er-Jahren spricht von neun Tieren, die an Verletzungen durch stumpfe Schläge gestorben waren; unter anderem hatten sie mehrfache Rippenbrüche, Lungenrisse und tiefe Stichwunden, wie sie durch Bisse erwachsener Delfine entstanden sein könnten.

Sind Delfine demnach Mörder oder Vergewaltiger? Nein. Wir können juristische Begriffe der Menschen nicht auf andere Tiere anwenden. Ist ihr Verhalten für uns abstoßend? Ja, aber auch hier gilt: Die Natur kümmert sich nicht darum, was wir denken.

Dieser kleine Rundgang durch einige eher grausige Aspekte im Tierverhalten soll uns daran erinnern, dass die Natur brutal sein kann. Der Kampf ums Dasein bedeutet Konkurrenz, und Konkurrenz führt zu Konflikten, ja manchmal auch zu tödlicher Gewalt. Wir erkennen solche Verhaltensweisen wieder, weil auch Menschen untereinander in Konkurrenz stehen und entsetzlich gewalttätig sein können. Aber wir sind nicht gezwungen, Gewalt auszuüben. Die Evolution unseres Geistes hat uns die Fähigkeit zur Konstruktion von Hilfsmitteln verliehen, mit denen wir Massaker verüben können. Sie hat uns aber auch mit einer Entscheidungsfreiheit ausgestattet, die unseren Vettern aus der Evolution nicht zur Verfügung steht. Wir sind anders, weil wir mit unserem modernen Verhalten unseren eigenen Kampf ums Dasein von der Brutalität der Natur abgekoppelt haben, sodass wir nicht mehr gezwungen sind, andere zu töten oder Frauen zum Sex zu zwingen, um damit unser Überleben zu sichern. Damit stellt sich die Frage: Wie kam es dazu?

Teil II

Das Muster der Tiere

Jeder ist etwas Besonderes

In seiner *Abstammung des Menschen* beschäftigt sich Darwin mit dem Unterschied zwischen dem Geist von Menschen und anderen Lebewesen. Er spekuliert über die kognitiven Fähigkeiten eines hypothetischen Menschenaffen und stellt fest, dieser könne zwar eine Nuss mit einem Stein knacken, er sei aber nicht in der Lage, aus dem gleichen Stein ein Werkzeug herzustellen. Außerdem sei ein solcher Menschenaffe nicht in der Lage, „einem Gedankengang metaphysischer Betrachtungen zu folgen oder ein mathematisches Problem zu lösen, oder über Gott zu reflektieren, oder eine große Naturszene zu bewundern" (*Die Abstammung des Menschen* von C. Darwin, Nachdruck Wiesbaden: Fourier 1966, S. 138/139).

im weiteren Verlauf stellt Darwin jedoch die Vermutung an, „Empfindungen und Eindrücke, die verschiedenen Erregungen und Fähigkeiten, wie Liebe, Gedächtnis, Aufmerksamkeit, Neugierde, Nachahmung, Verstand" (ebd., S. 139) könnten sich ansatzweise auch bei anderen Tieren finden. Er schreibt, der Unterschied im Geist der Menschen und anderer Tiere sei „nur eine Verschiedenheit des Grads und nicht der Art".

Dieser Absatz ist ein sehr schönes Stück Prosa, und seine denkwürdige Formulierung wurde auch in Fachgebieten weit außerhalb der biologischen Evolutionsforschung zur Beschreibung von Dingen verwendet, die sich nicht grundlegend, sondern nur durch ihre Stellung innerhalb eines Spektrums unterscheiden.

Aber was seine ursprüngliche Bedeutung in Zusammenhang mit unserer eigenen Evolution angeht, bin ich mir nicht mehr sicher, ob er stimmt. Wie wir bereits erfahren haben, unterscheiden wir uns von anderen Tieren

© Springer-Verlag GmbH Deutschland, ein Teil von Springer Nature 2020
A. Rutherford, *Bin ich etwas Besonderes?*, https://doi.org/10.1007/978-3-662-61566-9_18

in Technik, Sexualität und Mode. Aber die Folgerung, die Unterschiede zwischen ihnen und uns seien durch unsere relativen Positionen in einer Abstammungslinie vorgegeben, ist fraglich. Wir gebrauchen Werkzeuge auf eine so viel höher entwickelte Weise als eine Krähe, ein Delfin oder selbst ein Schimpanse, dass es nicht gerechtfertigt erscheint, dies einfach auf eine weiterentwickelte Position in einem Spektrum zurückzuführen. Unsere sexuellen Bestrebungen und Neigungen mögen dem Verhalten mancher anderer Tiere ähneln, aber das überschwängliche Sexualverhalten der Bonobos hat eine ganz andere soziale Funktion, auch wenn uns seine verschiedenen physischen Ausdrucksformen vertraut vorkommen. Andererseits unterscheidet sich unsere Vorliebe für Oralsex vielleicht nicht nennenswert von der jener beiden ungewöhnlichen Bären in Zagreb. Ist Julies Zweig im Ohr nur eine einfachere, rudimentäre Version einer extravaganten Mode, mit der wir uns heute schmücken?

Unsere Kultur übertrifft nicht nur alle anderen in ihrer Raffinesse, sondern sie existiert bei anderen Arten schlicht und einfach nicht, und von den Wegen, auf denen unser Wissen unter Zeitgenossen und über die Generationen kursiert, hat außerhalb der Gattung *Homo* kaum jemand überhaupt eine Ahnung.

Vielleicht ist die Formulierung von der „Verschiedenheit des Grads und nicht der Art" zu einfach, zu zweigeteilt, als dass sie von Nutzen sein könnte, wenn wir die Geschichte des Tiers namens Mensch verstehen wollen. Vielleicht sollten wir einfach die Vielschichtigkeit unserer Evolution genießen und ohne Hochmut oder Urteil einräumen, dass wir anders sind.

Wie kam es dazu? Warum sind wir anders? Wir sind verzweifelt bemüht, ihn zu finden, den Schalter, der uns von einem Tier zum anderen gemacht hat, den Faktor, durch den wir zu Menschen wurden. In unseren Geschichten und bis zu einem gewissen Grade auch in der Wissenschaft sind wir begierig auf Auslöser. Wir suchen nach Klarheit und hoffen auf befriedigende Narrative, die uns auf unserer Suche den Prozess offenbaren, durch den wir zu Menschen wurden.

Die Sache hat nur einen Haken: So funktioniert Evolution nicht. Selbst wenn man eine solche Geschichte nur als Metapher für einen echten Übergang in unserer Entstehungsgeschichte betrachtet, postuliert sie einen Wechsel, der nie stattgefunden hat. Natürlich gibt es in der Geschichte des Lebendigen auf der Erde immer wieder Scheidewege. Solche entscheidenden Ereignisse sind selten, und zwischen ihnen liegen große Abstände, aber es sind einzigartige Zeitpunkte, an denen der Verlauf der Evolution sich ein für alle Mal veränderte. Ein Beispiel ist die Geburt komplexer Lebensformen vor rund zwei Milliarden Jahren: Eine Zelle kroch in eine andere und legte so den Samen für alles, was im Stammbaum des Lebens danach kam. Dies ist offensichtlich nur einmal geschehen. Ebenso gab es nur einmal einen Meteoriten, der das Ende der 150 Mio. Jahre währenden Dinosaurierherrschaft einläutete und damit in der Umwelt die Nischen freimachte, in denen kleine Säugetiere und kleine Vögel gedeihen konnten. Das sind unbestreitbar Ereignisse, durch die sich alles von einem Tag auf den anderen veränderte, in der Regel verläuft die Evolution des Lebendigen aber ganz ähnlich wie unser eigenes Leben: chaotisch und langsam. Es wird vielleicht durch besondere Augenblicke unterbrochen, meist aber sind wir das stillschweigende Ergebnis von vier Milliarden Jahren der Biologie und einiger Jahre, in denen wir unter anderen Organismen und in unserer Umwelt gelebt haben.

Unsere eigene Geschichte zu betrachten, ist nicht einfach. Wir haben nur spärliche Belege aus der Vorgeschichte und stellen uns aus Bruchstücken unserer Vergangenheit ein Narrativ zusammen. Dass wir unsere eigene Evolution und unser Dasein wirklich durchschauen, wird durch zwei Faktoren beträchtlich behindert. Die Zeit spielt gegen uns. Wenn es um Evolution geht, haben wir es mit unbegreiflich langen Zeiträumen zu tun, die in nahezu keinem Verhältnis zu einem einzelnen Leben stehen. Sinnvoll nachdenken können wir über zwei oder vielleicht drei Generationen von uns aus in beiden Richtungen – bis zu unseren Urgroßeltern oder Urenkeln. Wenn es aber um die Anfänge unserer Spezies geht, reden wir über Tausende von Generationen. Der *Homo habilis* zum Beispiel entstand vor mehr als zwei Millionen Jahren, einem Zeitraum, in dem Hunderttausende von Generationen aufeinander folgten.

Und es gibt noch einen weiteren Haken. Wir können einzigartige Augenblicke oder einzelne Ursachen geistig leichter verarbeiten als undurchschaubare Prozesse, die sich im Laufe von Jahrmillionen abgespielt haben. Die Wissenschaft hat ungewollt dafür gesorgt, dass die Einzelbetrachtung und Linearität bei der Aufklärung von Komplexität begünstigt wurde, denn nur so können wir stark integrierte Systeme wie unseren Körper, unseren Geist oder unsere Evolutionsvergangenheit analysieren. Wir finden in der Erde einen Zahn oder ein Zungenbein aus längst vergangenen Zeiten, bemühen uns darum, daraus alle nur denkbaren Daten zu gewinnen, und fügen diese in das größere Bild des Lebens vorzeitlicher Menschen ein. Oder wir nehmen ein Gen und untersuchen, wie es sich bei den Menschen verändert hat und wohin sie dieses Gen in der ganzen Welt gebracht haben. Jedes derartige Element ist nur ein Teil in einem riesigen, vierdimensionalen Puzzle; vier Dimensionen sind es, weil Lebewesen sich nicht nur durch den physischen Raum bewegen, sondern auch durch die Zeit. Alles, was unsere

Spezies tut, ist einzigartig, und doch beobachtet man es auch überall in der Natur.

Also analysieren wir an uns selbst herum, formulieren ständig neue Ideen und neue Daten und sind bestrebt, die vorgefassten Ansichten oder den Ballast, die uns am Verstehen unserer eigenen Geschichte hindern könnten, zu ignorieren oder wegzubürsten.

Aber warum sind wir denn nun anders? Wenn wir die biologische von der kulturellen Evolution trennen, schaffen wir eine falsche Grenze, denn in Wirklichkeit sind beide eng verzahnt – die Biologie treibt die Kultur an und umgekehrt; andererseits müssen wir aber die Einzelteile des Puzzles genau betrachten, bevor wir sie zusammensetzen können. Beschäftigen wir uns also zunächst mit der Biologie, und unter Evolutionsgesichtspunkten bedeutet das: mit der DNA.

Gene, Knochen und Geist

Gene sind die Einheiten der Vererbung, die Gebilde, die von der Natur selektioniert und in die Zukunft getragen werden. Die Natur sieht die körperliche Ausdrucksform eines Gens – den Phänotyp –, und wenn dieses Merkmal dem Überleben dient, hat die dahinter stehende DNA Erfolg und wird durch die Generationen weitergegeben. Gene sind die Matrizen, an denen unser Leben aufgebaut wird.

Unsere Kenntnisse darüber, wie DNA in ein Lebewesen umgesetzt wird, haben in den letzten Jahren einen grundlegenden Wandel erlebt. Das hatte zwei Gründe. Erstens sind wir ständig weiter der Frage nachgegangen, wie der Code eigentlich funktioniert, wie Gene für die natürlichen Variationen zwischen den Menschen sorgen, wie diese Variationen aussehen und sich rund um die Welt verbreitet haben, und wie fehlerhafte Gene eine Krankheit verursachen können. In der genetischen Information verbergen sich biologische Daten, die in den Genen festgeschrieben sind; sie liegen versteckt in den drei Milliarden Buchstaben der DNA, verteilen sich über 23 Chromosomen und drängen sich in einem kleinen Klumpen – dem Zellkern – in der Mitte der meisten Zellen. Im Wesentlichen haben wir alle die gleiche Genausstattung, aber die individuelle Ausprägungsform eines Gens ist bei jedem Individuum ein wenig anders, und in diesen Unterschieden liegen die natürlichen Variationen zwischen den Menschen. Auch wenn wir mit unseren Kenntnissen noch ganz am Anfang stehen, verstehen wir immer besser, wie Genome funktionieren und wie aus der grundlegenden Sequenz der Buchstaben lebendige Biologie wird. Je enger zwei Individuen verwandt sind, desto stärker ähneln sich ihre Gene. Das gilt für Familien

© Springer-Verlag GmbH Deutschland, ein Teil von Springer Nature 2020
A. Rutherford, *Bin ich etwas Besonderes?*, https://doi.org/10.1007/978-3-662-61566-9_19

ebenso wie innerhalb der Arten und über Artgrenzen hinweg. Da wir die gleichen Gene besitzen, können wir die Unterschiede zwischen ihnen im Einzelnen vergleichen und herausfinden, ob sie etwas zu bedeuten haben oder nicht. Im US-amerikanischen und im britischen Englisch werden viele Wörter unterschiedlich geschrieben, aber die *colour grey* ist auf beiden Seiten des Atlantiks das Gleiche wie die *color gray* – die Bedeutung bleibt trotz der unterschiedlichen Rechtschreibung bestehen. Andererseits unterscheiden sich *appeal* und *appal* nur in einem Buchstaben, aber die Auslassung verkehrt den Sinn fast ins Gegenteil. Die DNA verändert sich im Laufe der Zeit geringfügig durch die genetische Entsprechung zu Tippfehlern – Fehler in der Buchstabenfolge, die durchrutschen, weil die Proteine, die die Information nach der Verdoppelung überprüfen, ungenaue Korrekturen anbringen. Solche Fehler sammeln sich in einem recht gleichbleibenden Tempo an, das heißt, man kann die Unterschiede zwischen den Genen von Individuen und Arten wie eine Uhr betrachten: Sie begann zu ticken, als die Tippfehler in der Samen- oder Eizelle eines Vorfahren entstanden, und wurde dann an die Kinder weitergegeben. Nachdem man in den letzten Jahren bei der Sequenzierung von Genomen große Fortschritte gemacht hat, können wir heute die biologische Information einfach, kostengünstig und schnell entziffern; mittlerweile besitzen wir viele Petabyte an DNA-Daten von Millionen lebenden Menschen und anderen Tieren.

Der zweite Grund, warum sich die Genetik in den letzten Jahren drastisch gewandelt hat, wurde zuvor bereits in anderem Zusammenhang genannt: Wir wenden die neuen Methoden auf die Genome von Menschen an, die bereits seit Jahren, Jahrzehnten, Jahrhunderten oder sogar Jahrhunderttausenden tot sind. DNA ist ein bemerkenswert stabiler Datenspeicher. In der lebenden Zelle wird sie durch aktive Instandhaltung geschützt: Proteine überprüfen die Buchstabenreihenfolge, redigieren sie und stellen sicher, dass die Zahl der Fehler bei jeder Verdoppelung begrenzt bleibt. In einer toten Zelle findet dieses Korrekturlesen nicht mehr statt, aber ihre DNA kann über Jahrtausende erhalten bleiben, wenn die richtigen Voraussetzungen gegeben sind – vorzugsweise sollte es trocken und kalt sein, und es sollten sich möglichst wenig andere Lebewesen in der Umgebung befinden. Mit den Genen der Toten können wir genetische Verwandtschaftsbeziehungen rekonstruieren, die ansonsten im Nebel der Vergangenheit verschwunden wären.

Durch solche Fortschritte in der Genetik sind wir mit unseren Kenntnissen über die Vererbung in einem neuen Zeitalter angekommen. Möglich wurde das durch die Verarbeitung ungeheurer Datenmengen in Form von Genomsequenzen, bei deren Analyse man auch zarte, verborgene

Gesetzmäßigkeiten erkennt, die sich nur mit leistungsfähigen statistischen Methoden nachweisen lassen. Mit solchen neuen Hilfsmitteln können wir immer besser verstehen, wie sich die Frühmenschen in die Lebewesen verwandelten, die wir heute sind.

24 − 2 = 23

Arten werden nicht nach ihrer DNA definiert, sondern aufgrund ihrer Morphologie. Diese systematische Einteilung hat historische Gründe: Nach dem heutigen System werden Lebewesen klassifiziert, seit Carl von Linné im 18. Jahrhundert die Binominalnomenklatur entwickelte: Auf die Gattungsbezeichnung folgt der Artname – *Homo* und *sapiens, Pan* und *troglodytes*. Jeder Mensch hat ein einzigartiges Genom, aber alle ähneln sich stark, und so können wir sicher sein, dass wir alle zu derselben Spezies gehören. Entscheidend ist unter anderem, dass sämtliche heute lebenden Menschen in der Regel die gleiche Zahl von Chromosomen besitzen.[1] Jedes Chromosom ist ein langer DNA-Faden, und einzelne Abschnitte dieses Fadens sind die Gene; diese – beim Menschen rund 20.000 – verteilen sich auf 23 Chromosomenpaare. Bei Gorillas, Schimpansen, Bonobos und Orang-Utans sind es 24.

Die Chromosomen sind alle unterschiedlich groß. Eines der größten bei uns ist die Nummer 2: Es repräsentiert ungefähr acht Prozent unserer DNA und enthält rund 1200 Gene. Es ist so groß, weil irgendwann vielleicht vor sechs oder sieben Millionen Jahren eine Angehörige der gemeinsamen Vorläuferspezies aller Menschenaffen ein Kind mit einer umfangreichen

---

[1]Es gibt eine Handvoll Chromosomenanomalien, die mit dem Leben vereinbar sind; solche Menschen haben zusätzliche oder in einigen Fällen auch zu wenige Chromosomen. Am bekanntesten ist das Down-Syndrom, bei dem das Chromosom 21 nicht wie sonst üblich mit zwei, sondern mit drei Exemplaren vertreten ist; es gibt aber auch Besonderheiten wie das Klinefelter-Syndrom (ein Mann mit einem zusätzlichen X-Chromosom, also mit der Kombination XXY) und das Turner-Syndrom (eine Frau mit einem X-Chromosom ohne Gegenstück).

© Springer-Verlag GmbH Deutschland, ein Teil von Springer Nature 2020
A. Rutherford, *Bin ich etwas Besonderes?*, https://doi.org/10.1007/978-3-662-61566-9_20

Chromosomenanomalie zur Welt brachte. Bei der Bildung der Ei- und Samenzelle, durch deren Verschmelzung dieses neue Leben entstand, wurden nicht alle Chromosomen fehlerfrei kopiert, sondern zwei von ihnen trafen zusammen und verbanden sich. Legt man alle Chromosomen von Menschenaffen nebeneinander, so erkennt man sehr deutlich, dass die Gene unseres Chromosoms Nummer 2 sich bei Schimpansen, Orang-Utans, Bonobos und Gorillas auf zwei verschiedene Chromosomen verteilen.

Mutationen dieser Größenordnung sind in den meisten Fällen absolut tödlich oder verursachen schreckliche Krankheiten, aber dieser Menschenaffe hatte Glück: Er wurde mit einem vollständig funktionsfähigen Genom geboren, das sich deutlich von dem seiner Eltern unterschied. Von nun an gab es eine Abstammungslinie mit 23 Chromosomenpaaren, und die blieb auf dem ganzen Weg bis zu uns erhalten.

Heute kennen wir die vollständigen Genome anderer Menschentypen, so der Neandertaler und der Denisova-Menschen, aber leider lässt sich die Chromosomenzahl an den DNA-Bruchstücken, die wir aus ihren Knochen gewinnen können, nicht ablesen. Aufgrund ihrer Verwandtschaft kann man zwar mit Fug und Recht vermuten, dass sie ebenfalls 23 Paare besaßen, aber absolut sicher könnten wir erst sein, wenn wir aus den wenigen DNA-haltigen Knochen Stichproben von besserer Qualität gewonnen haben. Wir wissen, dass unsere Vorfahren sich mit ihnen kreuzten, und eine unterschiedliche Chromosomenzahl ist oft ein sehr handfestes Hindernis für den Fortpflanzungserfolg; das gilt allerdings nicht immer: An den heutigen Pferdeartigen – das heißt an den verschiedenen Arten von Pferden, Eseln und Zebras – erkennt man deutliche Anhaltspunkte dafür, dass sie sich untereinander gekreuzt haben, obwohl ihre Chromosomenzahl zwischen 16 und 31 Paaren schwankt. Wie das möglich war, hat allerdings bis heute niemand herausgefunden.

Aus den meisten Überresten des prähistorischen Menschenstammbaumes konnten wir bisher keine DNA gewinnen, und vielleicht wird das auch nie möglich sein: Viele Funde von Überresten unserer Vorfahren stammen aus Afrika, wo die Wärme eine Erhaltung der DNA mehr oder weniger unmöglich macht. Wahrscheinlich hatten alle Menschenaffen seit Abspaltung der Linie, die zu Schimpansen, Bonobos, Gorillas und Orang-Utans führte, 23 Chromosomenpaare.

Gene werden in Proteine umgeschrieben, und Proteine führen im Organismus spezialisierte Tätigkeiten aus. Dazu gehört alles Mögliche, von der Bildung der Haare über die Fasern in den Muskelzellen und die Herstellung von Bestandteilen für Fett- oder Knochenzellen bis hin zu den Enzymen, Katalysatoren, die Nahrung, Energie oder Abfallstoffe umsetzen.

Geringfügige Abweichungen in den Genen führen zu Veränderungen von Form oder Leistungsfähigkeit der Proteine; deshalb haben manche Menschen blaue und andere braune Augen[2], manche Menschen können Milch auch nach der Entwöhnung als Säuglinge noch verdauen, während die meisten anderen dazu nicht in der Lage sind, und der Urin mancher Menschen hat einen besonderen Geruch, wenn sie Spargel gegessen haben, bei anderen Menschen ist das nicht der Fall (und manche Menschen können es riechen, andere nicht). Aus genetischen Variationen werden körperliche Variationen. Die genaue DNA-Sequenz eines Organismus bezeichnen wir als Genotyp, die darin codierten körperlichen Merkmale bilden gemeinsam den Phänotyp.

DNA verändert sich nach dem Zufallsprinzip, und diese Mutationen unterliegen dann der Selektion: Ist der Phänotyp für das Überleben des Organismus nützlich oder hinderlich? Schädliche Mutationen werden in der Regel im Laufe der Zeit ausgemerzt, weil sie die Gesamtfitness des Lebewesens, das sie trägt, beeinträchtigen; nützliche Mutationen breiten sich aus. Manchmal geschieht beides ein wenig: Eine defekte Form des Gens für beta-Globin schützt vor Malaria; wer aber zwei Kopien davon besitzt, bekommt die Sichelzellenkrankheit. Viele Gene „driften" einfach – das heißt, die genetische Mutation führt zu einer Veränderung, die weder gut noch schlecht ist.

Wir tragen zwar nahezu die gleiche Genausstattung wie die anderen Menschenaffen, viele dieser Gene sind aber ein wenig anders, und einige sind im Genom des Menschen sogar ganz neu. Solche Unterschiede machen uns aus. Gene und Genome können sich im Laufe der Generationen auf vielfache Weise verändern und neue Information schaffen. Anschließend können sie selektioniert werden, und das in einer Richtung, die letztlich zu einer einzigartigen Kombination einer ganz bestimmten Spezies wird. Ich werde sie hier nicht alle aufzählen, denn alles spielt sich bei allen Lebewesen ab. Einige Mutationsmechanismen sind jedoch für die Entstehung unseres

---

[2]Die genetischen Hintergründe der Augenfarbe werden in Schulbüchern als Musterbeispiel genannt, wenn man Genetik verstehen will. In Wirklichkeit sind sie ein nützliches Musterbeispiel dafür, wie wenig wir eigentlich über die Vererbung wissen. Die braune Version eines Gens ist zwar gegenüber der blauen dominant, an der Pigmentierung der Iris wirken aber auch viele andere Gene mit, das heißt, das Spektrum der Augenfarbe reicht vom hellsten Blau bis beinahe zum Schwarz, und es ist praktisch unmöglich, aufgrund der Augenfarbe der Eltern genau vorherzusagen, wie die Augen des Kindes aussehen werden. Außerdem kann jede Farbkombination bei den Eltern zu jeder Farbe beim Kind führen. Genetik ist kompliziert und von Wahrscheinlichkeiten beherrscht; das gilt selbst für Merkmale, von denen wir glauben, wir würden sie gut verstehen.

einzigartigen menschlichen Genoms von besonderer Bedeutung, und deshalb lohnt es sich, sie genauer zu betrachten.

Duplikation

Stellen wir uns vor, wir hätten eine Symphonie komponiert und mit der Hand auf Notenpapier niedergeschrieben, und jetzt haben wir davon nur ein einziges Exemplar. Wenn wir mit dem Thema experimentieren wollen, wäre es töricht, die einzige Kopie immer wieder zu überschreiben und zu riskieren, dass wir sie mit etwas verunstalten, was nicht funktioniert. Stattdessen fotokopieren wir sie und spielen mit dem zweiten Exemplar herum, während wir gleichzeitig sicherstellen, dass das Original als Sicherheitskopie unversehrt bleibt. Ganz ähnlich kann man sich auch die Duplikation oder Verdoppelung von Genomen vorstellen. Ein funktionsfähiges Gen ist dadurch eingeschränkt, dass es nützlich sein muss – es kann also nicht nach dem Zufallsprinzip mutieren, weil die meisten Mutationen schädlich sind. Verdoppelt man aber den ganzen DNA-Abschnitt, in dem das betreffende Gen liegt, ist die Kopie von diesem Druck befreit, kann sich verändern und vielleicht eine neue Funktion übernehmen, ohne dass der Organismus die Funktion des Originals verliert. Auf diese Weise ging einer unserer Primatenvorfahren vom zwei- zum dreifarbigen Sehen über: Ein Gen auf dem X-Chromosom codiert ein Protein, das in der Netzhaut liegt, auf eine bestimmte Lichtwellenlänge anspricht und so die Wahrnehmung einer bestimmten Farbe möglich macht. Vor 30 Mio. Jahren verdoppelte sich dieses Gen und mutierte so stark, dass die blaue Farbe zu unserer Sehfähigkeit hinzukam. Damit die Funktion dauerhaft erhalten blieb, musste sich der Vorgang während der Meiose abspielen, das heißt bei der Bildung von Samen- und Eizelle; nur so konnte die neue Mutation an alle Zellen der Nachkommen weitervererbt werden, darunter auch diejenigen, aus denen später wiederum die Samen- und Eizellen hervorgingen.

Primaten und vor allem die Menschenaffen neigen offensichtlich besonders stark zu Duplikationen im Genom. Rund fünf Prozent unseres genetischen Materials sind durch die Verdoppelung einzelner DNA-Abschnitte entstanden, und ungefähr ein Drittel dieser Kopien gibt es nur bei Menschen. Solche verdoppelten Genomabschnitte zu analysieren, war immer schwierig, einfach weil es sich um Kopien handelt, die einander sehr ähnlich sehen. Aber mit Geduld und Hartnäckigkeit finden die Genetiker heute Wege, um sie herauszufiltern, und damit gewinnen wir neue Erkenntnisse darüber, warum wir so viele Genkopien besitzen und ob unter ihnen auch Gene sind, deretwegen unsere Fähigkeiten über die unserer Menschenaffenvettern hinausgehen.

Bisher hat man eine Handvoll Gene nachgewiesen, die für eine solche Verdoppelung infrage kommen und offenbar nur bei uns Menschen vorhanden sind. Sie alle haben außerordentlich langweilige Namen. Im Juni 2018 grub man aus einer Reihe sehr ähnlicher Gene eine geringfügig andere Version eines menschlichen Gens namens *NOTCH2NL* aus. Was dabei entscheidend war: Diese neue Version gibt es bei Schimpansen nicht. Es sieht so aus, als wäre eine frühere Version von *NOTCH2NL* bei einem gemeinsamen Vorfahren aller Menschenaffen schlecht verdoppelt worden, und vor rund drei Millionen Jahren wurde dann die fehlerhafte Version in unserer Abstammungslinie spontan korrigiert, während sie bei den Schimpansen mangelhaft blieb. Welche Funktion die ausschließlich menschliche Version dieses Gens im Einzelnen erfüllt, wissen wir nicht; offensichtlich unterstützt es aber das Wachstum der sogenannten radialen Gliazellen, eines Typs von Gehirnzellen, die sich überall in der Hirnrinde finden und die Aufgabe haben, mehr Neuronen zu erzeugen und damit das Gehirnwachstum voranzutreiben. Wie üblich erfahren wir viel über die Tätigkeit von Genen, wenn wir der Frage nachgehen, wie sich ihre mutationsbedingte Funktionsunfähigkeit auswirkt; eine der Krankheiten, die bei Mutationen von *NOTCH2NL* auftreten, ist die Mikrozephalie, eine Verringerung der Gehirngröße.

Wir besitzen auch vier Kopien eines Gens namens *SRGAP2*, das bei anderen Menschenaffen nur mit einem Exemplar vertreten ist. Und wir wissen, dass die Verdoppelungen zu ganz bestimmten Zeitpunkten stattfanden: Die erste ereignete sich vor 3,4 Mio. Jahren; diese Version wurde noch zwei weitere Male kopiert, nämlich einmal vor 2,4 Mio. Jahren und dann noch einmal vor einer Million Jahren. Als Nächstes geht man der Frage nach, in welchen Geweben das Gen aktiv ist. Hier wird die Sache wirklich interessant. Die Gene, die bei der ersten und dritten Verdoppelung entstanden sind, haben offenbar keine besondere Wirkung, sondern rosten einfach nur langsam in unserem Genom vor sich hin. Die zweite Verdoppelung jedoch ließ ein Gen entstehen, das in unserem Gehirn seiner Tätigkeit nachgeht. Insbesondere hat es anscheinend den Effekt, die Dichte und Länge der Dendriten zu steigern, verzweigter Fortsätze der Nervenzellen in der Hirnrinde. Diese Form der neuronalen Musterbildung gibt es nur bei Menschen: Mäuse besitzen sie nicht, aber wenn wir die menschliche Version des Gens in die Nervenzellen von Mäusen einschleusen, wachsen auch dort dicke, dichte Dendriten heran. Die betreffende Genversion, *SRGAP2C* genannt, entstand vor 2,4 Mio. Jahren, also zu einer Zeit, zu der das Gehirn unserer Vorfahren deutlich an Größe zunahm. Ungefähr zur gleichen Zeit schlugen und hämmerten unsere Vorfahren auch erstmals Steine zu Oldowan-Werkzeugen zurecht.

Die Zusammenhänge scheinen auf der Hand zu liegen, aber ich äußere hier nur Spekulationen. Allerdings sind sie vielleicht nicht allzu weit hergeholt. Zwischen den drei Dingen – dem Entstehungszeitpunkt des neuen Gens, seiner mutmaßlichen Funktion im Gehirn und den Verhaltensweisen, die sich zu jener Zeit entwickelten – besteht ein verführerischer Zusammenhang. Mehr können wir heute nicht sagen. Es handelt sich hier nicht um das eine Gen, das unser Gehirn zu dem gemacht hätte, was es heute ist, aber vielleicht ist es eines von wenigen, selbst wenn wir nicht genau wissen, welche Wirkung sie haben. Sie werden zu Anhaltspunkten, mit denen wir entscheidende Unterschiede zwischen unserem Gehirn und dem anderer Tiere herausarbeiten können, und im Laufe der Zeit werden sich weitere genetische Befunde ergeben. Kein Gen ist aber ein einzelner Auslöser, sondern alle sind nur Teile des Bildes von der Evolution, die uns gestaltet hat.

Ganz neue Gene

Genverdoppelung und Genübertragung aus anderen genetischen Quellen sind Beispiele dafür, wie die Natur bereits vorhandene Werkzeuge zweckentfremden kann: die Evolution als Bastler. Die Evolution schafft aber auch ganz Neues aus dem Nichts. In diesem Fall sprechen wir von *De-novo*-Mutationen. Sie entstehen, wenn ein scheinbar unsinniger DNA-Abschnitt mutiert und sich in einen lesbaren Satz verwandelt.

Und so funktioniert der Code: In der DNA gibt es vier Buchstaben, und die sind in einem Gen in Blöcken von jeweils drei Buchstaben aufgereiht. Jeder davon codiert eine Aminosäure, und sie liegen in einer bestimmten Reihenfolge so hintereinander, dass sie ein Protein herstellen können. Die Sprache ist dabei eine gute Analogie: Wir haben Buchstaben (davon gibt es 26), Wörter (in jeder beliebigen Länge) und Sätze (die ebenfalls beliebig lang sein können). In der Genetik gibt es nur vier Buchstaben, und jedes Wort ist drei Buchstaben lang. Das Gen ist der Satz, und der kann wie in der Sprache jede beliebige Länge haben. Wenn ein Gen ganz neu entsteht, muss es dennoch eine Evolution hinter sich haben. Im Gegensatz zu Duplikationen und Insertionen, die sich an anderer Stelle entwickelt haben, werden *De-novo*-Gene nicht in bereits funktionierender Reihenfolge im Genom angebracht. In einem Buch sollte jedes Wort einen Zweck erfüllen; Genome dagegen sind voller DNA, die keine Wörter oder Sätze enthält, sondern nur zufällige Fülltexte. Stellen wir uns einmal vor, ein Satz würde folgendermaßen lauten:

EINFANAMBISZURUNIVONULM

Wenn man sich anstrengt, erkennt man vermutlich, dass sich in der Buchstabenfolge ein einfacher Satz versteckt, den man mit Mühe herauslesen kann. Fügen wir nach dem sechsten Buchstaben ein K ein, wird daraus.

EINFANKAMBISZURUNIVONULM

Fügen wir nun noch alle drei Buchstaben einen Wortzwischenraum ein, haben wir.

EIN FAN KAM BIS ZUR UNI VON ULM

Der Satz ist nur sinnvoll, wenn alle Buchstaben in der richtigen Reihenfolge stehen. In der Genetik spricht man dann von einem „offenen Leseraster". Wortzwischenräume gibt es in Genen nicht, aber die Zellen verstehen die 3-Buchstaben-Struktur dennoch. Neue Gene entstehen, wenn eine Ansammlung von Buchstaben sich zufällig in einen sinnvollen Satz verwandelt, der vom biochemischen Apparat der Zelle verstanden und in ein Protein umgeschrieben wird. Das so entstehende Protein wird irgendwie genutzt. Und wenn es nützliche Wirkungen hat, gibt der Organismus das neu erworbene Gen weiter.

Bis 2011 hatte man 60 Gene identifiziert, die beim Menschen neu sind, und die Zahl wird sicher noch weiter wachsen. In den meisten Fällen wissen wir nicht, welche Aufgaben sie erfüllen, aber alle sind recht kurz; das ist auch plausibel, wenn man bedenkt, wie sie entstehen: Je länger eine Sequenz ist, desto größer ist die Wahrscheinlichkeit, dass das offene Leseraster irgendwann abbricht. Aber nur weil diese Gene ausschließlich bei Menschen vorkommen, heißt das nicht, dass sie charakteristische genetische Eigenschaften der Menschen erzeugen. Unter Umständen tun sie überhaupt nicht viel; wesentlich häufiger finden sich in unserem Genom Gene, die mutiert sind und deshalb nur bei uns vorkommen, aber von Vorfahren ererbt wurden oder durch Verdoppelung entstanden sind.

Invasion

Noch etwas anderes gilt es festzuhalten: Genetisch betrachtet, sind wir nicht ganz und gar Menschen. Ungefähr acht Prozent unseres Genoms haben wir nicht von irgendeinem Vorfahren geerbt, sondern sie wurden uns durch andere Gebilde, die für ihre eigene Fortpflanzung sorgten, gewaltsam in unsere DNA eingepflanzt. Ein Virus kann man sich wie einen Piraten vorstellen: Es bricht in eine Fabrik ein und ersetzt dort die normalen Abläufe durch seine eigenen, sodass die Fabrik nun nach seinen Wünschen produziert und nicht mehr nach denen des Fabrikbesitzers. Wenn ein Virus die Barrikaden unserer Zellfabriken stürmt, bringt es seine eigene DNA (oder RNA)[3] mit und kann sie in das Genom der Wirtszelle einbauen, woraufhin diese einfach den Befehlen des Virus folgt und neue Viren herstellt. In den meisten Fällen ist ein solcher Einbau etwas Schlechtes. Viele Symptome einer Erkältung und anderer Viruskrankheiten entstehen, weil unser Immunsystem auf die Invasion von außen reagiert oder weil die Zelle sich auf Geheiß des Virus selbst zerstört. Manchmal erfolgt der Einbau mitten in einem Gen, das bei der Zellteilung die Bremsen anlegt, und dann kann eine ungebremste Teilung die Folge sein – ein Tumor entsteht. Manchmal liegen solche Viren aber auch einfach herum und tun fast nichts. Die DNA des Virus wird eingebaut, aber das ist keine große Sache. Es ist in unserer Evolution unzählige Male geschehen, sodass sich die Virus-DNA heute auf jene acht Prozent addiert. Zum Vergleich: Insgesamt ist das mehr als der Anteil der DNA, der unsere eigentlichen Gene umfasst, und auch mehr als einige einzelne Chromosomen, darunter das Y-Chromosom. Nach diesem Maßstab sind Menschen also bedeutend mehr Virus als Mann.

Die fremde DNA hat in uns unterschiedliche Wirkungen, aber ein Beispiel ragt über alle anderen hinaus, und das ist ihr Effekt auf die Ausbildung der Plazenta. Überall in unserem Organismus gibt es spezialisierte Zellen mit dem wunderschönen Namen Syncytium. Sie haben mehrere Zellkerne und entstehen, wenn Zellen miteinander verschmelzen; das geschieht während der Entwicklung mancher Muskelgewebe sowie der Knochen- und Herzzellen. In der Plazenta bilden Syncytien ein stark spezialisiertes, lebenswichtiges Gewebe mit dem noch schöneren Namen Syncytiotrophoblast. Er bildet die Spinnenfinger, die von der wachsenden Plazenta in die Gebärmutterwand vordringen und die Schnittstelle zwischen Mutter und Embryo bilden – hier werden Flüssigkeiten, Abfälle und Nährstoffe ausgetauscht. Gleichzeitig unterdrückt dieses Gewebe das Immunsystem der Mutter, damit ihr Organismus das heranwachsende Kind nicht wie einen Fremdkörper abstößt. Seine Zellen liegen also in der Fortpflanzung der

---

[3]Die RNA ist ein Vetter der DNA. Sie ist eine sehr ähnliche Nucleinsäure (der -NA-Anteil), aber im Gegensatz zur DNA, in der normalerweise zwei Stränge in der allgemein bekannten Doppelhelix gekoppelt sind, besteht die RNA aus einem Einzelstrang. Wenn ein Gen in ein Protein umgeschrieben wird, entsteht an der DNA in der Regel zunächst durch Transkription ein RNA-Molekül, das dann im Rahmen der Translation in die Aminosäurekette des Proteins „übersetzt" wird. Manche Viren speichern ihr genetisches Material in Form von DNA, aber andere, beispielsweise HIV, enthalten nur RNA, die nach der Infektion einer Wirtszelle in DNA umgeschrieben wird; in dieser Form wird das Virus mithilfe eines Virusproteins, der Integrase, in das Genom der Wirtszelle eingebaut.

Menschen an der Verbindungsstelle, an der ein Organismus den nächsten hervorbringt. Die Gene, die für die Ausbildung dieser Plazentazellen sorgen, sind aber keine menschlichen Gene. Vielmehr haben die Primaten sie vor rund 45 Mio. Jahren von einem Virus übernommen; in dem Virus sorgen die Gene ebenfalls dafür, dass die Wirtszelle mit dem Eindringling verschmilzt, und sie tragen dazu bei, die Immunantwort auf eine solche Infektion zu unterdrücken. Später wurden sie zweckentfremdet und in unser eigenes Genom aufgenommen, und heute sind sie unentbehrlich, damit eine Schwangerschaft gelingt. Natürlich haben Säugetiere nicht erst seit 45 Mio. Jahren, sondern schon viel länger eine Plazenta; das Ganze ist also eine wirklich seltsame, wunderschöne Episode der Evolution. Bei Mäusen, die ebenfalls einen unentbehrlichen Syncytiotrophoblasten besitzen, ist eine ganz ähnliche Gruppe von Genen beteiligt; sie stammen ebenfalls von einem Virus, unterscheiden sich aber völlig von den unseren – ein erstaunliches Beispiel für konvergente Evolution auf molekularer Ebene. Ein übernommenes genetisches Programm von Viren hat also die Entwicklung der Säugetiere mehrere Male nahezu auf die gleiche Weise vorangetrieben.

Hand und Fuß

Wir kennen Genverdoppelungen in Kombinationen, die es ausschließlich bei Menschen gibt. Und wir kennen Versionen von Genen, die ebenfalls nur bei uns vorkommen. Außerdem können wir darüber reden, welche Wirkung einzelne Gene bei uns haben.

In diesem Buch haben wir Tiere und uns selbst im Hinblick auf das Verhalten verglichen, und diesen Vergleich können wir auch auf die Genetik ausweiten. Wir haben viele Gene in einem weit gefassten Sinn mit allen anderen Lebewesen gemeinsam, und ihr Ursprung liegt Jahrmilliarden zurück. Solche Gene codieren in der Regel sehr grundlegende biochemische Funktionen. Es sind Gene, die wir mit allen Tieren gemeinsam haben, oder mit allen Säugetieren, oder mit allen Primaten, oder mit allen Menschenaffen. Die genetische Stammesgeschichte ähnelt stark einem Evolutionsstammbaum, ist aber nicht genau mit ihm identisch. Das liegt vor allem daran, dass Evolutionsstammbäume nicht wie Bäume geformt sind. Man braucht nur wenige Generationen in die Vergangenheit vorzudringen, dann werden sie zu einem verflochtenen Netz, weil die Vorfahren mehrere Positionen in unserem Stammbaum einnehmen. Ein extremes Beispiel stammt aus unserer Vorgeschichte: Die Abstammungslinien von *Homo sapiens* und *Homo neanderthalensis* trennten sich vor rund 600.000 Jahren. Beide entwickelten sich seit jener Zeit unabhängig voneinander weiter; vor 50.000 Jahren jedoch tauchte der *Homo sapiens* im Gebiet der Neandertaler auf, und alle hatten Sex miteinander. Das wissen wir, weil Wissenschaftler das Neandertalergenom sequenziert haben. Alle Europäer besitzen Neandertaler-DNA, und die wurde zu jener Zeit eingeschleust.

© Springer-Verlag GmbH Deutschland, ein Teil von Springer Nature 2020
A. Rutherford, *Bin ich etwas Besonderes?*, https://doi.org/10.1007/978-3-662-61566-9_21

Wenige Tausend Jahre später waren die Neandertaler verschwunden, aber ihre DNA lebt bis heute in uns weiter. Ein Teil dieser Neandertaler-DNA hat unterschwelligen Einfluss auf die biologischen Eigenschaften der heutigen Europäer; das betrifft die Pigmentierung von Haut und Haaren, die Körpergröße, die Schlafgewohnheiten und sogar eine Vorliebe für das Rauchen, obwohl dieser Fluch erst einige Hunderttausend Jahre später erfunden wurde.[1] Was den Evolutionsstammbaum angeht, stellt also dieses Vordringen der Neandertaler-DNA in den heutigen Menschen europäischer Abstammung eine Schleife dar. Bäume haben keine Schleifen. Gene werden zwar meist über Stammbäume weitergegeben, diese können aber chaotisch aussehen, und Gene können aus allen möglichen Richtungen in eine Abstammungslinie gelangen, so aus prähistorischen Vettern oder sogar, wie wir bereits erfahren haben, aus einem Virus. Außerdem können sie in langen Zeiträumen auch durch den normalen Prozess, durch den die Gene bei der Herstellung von Ei- und Samenzellen regelmäßig durcheinandergewürfelt werden, verloren gehen.

Aber trotz derart chaotischer Abstammungsverhältnisse ist es legitim, unsere eigene DNA mit der von Denisova-Menschen, Neandertalern und anderer Menschenaffen zu vergleichen und Vermutungen darüber anzustellen, ob die beobachteten Unterschiede eine Bedeutung haben.

HACNS1 ist eigentlich kein Gen,[2] sondern ein „Enhancer", ein DNA-Abschnitt aus 546 Buchstaben, von denen sich 16 spezifisch von denen der Schimpansen unterscheiden. Es ist kein Gen, denn es codiert kein Protein; Enhancer (und auch andere nichtcodierende DNA-Abschnitte) dienen aber als Genregulatoren. Jede Zelle mit einem Zellkern enthält sämtliche Gene, aber nicht jede Zelle braucht jedes Gen, um zu jedem Zeitpunkt aktiv zu sein. Enhancer liegen häufig kurz vor dem Anfang eines Gens und erteilen die Anweisung, dieses Gen zu aktivieren. Im Allgemeinen lesen wir

---

[1] Es kommt eben vor, dass eine natürlich auftretende genetische Variante, die an einem ganz anderen Vorgang mitwirkt, auch Auswirkungen auf den Stoffwechsel der Inhaltsstoffe von Tabak hat.

[2] Der Name steht für *human-accelerated conserved non-coding sequence 1* („bei Menschen beschleunigte, konservierte, nichtcodierende Sequenz 1"). „Bei Menschen beschleunigt", weil die einzelnen Sequenzveränderungen offensichtlich sehr schnell aufgetreten sind, was auch ein Hinweis darauf sein könnte, dass sie gerade bei Menschen eine spezifische Funktion haben. Als Gene bezeichnet man allgemein und aus historischen Gründen die DNA-Abschnitte, die ein Protein codieren. Dies ist aber keine wasserdichte Definition, denn man kennt mittlerweile auch andere genetische Elemente – insbesondere DNA-Abschnitte, die RNA-entstehen lassen –, die eigene Funktionen ausüben, ohne dass sie in Proteine translatiert werden. Ohnehin ist bis hierher vermutlich der Eindruck entstanden, dass Evolution und Biologie chaotische Themen sind, deren Regeln meistens oder manchmal gelten und viele Ausnahmen haben. Das ist vollkommen richtig. Physiker haben solche Probleme nie – die Glückspilze!

Sätze in der Reihenfolge vom Anfang zum Ende und in den europäischen Sprachen von links nach rechts. Gene sind über das gesamte Genom verteilt und können in allen Richtungen, in jeder Reihenfolge und auf jedem Chromosom abgelesen werden, denn im Gegensatz zu einem Buch wurden sie nie in einem Stück geschrieben oder nach einem Plan konstruiert. Unter Umständen aktiviert ein Gen auf dem Chromosom 1 ein anderes Gen auf dem Chromosom 22. Dieses scheinbare Chaos wird von den Enhancern und anderen Regulationsabschnitten in der DNA gesteuert.

Die Funktion eines Enhancers kann man überprüfen, indem man sich ansieht, wo und wann er aktiv ist; dazu kann man in Mäuseembryonen experimentell zwischen den Versionen des Enhancers aus Schimpansen und Menschen hin und her schalten. *HACNS1* ist in vielen Geweben aktiv, so auch im Gehirn; besonders stark ist seine Aktivität aber während der Entwicklung der Vordergliedmaßen und insbesondere in den Spitzen der Knospe, aus der die Pfote hervorgeht. Stellt man das gleiche Experiment mit der Schimpansenversion von *HACNS1* an, beobachtet man an der gleichen Stelle keine besondere Aktivität. Ein ähnliches Muster findet man auch in den Knospen für die Hintergliedmaßen. Da es sich bei dem DNA-Abschnitt nicht um ein Gen, sondern um einen Enhancer handelt, deutet die höhere Aktivität in Händen und Füßen darauf hin, dass es andere Gene einschaltet, die wahrscheinlich in Händen und Füßen unterschiedlich sind. Die manuelle Geschicklichkeit der Menschen war von entscheidender Bedeutung dafür, dass wir Werkzeuge viel besser herstellen können als die anderen Menschenaffen, und dass wir insbesondere den Daumen rotieren können (der bei uns im Verhältnis zu den anderen vier Fingern länger ist). Umgekehrt waren die mangelnde Geschicklichkeit der Füße und die verkürzten Zehen entscheidend dafür, dass wir aufrecht gehen konnten. Es ist eine faszinierende Theorie: Die schnelle Evolution dieses kurzen DNA-Abschnitts trug entscheidend dazu bei, die morphologischen Verhältnisse in unseren Händen und Füßen so zu verändern, dass wir charakteristische, einzigartig menschliche Eigenschaften erwerben konnten.

Ich könnte hier noch einige weitere Gene aufzählen, die faszinierende Anhaltspunkte für die genetischen Grundlagen unserer einzigartig menschlichen Merkmale liefern, und viele weitere wird man mit Sicherheit in naher Zukunft entdecken. Besonders faszinierend sind Gene, die an der Gehirnentwicklung mitwirken, denn unser Gehirn ist groß und interessant. Und da wir ein großes, interessantes Gehirn besitzen, ist eine ungeheure Zahl von Genen am Wachstum und der Instandhaltung unserer Nervensubstanz beteiligt. Manche davon begünstigen das Wachstum neuer Neuronen, andere die Ausbildung von Verknüpfungen zwischen ihnen. Manche sind in bestimmten Gehirnarealen aktiv, insbesondere in der Großhirnrinde (dem Neocortex), in der ein großer Teil unserer Vernunft und Persönlichkeit seinen Sitz hat. Viele derartige Kandidaten tun viele solche Dinge und noch mehr, denn die Evolution bastelt: Die Anpassung und Wiederverwendung bereits vorhandener Strukturen ist einfacher und effizienter, als wenn man etwas ganz neu erfindet.

Einzelne Gene sind häufig schon für sich betrachtet interessant – viele sind allerdings auch ziemlich langweilig. Wichtig ist, dass wir nicht nur weiter der Frage nachgehen, welche Aufgaben die anderen 20.000 Gene erfüllen, die jeder Mensch in sich trägt, sondern dass wir auch herausfinden, wie sie in der Evolution entstanden sind, in welchen Wechselbeziehungen sie mit unseren anderen biologischen Eigenschaften stehen und was die Folgen sind, wenn sie nicht richtig funktionieren. Außerdem müssen wir fragen, wie sie im Zusammenhang eines funktionierenden Organismus kooperieren.

Zungenbrecher

Es gibt ein Gen, das eine nähere Betrachtung lohnt. Es kann viele Auskünfte über unsere Vergangenheit geben und erzählt uns eine Menge über Evolution, aber auch darüber, wie wir über die Evolution sprechen; der Grund: Dieses Gen ist für das Sprechen unentbehrlich. Die Geschichte beginnt in den 1990er-Jahren im Londoner Great Ormond Street Hospital. Eine mit den Buchstaben KE bezeichnete Familie wurde wegen einer besonderen Form einer seltenen verbalen Apraxie behandelt: Viele Angehörige dieser Familie hatten beträchtliche Schwierigkeiten damit, Geräusche zu Silben, Silben zu Worten und Worte zu Sätzen zu verbinden. Die Symptome traten bei 15 Personen aus drei Generationen auf; am offenkundigsten waren sie bei den Kindern, die beispielsweise *bu* anstelle von *blue* und *boon* anstelle von *spoon* sagten. Bei weiteren Untersuchungen stellte sich heraus, dass die Betroffenen auch andere Schwierigkeiten hatten, die nicht nur mit dem Artikulieren von Wörtern zusammenhingen, sondern auch mit grundlegenden, aber spezifischen Bewegungen von Gesicht und Mund. Beobachtet man die gleiche Störung in mehreren Generationen einer Familie, kann man einen Stammbaum zeichnen und darin die Betroffenen markieren. Entsprechend kann man davon ausgehen, dass die Zufallsvermischung der Genome, die jeweils bei der Herstellung von Samen- und Eizellen stattfindet, die krankheitsverursachende DNA nicht durch Verdünnung aus der Abstammungslinie beseitigt hat, sondern dass sie bei den Betroffenen erhalten geblieben ist. Das Vererbungsmuster in der Familie KE deutete darauf hin, dass ein einzelner genetischer Defekt die Ursache war. Heute sind die Dinge ungeheuer viel komplizierter, aber in jener Phase der

© Springer-Verlag GmbH Deutschland, ein Teil von Springer Nature 2020
A. Rutherford, *Bin ich etwas Besonderes?*, https://doi.org/10.1007/978-3-662-61566-9_22

klinischen Genetik hatten die meisten bekannten Krankheiten ihre Wurzeln
tatsächlich in einem einzelnen Gen – es waren Gesundheitsstörungen wie
Cystische Fibrose, Huntington-Krankheit oder Hämophilie. In dieser Früh-
zeit der Genetik nutzten Wissenschaftler in der Regel die Stammbäume,
um Gene ausfindig zu machen, und 1998 fanden Simon Fisher und seine
Arbeitsgruppe die alleinige Ursache für die Sprech- und Sprachschwierig-
keiten der Familie KE. Das Gen, dem man den Namen *FOXP2* gab, ist
seither zu einem Sinnbild für die Zusammenhänge zwischen Genetik und
Evolution geworden.

    FOXP2 codiert einen Transkriptionsfaktor.[1] So nennt man ein Protein,
dass die Aufgabe hat, sich an ganz bestimmte DNA-Abschnitte (beispielsweise den zuvor beschriebenen Enhancer *HACNS1*) anzuheften. Auf diese
Weise kann ein Gen die Aktivität eines zweiten, eines dritten und so weiter
steuern, sodass eine Kaskade komplexer Aktivitäten ausgelöst wird, die
dazu beiträgt, während der Entwicklung eines Embryos die verschiedenen
Zell- und Gewebetypen festzulegen. Alle Gene sind wichtig, aber manche
sind wichtiger als andere, und in diese zweite Kategorie gehören die
Transkriptionsfaktoren. Ein Mensch wächst im Mutterleib von einer einzigen Zelle zu Billionen Zellen heran, und diese gliedern sich genau in verschiedene Zelltypen und Gewebe, die jeweils ganz bestimmte Aufgaben
haben. Transkriptionsfaktoren spielen für das Wachstum eines Embryos
eine entscheidende Rolle. Sie dienen als Steuerung: Eifrig wie Vorarbeiter
bereiten sie größere Bauarbeiten vor und bestimmen zum Beispiel darüber,
welches Ende eines formlosen Zellklumpens zum Kopf wird und welches
sich zum Schwanz entwickelt. Ist diese Aufteilung festgelegt, können andere
Transkriptionsfaktoren immer genauere Pläne aufstellen, die beispielsweise besagen: „Ein Gehirn bildet sich an diesem Ende", „Im Bereich des
Gehirns müssen hier die Augen entstehen", „Im Bereich der Augen gehört
die Netzhaut hierhin", „In der Netzhaut ist hier der Platz für die Lichtrezeptoren" und „Von den Lichtrezeptoren müssen diese hier zu Stäbchen
werden". Die Anweisungen werden während der Entwicklung des Embryos
immer detaillierter, und die Gewebe differenzieren sich zu ihrer ausgereiften
Form. *FOXP2* gehört zu den Genen, die mitten in diesem großen Ablauf

---

[1]Hier eine kurze, zwangsläufig umständliche Anmerkung über die Schreibweise von Genen. Ein Gen
codiert ein Proteine; beide tragen in der Regel die gleiche Bezeichnung, aber Gene werden kursiv
geschrieben. Das Gen *FOXP2* codiert das Protein FOXP2. Außerdem werden Gene von Menschen
häufig in Großbuchstaben geschrieben, die entsprechenden Gene von Mäusen dagegen in Kleinbuch-
staben, ansonsten aber nach dem gleichen Prinzip: *Foxp2* codiert Foxp2.

der Embryonalentwicklung tätig sind, und hat vor allem die Wirkung, die Anweisung zum Wachstum weiterer Zellen zu geben. Man kann sich ansehen, wo es im Embryo aktiv ist: Es steuert in abgegrenzten Bereichen des ganzen Gehirns alle möglichen Formen des Nervenwachstums, so unter anderem in den motorischen Schaltkreisen, den Basalganglien, dem Thalamus und dem Kleinhirn.

Im Werkzeugarsenal der Genetiker sind Methoden, mit denen man den Ort von Genaktivitäten feststellen kann, nur eines von vielen Hilfsmitteln. Ebenso kann man das Protein gewinnen und der Frage nachgehen, mit welchen anderen Bestandteilen es in Wechselbeziehung tritt – eine Art molekularer Angelausflug. *FOXP2* ist als Köder wenig wählerisch, aber manche seiner Ziele liefern wiederum faszinierende Anhaltspunkte; eines davon ist ein kurzer DNA-Abschnitt namens *CNTNAP2,* der ebenfalls mit Sprechstörungen in Verbindung gebracht wird.

Nach allem, was wir bisher wissen, haben wir es also mit einem Gen zu tun, das in defekter Form eine ganze Reihe von Sprech- und Sprachstörungen verursacht, und aktiv ist es in verschiedenen Gewebeabschnitten, die in engem Zusammenhang mit der Sprache stehen. Auch andere Tiere kommunizieren oral, aber was die Raffinesse angeht, ist unsere Sprache auch allem, was ihr am nächsten kommt, nach sämtlichen Maßstäben meilenweit überlegen.[2] Da wir als einzige Lebewesen mit einer komplizierten Syntax und Grammatik sprechen, ist eine genetische Grundlage unserer Sprachfähigkeiten von großem Nutzen, wenn wir uns von anderen Tieren abgrenzen wollen.

FOXP2 ist bei uns nicht aus dem Nichts entstanden. Vielmehr handelt es sich sogar wie bei vielen Transkriptionsfaktoren um ein sehr altes Gen. In ähnlicher Form findet man es bei Säugetieren, Reptilien, Fischen und Vögeln, von denen viele sich ebenfalls in irgendeiner Form stimmlich äußern. Wir wissen, dass die Entsprechung zu *FOXP2* bei Singvogelmännchen im Gehirn aktiv ist, wenn sie von anderen Männchen neue Gesänge lernen, um damit die Weibchen zu umwerben.

Das FOXP2-Protein von Schimpansen unterscheidet sich nur in zwei seiner 700 Aminosäuren von unserem, aber die Folgen sind eindeutig von Bedeutung: Wir sprechen, Schimpansen nicht. Das Gen der Neandertaler glich genau dem Unseren, aber andere Abschnitte ihrer DNA sorgten

---

[2]Eine Ausnahme macht möglicherweise nur die Frequenz: Die Kommunikation mancher Tiere findet bei weitaus höheren oder niedrigeren Frequenzen statt und ist deshalb für uns nicht hörbar. Ein Beispiel, die Elefanten, wird in Kap. 23 erwähnt.

möglicherweise mit ihren Regulationsfunktionen für eine abweichende Genwirkung. Unser letzter gemeinsamer Vorfahre mit den Mäusen lebte ungefähr neun Millionen Jahre bevor die Dinosaurier ausgelöscht wurden, und die Mäuseversion von FOXP2 unterscheidet sich von unserer nur in vier Aminosäuren. Bei Mäusen ist *Foxp2* während der Gehirnentwicklung an genau den entsprechenden Stellen tätig wie bei uns. Entfernt man bei Mäusen im Experiment ein Exemplar des Gens, beobachtet man einige Anomalien; unter anderem sinkt die Zahl der Ultraschall-Piepser, die junge Mäuse in der Regel von sich geben. (Macht man beide Kopien unwirksam, sterben die neugeborenen Mäuse nach 21 Tagen.)

FOXP2 ist also eindeutig unentbehrlich für Sprache und Grammatik der Menschen; es unterscheidet sich bei uns von den Versionen bei Mäusen und Schimpansen, das heißt, es hat beim *Homo sapiens* eine positive Selektion durchgemacht. Das alles zeigt, von welch elementarer Bedeutung das Gen ist. Es ist ungeheuer wichtig, aber es ist nicht das Einzige, was wichtig ist.

Wir können den Organismus in verschiedenen Größenordnungen sezieren, und dabei ist die Genetik gewissermaßen eine Ultra-Mikroanatomie. Treten wir etwas weiter zurück, ist die eigentliche Anatomie der nächste nützliche Maßstab. Gene codieren Proteine, und die lenken die Zellen, die sich in unserem Körper zusammenfinden. Die Anatomie verändert sich mit dem zeitlichen Ablauf: In der Embryologie untersucht man, wie eine einzelne befruchtete Eizelle zum Embryo heranwächst, und der Gegenstand der Entwicklungsgenetik sind die Gene, die dieses Wachstum vorantreiben. Häufig denken wir nur an die Stimmorgane von Erwachsenen, aber es braucht wohl nicht besonders betont zu werden, dass Kinder unausgereift geboren werden; das ist von großer Bedeutung, wenn man die Entwicklung des Sprechvermögens verstehen will. Die Zunge ist ein großer, beweglicher Muskel, und sie besteht nicht nur aus den mit Geschmacksknospen besetzten Teilen unserem Mund. Ihre Wurzel erstreckt sich im Rachen abwärts und ist mit vielen Nerven ausgestattet, die alle notwendigen Bewegungen und Empfindungen steuern. Beim Neugeborenen ist die Zunge nahezu ausschließlich im Mund angesiedelt, und zwar so, dass der Luftweg vom Kehlkopf mit der Nase verbunden ist; deshalb kann das Baby atmen, während es gestillt wird. Wenn Kinder heranwachsen, erstreckt sich die Zunge immer weiter in den Rachen, und das schafft die Möglichkeit, vollständige Vokale wie „i" und „u" zu bilden.

In unserem Rachen liegt ein sehr wichtiger, hufeisenförmiger Knochen: das Zungenbein. Es ist unter dem Kinn angeordnet, seine Enden weisen nach hinten, und wenn wir schlucken, bewegt es sich auf- und abwärts. Mit seinen komplizierten Vertiefungen bietet es Ansatzpunkte für zwölf

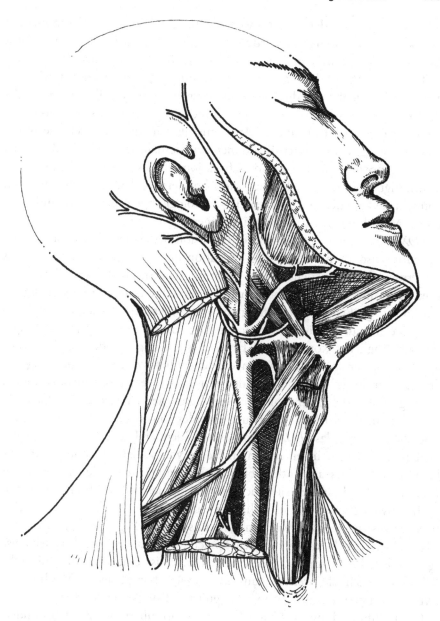

Abb. 1 Ein raffiniertes Zungenbein

verschiedene Muskeln – das verschafft uns eine Ahnung davon, was für ein raffinierter Knochen es ist (Abb. 1). Vögel, Säugetiere und Reptilien besitzen ihre eigene Form des Zungenbeins, aber unseres ist viel komplizierter gebaut; in seiner Form spiegeln sich die komplizierten anatomischen

Voraussetzungen wider, die notwendig sind, damit wir in Kombination mit der feinmotorischen Steuerung der Kehlkopf- und Gesichtsmuskulatur das breite Spektrum von Lauten erzeugen können, die uns so natürlich vorkommen. Vermutlich hatten die Neandertaler ein ebenso hoch entwickeltes Zungenbein – diesen Schluss lässt jedenfalls ein Exemplar zu, das in der Höhle von Kerbara in Israel gefunden wurde. Insgesamt hatten die Neandertaler eine etwas andere Anatomie als wir; die Unterschiede waren nicht gewaltig, aber immerhin können wir deshalb spekulieren, dass auch ihr Zungenbein geringfügig anders funktionierte als unseres. Nichts davon rechtfertigt aber den Gedanken, die Neandertaler hätten nicht sprechen können; sie ähnelten uns in Genetik, neurologischer Ausstattung und Anatomie. Mehr können wir derzeit nicht sagen.

FOXP2 ist nicht nur für die Evolution des Menschen von großer Bedeutung, sondern auch für die Evolution der Wissenschaft. Es war eines der ersten Gene, bei denen man erkannte, dass sie in defekter Form eine ganz bestimmte neurologische Störung verursachten, und wurde aus diesem Grund mit größerer Berechtigung als viele andere Gene genannt, wenn es um seine Bedeutung für unsere Natur ging. Es war der Gegenstand einiger überschwänglicher Kommentare: Es sei „das Sprachgen" oder sogar *der* Auslöser, der unser modernes Wesen entstehen ließ. Auf die Bedeutung der Sprache für unser Verhalten werden wir in Kürze zu sprechen kommen, wichtig ist aber die Erkenntnis, dass die Zusammenhänge zwischen Genetik, Anatomie und Verhalten ungeheuer komplex und bisher schlecht erforscht sind. Wir wissen, dass *FOXP2* von entscheidender Bedeutung ist, aber das Gen ist im Gehirn in einer ganzen Reihe von Zellen aktiv und hat deshalb auch Einfluss auf andere biologische Funktionen. Die Probleme der Familie KE beschränkten sich nicht auf die Sprache. Ihre Mitglieder hatten auch Schwierigkeiten mit lexikalischen Aufgaben, bei denen eine Versuchsperson zwischen echten Wörtern und unsinnigen Begriffen, die aber den allgemeinen Regeln der englischen Sprache entsprachen wie beispielsweise „glev" oder „slint", unterscheiden sollten. Dies ist eine psycholinguistische Wirkung. Auch sie weist darauf hin, welch kompliziertes Wechselspiel zwischen unseren motorischen und kognitiven Fähigkeiten abläuft.

Der berühmte Linguist Noam Chomsky formulierte im 20. Jahrhundert die romantische Vorstellung, es gebe einen Schalter, einen Funken, der in uns das Feuer der Sprache entfacht habe, während alle anderen Tiere im besten Fall Grunzlaute und Gesten zustande brachten. Sein zeitlicher Maßstab von einigen Tausend Generationen ist plausibel, aber er setzt eine konzentrierte, lineare Abfolge voraus, die bei einem einzigen Auslöser begann.

So funktioniert Evolution nicht. Wie wir aufgrund der modernen Genetik wissen, waren die Menschen viel mobiler, als man früher geglaubt hatte, und sie kreuzten sich innerhalb und außerhalb Afrikas ständig. Solche Tatsachen sprechen nicht für eine lineare Entwicklung unserer entfernten Vergangenheit. Außerdem ist Sprache kein einheitliches Gebilde. Die körperliche Sprachfähigkeit mit ihrer Anatomie und der zugehörigen neuronalen Steuerung ist nichts anderes als die neuronale Steuerung der Sprache. Jeder Mensch ist ein System aus vielen kleinen, zusammenhängenden Einzelteilen. Wir müssen in Betracht ziehen, wie sich ein Gehirn entwickelt und welche Gene daran beteiligt sind. Nervengewebe ist stark spezialisiert und besteht aus Hunderten von Zelltypen, von denen jeder seine eigene, genetisch festgelegte Identität besitzt. Die Zellen werden zum Nervengewebe, und wenn sie diesen Weg einschlagen, wachsen und wandern sie und statten sich mit Synapsen und Dendriten aus, die sich mit Nachbarzellen oder mit Zellen, die einige Millimeter oder Zentimeter entfernt sind, verbinden (für Nervenzellen sind das große Entfernungen). Nachdem ein Mensch geboren wurde, werden die Synapsen bis zum Teenageralter zurückgestutzt – die Verknüpfungen zwischen den Neuronen werden beschnitten oder verstärkt, sodass Denken und Lernen reibungsloser ablaufen können. Gesteuert wird das alles von Genen und ihren Wechselwirkungen mit der Umwelt. Entscheidend ist, dass ein einzelnes Gen, das an diesem ungeheuer komplexen Bauprojekt mitwirkt, in der Regel mehrere Wirkungen auf verschiedene Gewebe ausübt, und insgesamt spielen Dutzende oder vielleicht sogar Hunderte von Genen dabei eine Rolle.

Sprache ist das hörbare Produkt, das durch Dutzende von höchst komplexen, untereinander verknüpften biologischen Phänomenen entsteht. *FOXP2* ist dafür notwendig, reicht allein aber nicht aus. Ein kompliziert gebautes Zungenbein ist notwendig, reicht aber nicht aus. Ein neurologischer Rahmen mit der Fähigkeit, eine fein abgestimmte motorische Kontrolle über die Muskelfasern in Kehlkopf, Zunge, Kiefer und Mund auszuüben, und ein psychologischer Hintergrund, der zu Wahrnehmung, Abstraktion und Beschreibung in der Lage ist – all das ist absolut notwendig, reicht aber nicht aus. Und natürlich setzen wir beim Sprechen die Luftteilchen in Bewegung, die dann die Trommelfelle in unseren Ohren schwingen lassen und den ähnlich komplexen Prozess des Hörens in Gang setzen. Ohne Ohren und ohne Luft gibt es keine Sprache. Gene sind Matrizen, das Gehirn ist ein Gerüst, die Umwelt ist eine Leinwand. Alle diese Teile greifen wir nur deshalb einzeln heraus, damit wir das Gesamtbild besser verstehen, aber wir sollten nicht so tun, als wären sie alle gleichzeitig auf der Bildfläche erschienen.

Viel besser versteht man den Spracherwerb und überhaupt den Erwerb jeder emergenten Eigenschaft von Menschen mit dem Modell von Selektion und Gendrift; eine Mutation in *FOXP2* schuf auf dem Weg über die Wechselbeziehungen zwischen Kultur und unseren Genen den Rahmen, in dem sich die Sprache entwickeln konnte. Ob die Neandertaler über den gleichen Rahmen verfügten, wissen wir nicht; angesichts der Ähnlichkeiten in materieller Kultur und Morphologie können wir uns vernünftigerweise vorstellen, dass es so war. Außerdem besaßen sie die gleiche Version von *FOXP2* wie wir, während sie bei Schimpansen anders ist. Ich habe den Verdacht, dass die Neandertaler sprechen konnten, aber um diese Frage zu klären, müsste man ein sehr kluges Experiment anstellen, und ein solches Experiment kann ich mir bisher nicht ausdenken – zumindest noch nicht.

Bitte sprechen Sie jetzt

Wenn wir nach den Ursprüngen der Sprache fragen, stellt sich ein Problem: Gespräche hinterlassen keine Fossilien.

Die biologischen Hintergründe der Sprache sind schon kompliziert genug, aber wie wir erfahren haben, geht es um viel mehr als nur um die einfache Fähigkeit. Komplexe Kommunikation ist unentbehrlich für das, was wir modernes Verhalten nennen, das heißt für unser heutiges Dasein im Vergleich zu früheren Zeiten, als unsere Vorfahren noch anders waren. Wir werden darauf in Kürze zurückkommen.

Wir sind biologisch zum Sprechen programmiert. Wir verfügen über die neurologischen, genetischen und anatomischen Voraussetzungen, die grünes Licht für die Sprache geben. Wir besitzen eine latente Fähigkeit, Sprache zu erwerben, indem wir die Lautäußerungen der Menschen in unserer Umgebung nachahmen. Etwas Ähnliches tun auch manche Vögel: Der eine lernt vom anderen die Liebeslieder. Für jede Vogelart sind einige Gesänge charakteristisch, und das reicht aus, damit ein geübtes Ohr die Spezies an ihrem Gesang erkennen kann; in vielen Fällen gibt es aber auch (wie bei manchen Walen) regionale Dialekte. Menschen dagegen sprechen derzeit mehr als 6000 verschiedene Sprachen, die sich alle weiterentwickeln und von denen viele vom Aussterben bedroht sind. Jeder Einzelne kennt Zehntausende von Wörtern und kann sie nach Belieben verwenden. Auch Syntax und Grammatik lernen wir von den Menschen in unserer Umgebung; unser Gehirn ist eine auf den Spracherwerb eingestellte Softwareplattform. Alle Eltern haben schon einmal gehört, wie ihre Kinder liebenswürdige Grammatikfehler machen, weil sie ohne genauere Anweisung eine Regel ver-

© Springer-Verlag GmbH Deutschland, ein Teil von Springer Nature 2020
A. Rutherford, *Bin ich etwas Besonderes?*, https://doi.org/10.1007/978-3-662-61566-9_23

allgemeinert haben. Meine vierjährige Tochter sagt „geschwimmt" für das Perfekt von „schwimmen", weil ihr Gehirn die Regel erlernt hat, dass Tätigkeiten in der Vergangenheit häufig durch Hinzufügen eines -t am Ende des Wortes wiedergegeben werden. Die Ausnahmen von solchen Regeln müssen wir lernen, und gleichzeitig sind wir in der Lage, eine grammatikalische Regel auf ein anderes Wort zu übertragen. Es ist eine ungeheuer leistungsfähige Softwareplattform.

Außerdem verändern Wörter im Laufe der Zeit ihre Bedeutung. Ständig kommen neue geprägte Wörter hinzu, erweitern unseren Wortschatz und sind entweder nützlich oder schiere Schnörkel; andere enden auf dem linguistischen Müllhaufen. Eifrige Grammatikpedanten fantasieren, Sprache verfalle ständig und bewege sich von irgendeiner imaginären, unverwässerten Form weg, aber dabei verkennen sie, dass Wörter und Sprache sich durch den Gebrauch in einer ständigen Evolution befinden und dass die ursprüngliche Bedeutung eines Wortes nicht zwangsläufig diejenige ist, die sie im heutigen Sprachgebrauch hat. Linguisten unternehmen den lobenswerten und häufig erfolgreichen Versuch, Evolutionsstammbäume für Wörter und Sprachen zu zeichnen; das ist weitaus schwieriger als in der Evolutionsbiologie, denn das gesprochene Wort hallt nicht durch die Zeiten wider wie ein Knochen, der sich in Stein verwandelt hat. Dennoch konstruieren wir historische Verwandtschaftsbeziehungen zwischen Sprachen und bauen Stammbäume der Sprachevolution auf. Diese können in einem weiten Sinn aufschlussreich sein: Aus einer hypothetischen proto-indoeuropäischen Sprache ging ein europäischer Stamm hervor, der sich dann zu den slawischen Ästen, germanischen Zweigen und romanischen Fortsätzen weiterentwickelte, während aus einem indo-iranischen Stamm das Iranische, das Anatolische und Hunderte weiterer Sprachen und Dialekte entstanden. Solche Stammbäume erklären aber nicht den ständigen horizontalen Austausch von Wörtern, die aus anderen Sprachen übernommen werden, wenn Menschen sich rund um die Welt bewegen.

Das Englische erlebte einen umfangreichen Zustrom von Wörtern, seit William 1066 seine Eroberungen machte; in den Jahren, in denen die Wikinger die britischen Küsten unsicher machten, übernahmen die Briten einen stetigen Strom altnordischer Wörter; die Römer brachten das Lateinische mit – unsere unglaublich reichhaltige Sprache ist ein Mischmasch, in dem sich unsere genetische Vergangenheit ebenso widerspiegelt wie unsere Kulturgeschichte. Nachdem die Genetik heute immer genauer historische Wanderungsbewegungen nachzeichnen kann, stoßen wir sogar auf überraschende Wechselbeziehungen zwischen dem, was wir sind, und dem, was wir sagen. Die indigene Bevölkerung von Vanuatu wurde offenbar um rund 400 v. u. Z. von einer anderen Gruppe aus dem Bismarck-Archipel in Ozeanien verdrängt, die aber nach dem Wechsel die gleiche Sprache bei-behielt. In diesem Extrembeispiel ist die kulturelle Weitergabe einer Sprache vollkommen von den Genen entkoppelt.

Wörter als Symbole

Alle Wörter und Bedeutungen, die wir in unserem Gehirn gespeichert haben, und auch alle Wörter, die wir noch lernen werden, stehen nicht einfach in einer Tabelle, in der wir nachsehen, wenn wir sie brauchen. Wir verstehen Wörter. Wenn wir eine Nase sehen, erkennen wir, dass das, was wir betrachten, eine Nase ist, weil wir aus Erfahrung wissen, wie Nasen aussehen. Lesen wir das Wort „Nase", sehen wir keine Nase unmittelbar vor uns. Und doch wissen wir, was gemeint ist. Obendrein könnte ich andere Wörter hinzufügen, Adjektive, die den Gedanken noch verstärken; wenn wir an eine riesige rote Nase denken, haben wir drei voneinander unabhängige Begriffe – Größe, Farbe und Gegenstand – gekoppelt und nicht nur als symbolische Beschreibung eines imaginären Gegenstandes zusammengeführt, sondern auch als abstrakte Vorstellung, die wir uns ausmalen können, obwohl sie keine Grundlage in der Realität hat. Symbolismus ist von einer komplexen, klugen Vielseitigkeit.

Sieht man von Lautmalerei einmal ab, sind Linguisten im Allgemeinen der Ansicht, dass die symbolische Bedeutung von Worten willkürlich ist. „Summ" hört sich nach dem an, was es bedeutet, aber die Wörter *deux, zwei, ni, tše pedi, rua, núnpa* und *tsvey*[1] bezeichnen alle eine ganze Zahl, die größer als eins und kleiner als drei ist, doch es gibt keinen naheliegenden Grund, warum alle diese Wörter das Gleiche bedeuten.

---

[1] Französisch, Deutsch, Japanisch, Sotho, Maori, Lakota Sioux und Jiddisch.

© Springer-Verlag GmbH Deutschland, ein Teil von Springer Nature 2020
A. Rutherford, *Bin ich etwas Besonderes?*, https://doi.org/10.1007/978-3-662-61566-9_24

Betrachten wir einmal den Pottwal, der in *Per Anhalter durch die Galaxis*[2] auf unwahrscheinliche Weise oberhalb des Planeten Magrathea ins Dasein gerufen wird. Von seiner Entstehung überrascht, grübelt er im Sturz fröhlich über die Entstehung von Wörtern nach:

> Mannomann! Jungejunge! Was ist denn das, was da plötzlich so schnell auf mich zukommt? Sehr, sehr schnell. So riesig und so flach und so rund. Das braucht einen riesigen, weiten klingenden Namen ... wie ... un ... und ... rund ... Grund! Das ist es! Das ist ein guter Name – Grund!
>
> Ob er wohl nett zu mir ist?

Armer alter Wal! Paradoxerweise kann er Wörter aus einem umfangreichen Vokabular vergleichen, um einen ganz neuen Begriff für das tödliche Land unter ihm zu finden. Unausgesprochen wird hier gesagt, dass das Wort „Grund" eine innere Eigenschaft hat, die mit seiner physischen Realität im Zusammenhang steht. Eine 2016 erschienene Studie legt die Vermutung nahe, dass manche Worte einen schwachen Hauch einer solchen inneren Eigenschaft haben und dass dieses Prinzip allgemein verbreitet ist. Linguisten betrachteten 100 Wörter aus dem Grundwortschatz von 62 % der Sprachen auf der Welt. Unter ihnen waren Pronomen, einfache Bewegungsverben und Substantive für Körperteile und Naturerscheinungen, beispielsweise „du" und „wir", „schwimmen" und „gehen", „Nase" und „Blut", „Berg" und „Wolke". Diese wurden nach dem Wahrscheinlichkeitsprinzip analysiert, das heißt, man berechnete mit statistischen Methoden die Wahrscheinlichkeit, dass Laute in Wörtern aus nicht miteinander verwandten Sprachen sich häufiger ähneln, als es dem Zufall entsprechen würde. Das englische Wort, mit dem wir die visuelle Wahrnehmung von Energie aus dem elektromagnetischen Spektrum mit einer Wellenlänge zwischen 620 und 750 Nanometern beschreiben, lautet *red*. In anderen europäischen Sprachen, die mit unserer räumlich und zeitlich eng verwandt sind, enthalten die Bezeichnungen für Rot ebenfalls einen auffälligen r-Laut: *Rouge, rosso, rot*. Aber dieser r-Laut ist nicht nur zufällig auch in Sprachen ein wichtiger Bestandteil, die nicht mit dem Indogermanischen verwandt sind. Das Wort, mit dem wir den vorstehenden Teil in der Mitte unseres Gesichts mit seinen zwei Löchern bezeichnen, der vor allem zur Wahrnehmung von Gerüchen dient, enthält auf der ganzen Welt mit großer Wahrscheinlichkeit einen Nasal- oder „n"-Laut.

---

[2]Per Anhalter durch die Galaxis von D. Adams. Üb. v. B. Schwarz; Frankfurt/M.: Ullstein 1996, S. 121.

Das lässt nicht zwangsläufig den Schluss zu, dass Wörter mit ähnlichen Lauten eine gemeinsame Wurzel haben, es könnte aber darauf hindeuten, dass der neurologische Rahmen, der das Sprechen möglich macht, eine sehr grundlegende Grammatik erkennt, nach der manche Wörter in Richtung bestimmter Laute orientiert sind. Vielleicht steuert unser Gehirn uns sanft in Richtung gewisser Laute, die irgendwie an den beschriebenen Gegenstand erinnern.

Aber selbst, wenn man das berücksichtigt, ist der Effekt bei Sprachen, die nicht verwandt sind, nur schwach, und um ihn ausfindig zu machen, bedurfte es einer weitreichenden Datenanalyse. Im Allgemeinen sind Wörter nicht von sich aus Symbole. Die Bezeichnungen für die Nase mögen auf der ganzen Welt häufig nasal klingen, aber *nez, Nase, hana, nko, ihu, phasú* und *noz* sind keine Nase, sondern sie beschreiben die Nase nur, weil man sich darauf geeinigt hat.

Allen Sprachen muss man also die Fähigkeit zuschreiben, ein Ding mit einem anderen zu bezeichnen. Wir kennen Zehntausende von Wörtern, können sie anordnen und entsprechend einer erlernten Syntax so konstruieren, dass sie einen Sinn vermitteln; genau das tun wir jedes Mal, wenn wir sprechen, ohne ein großes *gallimaufry*[3] anzurichten. Ist das nicht schlau? Ich habe „*gallimaufry*" nachgeschlagen, um ein ungewöhnliches oder altertümliches Wort zu finden, das mir nicht bekannt war, aber auch ohne es zu kennen, kann man dem Satzzusammenhang genau entnehmen, was es bedeutet.

Ein Wort ist eine symbolische Bedeutungseinheit, die eine Sache, eine Tätigkeit oder ein Gefühl bezeichnet. Aber wenn ein Papagei etwas nachplappert, gehen wir nicht davon aus, dass er den erzeugten Geräuschen eine symbolische Bedeutung beilegt. Er ahmt einfach nur nach. Wir dagegen kommunizieren auch nonverbal mit symbolischen Gesten in dem Sinn, dass die Geste selbst nicht zwangsläufig die nachfolgende Tätigkeit imitiert. Manche unserer Gesten weisen auf die erforderliche Handlung hin, beispielsweise wenn wir wiederholt mit einem Finger oder einer Hand etwas andeuten und damit „von dort nach hier" sagen. Für andere gilt das eindeutig nicht, sondern man hat sich in einer Kultur auf ihre Bedeutung geeinigt. Eine erhobene Hand mit nach vorn gestreckter, offener Handfläche bedeutet in vielen Kulturen entweder „halt" oder „hallo". Diese Haltung zeigt auch der nackte Mann auf den Platten aus Gold und Aluminium, die

---

[3]Das recht ungebräuchliche englische Wort *gallimaufry* bedeutet so viel wie „Mischmasch" oder „Durcheinander" (Anm. d. Übers.).

sich an Bord der Raumsonden Pioneer 10 und 11 befinden, für den Fall, dass sie in auf ihrem Weg durch die Milchstraße auf außerirdisches Leben treffen; ich habe das immer für ein wenig seltsam gehalten, denn die Handhaltung kann für einen Außerirdischen, der die Konvention nicht kennt, auch anderes bedeuten, beispielsweise „ich möchte dir mit meiner flachen Hand ins Gesicht schlagen" oder sogar „bitte befruchtete mich gewaltsam und dezimiere dann meine Spezies". Die Übereinkunft ist so willkürlich, dass sie selbst für viele Menschen gegensätzliche Bedeutungen haben kann.

Bekräftigt werden solche Bedenken, wenn wir versuchen, nonverbale symbolische Gesten von Schimpansen und Bonobos zu verstehen. Den Oberarm eines Bonobos festzuhalten, kann „besteige mich" bedeuten, bei – insbesondere jungen – Schimpansen bedeutet es „hör auf mit dem, was du tust". Ein kräftiges Kratzen am oberen Unterarm kann für einen Bonobo „fange an, mich zu kraulen" bedeuten, für einen Schimpansen bedeutet es „komm mit". Ein erhobener Arm bedeutet für einen Bonobo „ich besteige dich jetzt", für einen Schimpansen dagegen „nimm das".

Typisch für Bonobos ist, dass viele Gesten „beginne mit dem Geschlechtsverkehr" oder „beginne mit dem Aneinanderreiben der Genitalien" bedeuten (siehe Kap. „Wer den Mund zu voll nimmt …"). Am offensichtlichsten ist eine breitbeinige Präsentation der Genitalien, die anscheinend ganz einfach „hast du Lust?" bedeutet. Hoffen wir, dass die Außerirdischen, die auf die Pioneer-Sonden stoßen, nicht so geil sind wie die Bonobos. Schimpansen sind nicht ganz so unterleibsversessen, aber trotz ihrer vergleichsweise keuschen Lebensführung bedeutet das Wedeln mit einem Zweig oder eine Berührung an der Schulter offenbar bei beiden Arten von *Pan* so viel wie „gehen wir es an". Vernünftigerweise kann man davon ausgehen, dass es sich um symbolische, erlernte Gesten handelt, nicht nur weil sie nicht zwangsläufig der gewünschten Tätigkeit ähneln (auch wenn das Präsentieren der Genitalien eine recht offenkundige Bedeutung hat), sondern auch weil die Bedeutungen sich bei den beiden Arten unterscheiden.

Ebenso wissen wir, dass auch andere Säugetiere zu erlernten, symbolischen Lautäußerungen in der Lage sind. Präriehunde und Südliche Grünmeerkatzen stoßen je nachdem, was für ein Raubtier sich nähert, unterschiedliche Alarmrufe aus und verhalten sich entsprechend. Bei den Affen warnt ein tiefes Grunzen vor einem Adler von oben, und als Reaktion blicken die Affen zum Himmel und verstecken sich unter den Bäumen; haben sie einen Leoparden erspäht, folgt ein hechelndes „ho-hah", und die Affen klettern in einem Baum auf die dünnsten Äste, die ihr Gewicht tragen, nicht aber das eines Leoparden; ein Kreischen in hoher Tonlage warnt vor einer Schlange, und hier besteht die richtige Reaktion darin, sich auf zwei Beinen aufzurichten und sich auf dem Erdboden umzusehen.

Lautäußerungen mit symbolischer Bedeutung beschränken sich auch nicht nur auf Primaten. Durch Stridulation, das heftige Aneinanderreiben zweier Körperteile, erzeugen Heuschrecken und Tausende andere Insekten die nächtlichen Geräusche, mit denen sie ihre sexuelle Bereitschaft bekanntgeben. Sie sagen damit nicht nur „hier bin ich, und ich habe Lust", sondern viele Arten kennzeichnen durch Abwandlungen des Tons auch ihr Territorium oder schlagen Alarm. Und wo wir gerade bei Insekten sind: Auch der berühmte Schwänzeltanz der Honigbienen ist nichts anderes als eine symbolische Geste. Er ist zwar nicht hörbar, vermittelt aber Informationen über Entfernung und Richtung von Wasser- oder Nektarquellen.

Dass Tiere kommunizieren, ist alles andere als verwunderlich. Bisher hat sich bei unserer Erforschung der Kommunikation von Tieren herausgestellt, dass die Fähigkeit nichtmenschlicher Tiere, Informationen in Form expliziter Nachrichten oder symbolischer Gesten weiterzugeben, weit verbreitet ist. Alle bisher verfügbaren Befunde deuten außerdem darauf hin, dass ihre Kommunikation nicht der unseren gleicht, zumindest nicht was die Zahl der Bedeutungseinheiten in ihrem Vokabular angeht. Wie ich an anderer Stelle in diesem Buch bereits erläutert habe, sollte man festhalten, dass die Natur zum allergrößten Teil von uns unbeobachtet bleibt; wir sollten also wegen der Dinge, die wir noch nicht entdeckt haben, eine gewisse Demut an den Tag legen. Dass Elefanten mit Infraschall kommunizieren, wissen wir erst seit Mitte der 1980er-Jahre: Sie verständigen sich mit anderen Elefanten unter Verwendung von Frequenzen, die weit unterhalb unseres Hörbereichs liegen, aber den Vorteil haben, dass sie sich über viele Kilometer fortpflanzen und dabei kaum verzerrt werden. Heute verschaffen wir uns allmählich einen Eindruck davon, wie Delfine und manche Wale die Schwingungen der Luft in Geräusche im Wasser umwandeln; bei beiden Gruppen von Meeressäugern dürfte der Kehlkopf eine gewisse Ähnlichkeit mit dem unseren haben, aber bei anderen Walen, so in der Familie der Bartenwale, wissen wir es einfach nicht.

In Gefangenschaft haben wissenschaftliche Betreuer vielen Menschenaffen ein Vokabular mit willkürlich ausgewählten symbolischen Gesten beigebracht. Manche Berühmtheiten unter den Primaten, so der Bonobo Kanzi, der 1980 an der Georgia State University geboren wurde, oder der Gorilla Koko, geboren im Zoo von San Francisco 1971 (und gestorben im Juni 2018), beherrschten Hunderte von Zeichen einer einfachen Sprache. Ob sie diese einfach auswendig gelernt haben oder ein Verständnis für die

Zeichen als solche besitzen, ist umstritten. Ein Hund wird beim Klang der Worte „komm" oder „los" unruhig, aber nicht, weil er weiß, dass es jetzt nach draußen geht, sondern einfach, weil immer wieder der Zusammenhang zwischen diesem Wort und einem fröhlichen Ausflug hergestellt wurde. Meine Frau und ich bedienten uns früher des französischen Wortes *glace*, um unsere kleinen Kinder nicht auf eine potenzielle Speiseeis-Belohnung aufmerksam zu machen. Aber wie die Hunde, die kein Französisch können, so hatten auch unsere Sprösslinge bald herausgefunden, was die Folge war, wenn das Wort *glace* im Zusammenhang eines Satzes vorkam, während wir im Park waren: Häufig gab es dann ein Eis.

In Gefangenschaft verfügten diese Affen über ein großes Repertoire mit Hunderten von Zeichen, das sind ungefähr so viele wie bei einem dreijährigen Kind. Aber den nichtmenschlichen Menschenaffen fehlt jedes Gespür für Grammatik, und sie können auch keinen Satz bilden; ein typischer Dreijähriger konstruiert mit Leichtigkeit Sätze aus vier Wörtern: „Ich will jetzt Eis." Kein anderer Menschenaffe lässt in seiner Kommunikation eine Struktur oder Zeitangaben erkennen. Was Kindern mit Leichtigkeit gelingt, ist etwas grundlegend anderes. Gene, Gehirn, Anatomie und Umwelt bilden den Hintergrund, vor dem Kinder komplexe, abstrakte, willkürliche und symbolische Wörter, Grammatik, Syntax und Sprache lernen, und das, ohne sich anstrengen zu müssen.

Verbale oder zumindest hörbare Symbolik beschränkt sich ebenso wenig wie symbolische Gesten auf Menschen. Aber wie bei anderen in diesem Buch genannten Fällen, so müssen wir auch hier vorsichtig mit der Vermutung sein, ähnliche Verhaltensweisen bei Tieren und uns hätten in der Evolution einen gemeinsamen Ursprung. Die Genetik von *FOXP2* bei uns und anderen Tieren, die zu Lautäußerungen in der Lage sind, zeigt es ganz deutlich: Die genetischen, neurologischen und anatomischen Voraussetzungen für die Geräuscherzeugung mit dem Mund haben eindeutig einen evolutionären Ursprung, und dieser ist von den Vögeln über Affen und Delphine bis zu uns der gleiche (aber nicht bei den Insekten, die mit ihren Extremitäten und anderen Körperteilen Geräusche erzeugen). Die Verbindung von Bedeutungen mit diesen Symbolen – Geräuschen und Gesten – scheint eine Besonderheit bestimmter Arten zu sein, und wir sind darin allen anderen, was Umfang und Verfeinerung betrifft, meilenweit voraus.

Wir müssen sprechen, beschreiben und abstrahieren, und wir müssen Informationen über unsere Gedanken und die Gedanken anderer Menschen vorhersehen und austauschen können. Vielleicht ist die Kommunikation der Gorillas in freier Wildbahn, weitab von unserer Neugier, viel komplizierter, und wir kennen nur den Mechanismus noch nicht. Ihre Kommunikation hat sich im Laufe der Evolution so entwickelt, dass sie zu den Tätigkeiten von Gorillas passt, aber sie ist keine evolutionäre und neurologische Voraussetzung, mit der sie verstehen könnten, was wir tun. Vorerst gibt es Sprache ausschließlich bei uns.

Zu „uns" gehören dann allerdings vermutlich auch die Neandertaler. Außerdem werden wir wahrscheinlich herausfinden, dass auch die Denisova-Menschen sprechen konnten, aber dazu müssen wir erst weitere sterbliche Überreste von ihnen finden.

Symbolik jenseits der Worte

Die Hard- und Software ist vorhanden, deshalb sprechen wir. Den Kipp-schalter, der uns von gewöhnlichen Menschenaffen zu Menschen machte, gab es nicht. Nach heutiger Kenntnis war die Sprachfähigkeit vor rund 70.000 Jahren vollständig ausgeprägt, denn zu dieser Zeit fand die Aus-wanderung aus Afrika statt, und die Bevölkerungsgruppen, die sich dabei überallhin verteilten, verfügten über eine hoch entwickelte Sprache. Wenn wir Recht mit der Annahme haben, dass auch Neandertaler und Denisova-Menschen über eine solche Sprache verfügten, gibt es zwei Möglichkeiten: Entweder war die Sprache schon vorhanden, als sich die drei Menschengruppen vor mehr als 600.000 Jahren aufspalteten, oder die physischen Voraussetzungen für eine hoch entwickelte Sprache waren sowohl bei ihnen als auch bei uns gegeben, und die drei Gruppen begannen unabhängig voneinander zu sprechen.

Ganz gleich, wie Sprechfähigkeit und Sprache bei den Menschen ent-standen, es war ein wichtiger Übergang. Alle dazu notwendigen, allein aber nicht ausreichenden Bestandteile wurden in dieser oder jener Form von der Selektion geprägt. Aber es war ein Übergang und keine Revolution, das heißt, es nahm längere Zeit in Anspruch. In der Frage, wie lang dieser Zeitraum war, haben wir aber keine guten Anhaltspunkte. Unsere Abstammungslinie trennte sich vor sechs oder sieben Millionen Jahren von denen der anderen Menschenaffen. Wir wissen, dass die Sprache erst danach entstand. Seit der Zeit vor etwa 2,4 Mio. Jahren wurde das Gehirn unserer Vorfahren beträchtlich größer und wuchs immer weiter, das heißt, die Sprache entstand erst danach, denn nach heutiger Kenntnis ist ein kleines

© Springer-Verlag GmbH Deutschland, ein Teil von Springer Nature 2020
A. Rutherford, *Bin ich etwas Besonderes?*, https://doi.org/10.1007/978-3-662-61566-9_25

Gehirn nicht leistungsfähig genug für ein voll ausgebildetes Sprachvermögen. Wie wir an Funden aus Marokko und Ostafrika ablesen können, trat der *Homo sapiens* frühestens vor 300.000 Jahren ins Dasein, und vor 100.000 Jahren sah unser Körper im Wesentlichen so aus wie heute.

Vor 40.000 Jahren gab es Kunst. Das war ein gewaltiger Schritt in Richtung des symbolischen Denkens. Zu jener Zeit ließen die Menschen überall auf der Welt erstmals „das vollständige Paket" erkennen, wie die Wissenschaftler es manchmal nennen, das heißt ein modernes Verhalten. Auf einer Landenge im Süden der indonesischen Insel Sulawesi gibt es Höhlen, in denen über Jahrtausende Menschen lebten. Ungefähr acht Schritte vom Eingang einer Höhle entfernt befindet sich ein rund 1,50 m langes Wandgemälde. Es zeigt zwölf Hände – oder eigentlich die Umrisse von Händen, denn sie wurden hergestellt, indem man roten Ocker durch ein dünnes Rohr über die Hände eines Menschen blies. In der Nähe befinden sich die Zeichnungen eines dicken Schweins und ein Hirschebers, auch Babirusa genannt. Das alles entstand vor rund 35.000 Jahren; die ältesten Handumrisse sind 39.000 Jahre alt.

Auf der anderen Seite des Globus, in Europa, schufen Menschen ungefähr zur gleichen Zeit ganz ähnliche Kunst. In Südfrankreich gibt es eine Fülle von Höhlen, die mit Bildern von erstaunlicher Schönheit und raffinierter Ausführung geschmückt sind; die Werke stammen ungefähr aus der gleichen Zeit, aber auch aus Epochen bis nahezu in die Gegenwart. Am berühmtesten ist wahrscheinlich die Höhle von Lascaux bei Montignac: Die dortige eiszeitliche Kunstgalerie ist mit 17.000 Jahren ein wenig jünger; sie zeigt mehr als 6000 Figuren, darunter Jagddarstellungen mit Pferden und Bisons, Raubkatzen, den ausgestorbenen Riesenelch *Megalocerus giganteus* und abstrakte Symbole, deren Bedeutung wir vielleicht nie verstehen werden. Die Menschen malten mit Holzkohle oder Hämatit und brachten die Farbstoffe in Suspension mit Tierfett oder Ton auf die Wände auf. Sie sind atemberaubend.

Die ältesten Höhlenmalereien Europas befinden sich weiter östlich in der Höhle von Chauvet-Pont-d'Arc. Auch hier finden wir Reliefdarstellungen von Tieren, Jagd und Jägern – Höhlenlöwen, Schwänen, Bären und Panther – du liebe Güte! Die ältesten Gemälde wurden neuesten, 2016 veröffentlichten Studien zufolge vor 37.000 Jahren geschaffen.

Dann gibt es den Löwenmenschen von Hohlenstein-Stadel. Auf der Schwäbischen Alb am Hohlenstein in der Stadel-Höhel kam eines der wichtigsten jemals von einem unbekannten Künstler geschaffenen Werke ans Licht. Vor rund 40.000 Jahren saß eine Frau oder ein Mann irgendwo in der Höhle oder in ihrer Nähe, um sich herum die Überreste einer

Jagd. Er oder sie nahm ein Stück Elfenbein, einen Stoßzahn eines Woll-haarmammuts, und überlegte sich genau, dass es sich in Material, Form und Größe für einen vorgefassten Plan eignete. Die heute ausgestorbenen Höhlenlöwen waren zu jener Zeit wilde Raubtiere und stellten für Menschen eine Gefahr dar, aber auch für die Tiere, die von den Menschen gejagt und gegessen worden. Die Person dachte über die Löwen nach, dachte daran, wie Respekt einflößend sie waren, und fragte sich vielleicht, wie es sich anfühlen würde, wenn die Kraft eines Löwen im Körper eines Menschen stecken würde. Vielleicht verehrte der Stamm die Höhlenlöwen aus Angst und Ehrfurcht. Was der Grund auch war: Der Künstler oder die Künstlerin nahm das Stück Mammutelfenbein und ein Messer aus Feuer-stein, um aus dem Stoßzahn geduldig eine mythische Gestalt zu schnitzen.

Der Löwenmensch ist ein Mischwesen, ein Fantasiegeschöpf aus den Teilen mehrerer Tiere (Abb. 1). Solche Chimären gibt es in allen Kulturen der Menschen während des größten Teils ihrer Geschichte, von Meerjung-frauen, Faunen und Kentauren über den prachtvollen Affenmenschen-Gott Hanuman und die japanische Schlangenfrau *nure-onna* bis zum Wolpertinger, einer absurden, boshaften bayerischen Mischung aus Ente, Eichhörnchen und Hase mit Geweih und Vampirzähnen. Seine höchste Aus-drucksform findet unser 40.000 Jahre altes Interesse an Mischwesen heute in Form der Gentechnik, mit der man Elemente eines Tieres in ein anderes übertragen kann; deshalb haben wir heute Katzen, die mit den Genen der fluoreszierenden Tiefseequalle *Aquorea victoria* im Dunkeln leuchten, und Ziegen, die in ihrem Euter die Fäden der Seidenspinne produzieren.

Das älteste derartige Wesen, das wir kennen, ist der Löwenmensch. Die rund 30 cm hohe Figur eines Mannes mit Löwenkopf ist eine außergewöhnliche Arbeit und auch ein wichtiger Beitrag zu unseren Erkenntnissen über die Evolution. Der Künstler muss nicht nur über große Geschicklichkeit und eine gute Feinmotorik verfügt haben, sondern auch über die Voraussicht, den richtigen Knochen auszuwählen und die Figur nach einem Plan zu schnitzen. Das Werk lässt Kenntnisse über die Natur ebenso erkennen wie die Verehrung der Tiere in einem Ökosystem, das ent-scheidend über das Leben der Menschen bestimmte. Vor allem aber zeigt es die Bereitschaft, sich etwas vorzustellen, was es in Wirklichkeit nicht gibt.

Es handelt sich, wie man an den Genitalien erkennt, um eine männliche Figur, und in den linken Arm sind sieben Streifen eingeschnitten, die fast wie Tattoos aussehen (Abb. 1). Sie wurde 1939 tief im Inneren der Höhle Hohlenstein-Stadel gefunden, und zwar fast in einem Geheimgewölbe, einer Art Kämmerchen, das auch andere Gegenstände enthielt: geschnitzte Geweihe, Anhänger und Perlen. Daraus zog man den Schluss, dass es sich

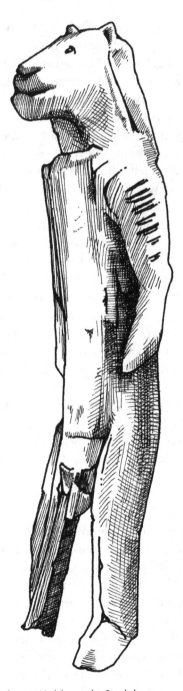

Abb. 1   Der Löwenmensch von Hohlenstein-Stadel

um kostbare Gegenstände handelte, die möglicherweise eine Bedeutung als Totems hatten. Nicht weit davon, in der Vogelherd-Höhle, fand man Figuren von einem Mammut und einem Wildpferd sowie den prächtig geschnitzten Kopf eines Höhlenlöwen. Vielleicht waren die Höhlenlöwen zu jener Zeit Sinnbilder eines zeremoniellen Kults, und die Schnitte am Arm hatten für das mythische Wesen eine wichtige Bedeutung. Vielleicht.

Ein paar Kilometer weiter südwestlich finden wir das älteste Beispiel für einen weiteren Zauber: die Venus von Hohlefels (siehe Abbildung in der Kap. „Einleitung"). Man kennt eine ganze Reihe prähistorischer weiblicher Skulpturen. Allgemein werden sie als Venusfigurinen bezeichnet, nachdem Paul Hurault, der achte Marquis de Vibraye, in den 1860er-Jahren in der Dordogne das erste Exemplar entdeckt hatte. Da ihm der ausgeprägte Einschnitt auffiel, der die Vulva darstellte, nannte er sie *Vénus Impudique* – die „schamlose Venus". Die Venus von Hohlefels ist die älteste derartige Figur: Sie entstand vermutlich vor 40.000 Jahren. Damit ist sie auch die älteste Darstellung eines menschlichen Körpers.

Die Venus ist aber auch eine Abstraktion. Es handelt sich eindeutig um die Darstellung eines Menschen, aber sie ist stark verzerrt, und ihre Merkmale sind alles andere als realistisch. Die Brüste sind riesengroß, der Kopf ist winzig. Sie hat eine breite Taille und geschwollene Schamlippen. Derart übertriebene Geschlechtsmerkmale findet man auch bei den anderen steinzeitlichen Venusfigurinen; deshalb wurde spekuliert, es könne sich um Fruchtbarkeitsamulette oder sogar Fruchtbarkeitsgöttinnen handeln. Manche Autoren haben auch die Vermutung geäußert, es sei Pornografie. An Kunstwerken von Männern, die sexualisierte Frauen dargestellt haben, herrscht zwar kein Mangel, aber die Motive des Venus-Bildhauers kennen wir nicht. Die Ähnlichkeiten zwischen den wenigen erhaltenen Venusfigurinen legen allerdings die Vermutung nahe, dass ein sexueller Aspekt eine Rolle spielte; die Vorstellung, dass es sich um Fruchtbarkeitsamulette handelt, ist nicht weniger spekulativ als der Gedanke, sie seien der Fantasie eines steinzeitlichen Künstlers entsprungen. Ebenso ist nicht klar, warum die Köpfe häufig klein sind: Es könnte mit der Perspektive zu tun haben – in Wirklichkeit kann man den eigenen Kopf nicht sehen, sodass er aus dem eigenen Blickwinkel klein erscheint, und wenn man nach unten blickt, sehen die Brüste vielleicht unverhältnismäßig groß aus; damit ist allerdings nicht die Tatsache erklärt, dass der Künstler sicher die Köpfe und Körper anderer Menschen sehen konnte. Vielleicht war es eine künstlerische Entscheidung. Würden wir in einer Million Jahren ein Porträt von Francis

Bacon oder den Teppich von Bayeux ohne jeden Zusammenhang entdecken, wir würden uns vielleicht auch die Frage stellen, was im Kopf dieser
Künstler vorging. Was die steinzeitlichen Bildhauer dachten, werden wir nie
erfahren. Wir wissen nur eines: Ihr Geist war nicht anders als der unsere.

In Deutschland hat man auch Quer- und Längsflöten aus der gleichen
Zeit gefunden, hohle Röhren mit Grifflöchern, die aus den Knochen von
Höckerschwänen, Mammuts und einem Gänsegeier geschnitzt wurden.
Noch älter könnten Schlaginstrumente oder Trommeln gewesen sein, denn
um auf Gegenstände zu schlagen und damit rhythmische Geräusche zu
erzeugen, braucht man nicht die gleiche kognitive Fantasie wie für die Herstellung einer Flöte mit Grifflöchern, die mehrere Töne hervorbringt (wobei
ich mich bei allen Schlagzeugern dieser Welt entschuldige).

Was die Genauigkeit der Datierung angeht, gibt es einige Meinungsverschiedenheiten. Nicht immer kann man sich auf die richtigen Methoden
zur Datierung von Gestein und Kunstwerken einigen, und die Fehlerspanne
liegt unter Umständen bei mehreren Tausend Jahren. Aber für das große
Bild von der Evolution des Menschen sind die genauen Daten auch nicht
von entscheidender Bedeutung. Vor 40.000 Jahren gab es eindeutige, unver-
wechselbare figürliche Darstellungen in zahlreichen Formen, und wir finden
eindeutige Anhaltspunkte für Fantasie, abstraktes Denken, Musik und weit-
reichende feinmotorische Fähigkeiten. Irgendetwas hatte sich verändert.

Die geografische Verbreitung ist nicht nur für sich betrachtet wichtig,
sondern auch weil Indonesien weit von Europa entfernt ist. Die Kunstwerke,
die wir in europäischen Höhlen gefunden haben, stammen ungefähr aus der
gleichen Zeit wie die aus Südostasien. Das kann zweierlei bedeuten: Entweder waren die Fähigkeiten zur Schaffung solcher Kunstwerke bereits bei
dem gemeinsamen Vorfahren der indonesischen und europäischen Künstler
vorhanden, das heißt einige Zehntausend Jahre früher. Oder aber die
Menschen in Indonesien malten unabhängig von den Europäern ungefähr
zur gleichen Zeit. Da wir nur so wenige künstlerische Hinterlassenschaften
kennen, ist die zweite Erklärung die sparsamere. Damit wir die Vorstellung
von einem gemeinsamen künstlerischen Vorfahren rechtfertigen könnten,
müssten wir viel ältere Kunstwerke finden, die geografisch von Europa bis
nach Indonesien verteilt sind.

Alle diese Artefakte zeigen eindeutige Kennzeichen der Moderne. Die
Künstler verfügten über „das volle Paket". Sie hatten eine reichhaltige
Kultur und Ehrfurcht vor ihrer Umwelt, was darauf schließen lässt, dass
sie ihre Stellung in der Natur und in ihrem eigenen Stamm emotional
anerkannten. Sie dachten über Sex nach und malten sich Traumgestalten
aus, die es nicht geben kann, die ihnen aber etwas über ihr Leben sagten.

Solche Verhaltensweisen verbreiteten sich in den nächsten zehn- oder zwanzigtausend Jahren über die ganze Welt, allerdings nicht zwangsläufig von einem einzigen Ausgangspunkt. Anhaltspunkte für das vollständige Paket kennen wir aus Sibirien, Nordostasien, Südostasien und Australien, und alles in den nachfolgenden Jahrtausenden. Wir dürfen allerdings nicht annehmen, dass diese Menschen ihre neuen kognitiven Fähigkeiten in einer direkten Abstammungslinie lernten; vielmehr dürften sie sich an allen genannten Orten von selbst entwickelt haben. Aber wie die weltweite Entwicklung auch abgelaufen sein mag, die ersten Künstler beherrschten die Musik, malten und trugen Mode. Sie waren wie wir.

Bis 2018 glaubten wir, nur wir seien wie sie. In Nordspanien, an der Küste Kantabriens, gibt es viele Höhlen, und in einer davon, El Castillo genannt, befinden sich große Quadrate, eine Art Rahmen von 45 cm Kantenlänge, in roter und schwarzer Farbe. In einem solchen Rahmen sieht man die Umrisse der schwarzen Beine eines Tieres; es könnte sich um ein Rind handeln, aber sicher kann man es nicht sagen. Ein anderes Quadrat zeigt das Bild eines Tierkopfes, auch hier möglicherweise ein Bison oder vielleicht ein Pferd. Außerdem gibt es linienförmige Zeichen, geometrische Muster und ein eigenartiges Bild, das entfernt einer Gestalt ähnelt und auf seltsame Weise an Picassos 1955 geschaffene Silhouette von Don Quichote erinnert.

Das Alter dieser Malereien und zweier weiterer spanischer Höhlenkunstwerke wurde Anfang 2018 ermittelt; es scheint in allen Fällen bei mehr als 64.000 Jahren zu liegen. Die einzigen Menschen, die zu jener Zeit in Europa lebten, waren keine Vertreter des *Homo sapiens*, sondern Neandertaler. Diese stellen auf dem Weg über artübergreifende Kreuzung einen kleinen, aber wichtigen Teil der Vorfahren der meisten heutigen Europäer. Sie kamen als Erste nach Europa, und zwar mehrere Hunderttausend Jahre bevor unsere unmittelbaren Vorfahren sich in Afrika auf den Weg machten. Diese Neandertaler machten sich Gedanken über die Jagd und malten ihre Beutetiere auf Wände, und das mehr als 20.000 Jahre bevor unsere Vorfahren in ihr Territorium eindrangen.

Die ältesten Werke der figürlichen Kunst stammen also nicht von unseren Vorfahren, sondern von unseren Vettern. Dass die Neandertaler eine Kultur besaßen, wissen wir schon seit einiger Zeit, und zuvor war bereits von ihren potenziellen stimmlichen Fähigkeiten die Rede. Eine reichhaltige Quelle für Funde von Neandertalern waren die Höhlen unterhalb der Felsen von Gibraltar; dort sind Überreste ihrer Kultur und Ernährung sowie in einem Fall auch etwas Ähnliches wie ein Kunstwerk zum Vorschein gekommen. In der Gorham-Höhle gibt es eine Reihe von Ritzzeichnungen, die wie die Reste eines großen Brettspiels mit Nullen und Kreuzen aussehen. Die

Markierungen sind sehr willkürlich: Eine Furche wurde vor rund 40.000 Jahren durch mehr als 50 wiederholte Striche gegraben. Die Wissenschaftler in Gibraltar, die diese verblüffende Fundstätte verwalten, haben sich darum bemüht, ihre Entstehung nachzuvollziehen; dass es sich bei den Markierungen um Nebenprodukte beim Zerlegen von Fleisch oder beim Zerschneiden von Fällen handelt, schließen sie aus. Die Linien wurden absichtlich und ohne erkennbaren Grund gezogen.

Wir können noch weiter in die Vergangenheit vordringen. Von unseren Vorfahren kennen wir einige Beispiele für modernes Verhalten aus einer Zeit einige Zehntausend Jahre vor dem Verschwinden der Neandertaler, durch das wir zu den letzten Menschen wurden. Soweit wir wissen, kamen die Neandertaler nie nach Afrika. Die Blombos-Höhle in Südafrika überblickt den Indischen Ozean und war ein zentraler Fundort für Hinweise auf eine moderne Lebensweise von Menschen. Bei diesen mehr als 70.000 Jahre alten Funden handelt es sich unter anderem um Knochenwerkzeuge, Hinweise auf eine spezialisierte Jagd, die Nutzung von Ressourcen aus dem Meer, Handel über große Entfernungen, zu Perlen verarbeitete Tiergehäuse, die Verwendung von Pigmenten sowie um Kunst und Verzierungen; insbesondere Ockerstücke wurden sorgfältig mit kreuz und quer verlaufenden geometrischen Ritzmustern versehen. Ganz in der Nähe, in den Höhlen von Pinnacle Point, findet man fein gearbeitete Quarzitschneiden und rote Ockerfarbstoffe, die zu unbekannten Zwecken hergestellt wurden. Das Alter dieser Funde liegt bei ungefähr 165.000 Jahren. Aus noch älterer Zeit gibt es fossile Süßwasser-Muschelschalen aus Trinil in Java, in die zweieinhalb Zentimeter lange Rillen in Form scharfer Spitzen eingeritzt wurden – eine Art Muschelkritzelei. Ihr Alter ist ein wenig unsicher, die Ritzzeichnungen wurden aber irgendwann vor 380.000 bis 640.000 Jahren angebracht. Damit sind sie älter als alle anderen Belege für absichtliche, nicht der Nützlichkeit dienende Handarbeit. Die einzigen Menschen, die zu jener Zeit in Java lebten, waren unsere entfernten evolutionären Vettern der Spezies *Homo erectus*.

Viele Spuren moderner Fähigkeiten und Verhaltensweisen sind wesentlich älter als die sogenannte „kognitive Revolution" vor 45.000 Jahren. Sie sind aber nichts Dauerhaftes, sondern nur ein sporadisches Aufblitzen: Im weiteren Verlauf verschwinden sie wieder aus den archäologischen Funden. Von Dauer war die materielle Kultur erst seit 40.000 Jahren oder ein paar Jahrtausenden mehr oder weniger. Zu jener Zeit waren die Neandertaler verschwunden. Vor 20.000 Jahren schließlich war alles da: Kunst, Schmuck, Tätowierbesteck, Waffen wie Speere, Bumerang und Harpunen mit Widerhaken. Das alles gab es nun auf der ganzen Welt.

Wenn du sehen könntest, was ich mit deinen Augen gesehen habe!

Kunst, Handwerk und Kultur setzen einen hoch entwickelten Geist voraus. Außerdem erfordern sie eine Sprache, mit der man die Komplexität solcher abstrakter Hervorbringungen und ihrer Bedeutung der Familie und der größeren Gruppe vermitteln kann. In welcher Reihenfolge wir diese Merkmale erworben haben, wissen wir nicht, und möglicherweise ist es nicht einmal hilfreich, wenn man sich vorstellt, ihre Evolution sei Schritt für Schritt verlaufen. Nur durch einen langsamen, allmählichen, subtilen Wandel konnten alle Puzzlesteine zusammenfinden, sodass wir heute so und nicht anders sind.

Wir können uns vorstellen, dass der Spracherwerb wie bei einem Kind abgelaufen ist, aber das ist etwas anderes als der Evolutionsprozess, denn beim Kind ist der erforderliche Rahmen bereits vorhanden. Dennoch werden Gegenstände zuerst benannt – *Höhlenlöwe* –, und später ordnen wir den benannten Objekten eine Tätigkeit zu – *Höhlenlöwe kommt näher*. Als Nächstes können wir detailliertere, nützliche Attribute hinzufügen – *zwei große Höhlenlöwen kommen näher*. Solche Informationen zu übermitteln, ist in einer sozialen Gruppe ebenso lebenswichtig wie die Rufe der Grünmeerkatze, die ihre Artgenossen auf einen Adler aufmerksam macht. Wir sind uns einer Situation bewusst, und es ist nützlich, wenn wir wissen, dass auch ein anderer sie kennt – *ist dir klar, dass zwei große Höhlenlöwen näher kommen?* Der andere kann dann weitere nützliche Details hinzufügen, die es uns ersparen, kostbare Ressourcen zu vergeuden – *die beiden näherkommenden Höhlenlöwen sind satt, denn sie haben gerade Steve gefressen.*

© Springer-Verlag GmbH Deutschland, ein Teil von Springer Nature 2020
A. Rutherford, *Bin ich etwas Besonderes?*, https://doi.org/10.1007/978-3-662-61566-9_26

Sich in den Geist eines anderen hineinverversetzen zu können, ist ein Schlüsselelement unserer kognitiven Entwicklung, und dazu muss auch die Sprache ihren Teil beitragen: Wir müssen komplexe Informationen zwischen Individuen und Gruppen austauschen. Nachdem ein Baby geboren wurde, ist es nahezu sofort in der Lage, Gesichter zu erkennen, in den meisten Fällen die von Mutter und Vater. Blickkontakt ist für Säuglinge etwas ganz Natürliches. Wir können untersuchen, wie lange sie den Blick auf ein Objekt oder eine Person richten, und daraus schließen, wofür sie sich stärker interessieren. Babys bevorzugen offene Augen, und im Laufe der weiteren Entwicklungsmonate erkennen sie an den Gesichtern von anderen verschiedene Gefühle – Freude, Wut, Traurigkeit, Angst, Abscheu. Ebenso beginnen sie, mit Gesicht und Stimme den eigenen Gefühlszustand auszudrücken; am Anfang werfen sie dazu einfach Schmerzen, Hunger, Müdigkeit und Angst in einen Topf – „Das fühlt sich unangenehm an" –, und irgendwann zu einem späteren Zeitpunkt ihres Lebens beherrschen sie hoffentlich das gesamte Spektrum menschlicher Emotionen. Wir wissen, dass manche Tiere in den Gesichtern von Menschen lesen können und vielleicht sogar in begrenztem Umfang die Gefühlszustände dieser Menschen erfassen. Schafe können einzelne Menschen sehr gut identifizieren. Im Jahr 2017 zeigte sich in Experimenten, dass man sie sehr leicht darauf trainieren kann, ganz bestimmte Gesichter – auch das von Barack Obama – zu erkennen, Schäfer wissen dies allerdings schon seit langer Zeit.[1] Wie wir zuvor bereits erfahren haben, lernten die sehr schlauen Geradschnabelkrähen, welche Gesichter eine Gefahr darstellen und welche harmlos sind, und an diese Information konnten sie sich noch nach Jahren erinnern. Jeder Hundebesitzer weiß, dass sein Liebling den emotionalen Zustand eines Menschen recht gut erkennt, und in Experimenten ändern Hunde ihren Gesichtsausdruck weitaus stärker, wenn sie wissen, dass ein Mensch sie ansieht.

Die Fähigkeit, den Gefühlszustand eines anderen zu beurteilen, ist eine Art Gedankenlesen. Wir versuchen zu verstehen, was der andere Geist will oder braucht. Das ist mithilfe nonverbaler Anhaltspunkte nur in begrenztem Umfang möglich. Eine solche Kommunikation bleibt auf die Gegenwart beschränkt, aber Menschen geben sich damit nicht zufrieden. Natürlich denken auch Tiere in die Zukunft und erinnern sich an die Vergangenheit. Sie denken an Fressen, Fortpflanzung und den Erfolg ihrer Nachkommen.

---

[1]Das Experiment mag töricht erscheinen, aber Schafe sind sehr gute Versuchstiere für schreckliche Nervenverfallsleiden wie die Huntington-Krankheit. Bei manchen solchen Gehirnerkrankungen sterben die Neuronen ab und einzelne Funktionen gehen verloren, darunter die Fähigkeit, Gesichter von Menschen zu erkennen.

Vögel und andere Tiere, darunter die Eichhörnchen, denken in die Zukunft: Sie lagern Futter für spätere Zeiten ein und müssen sich dann daran erinnern, wo sie ihre Nüsse versteckt haben. Viele Lachse kehren genau zu ihrem Geburtsort zurück, obwohl sie zuvor den größten Teil ihres Lebens im Ozean verbracht haben.

Solche Gedächtnisleistungen sind nicht mit den unseren zu vergleichen. Wir sind extreme mentale Zeitreisende. Wir denken über die Vergangenheit nach, und das nicht nur oberflächlich oder weil wir etwas auswendig gelernt haben. Ich denke beispielsweise gerade an Steve, den Menschen aus der Zeit vor 40.000 Jahren. Man kann sich ohne große Schwierigkeiten ausmalen, was in ihm vorging, als er auf den Höhlenlöwen traf, der ihm zum Verhängnis wurde – wir würden heute im Wesentlichen ebenso reagieren. Ich kann mir aber auch vorzustellen versuchen, was die Person dachte, die sich hinsetzte und den Löwenmenschen oder eine jener vollbusigen Venusstatuen schnitzte. Auch über die Zukunft können wir reflektieren. Dabei geht es nicht nur um die nächste Mahlzeit, sondern auch um Pläne für den Geburtstag meiner Mutter im Juli oder um die Frage, wovon mein nächstes Buch handeln wird. Ich male mir gern aus, welche Lieder bei meiner eigenen Beerdigung gespielt werden sollen, und ich hoffe, die Gäste haben ihre Freude daran.

Mit unserer Fähigkeit, in der Zeit vorwärts und rückwärts zu springen, können wir uns auch in den Geist anderer bewusstseinsbegabter Lebewesen hineinversetzen. Bewusstsein ist ein schlecht definierter Begriff; er hat für viele Menschen ganz unterschiedliche Bedeutungen und bezeichnet beispielsweise Ichgefühl, Empfindungsfähigkeit, die Fähigkeit, zu erleben oder zu fühlen, und anderes. Der Frage, ob Tiere ein Bewusstsein haben, wurde großes Gewicht beigemessen, aber das hängt in Wirklichkeit davon ab, was man mit Bewusstsein meint. Tiere können eindeutig Empfindungen haben und ihre Umwelt erleben. Viele Tiere erkennen sich auch selbst und treten innerhalb oder außerhalb ihrer eigenen Spezies mit dem Geist anderer Tiere in Verbindung. Haben sie ein unergründliches Innenleben? Wird es uns gelingen, eine neurologische Grundlage für unser eigenes Bewusstsein zu finden und sie dann mit der anderer Tiere zu vergleichen? Das alles sind unbeantwortete Fragen und Gegenstände für viele weitere Forschungsarbeiten sowie für ein anderes Buch.

Vorerst können wir sagen: Wir erkennen Bewusstsein bei anderen Menschen, obwohl es schlecht definiert ist, und oft glauben wir, wir würden es auch bei anderen Tieren beobachten, ganz gleich, ob es stimmt oder nicht. Wir sind gegenüber einem anderen Bewusstsein sogar so empfindlich, dass wir es überall zu erkennen glauben. Menschen sind so darauf eingestellt, in

Gesichtern das Abbild eines Geistes zu sehen, dass wir in unserer Dichtung auch Tieren, die weit außerhalb jeder sinnvollen Definition für ein Bewusstsein stehen – Insekten, Bärtierchen, Krebse – eine Persönlichkeit zuschreiben. Als Pareidolie bezeichnet man das psychologische Phänomen, Gesichter in unbelebten Objekten zu sehen – Jesus auf einer Scheibe Toast, ein Gesicht auf der Marsoberfläche. Unser Gehirn weiß, dass Gesichter wichtig sind, und erkennt das Muster eines Gesichtes selbst da, wo kein Geist dahinter stehen kann. Außerdem sind wir so auf das Bewusstsein anderer ausgerichtet, dass wir eine Handlungsmacht erkennen, wo keine ist. In gefährlichen Situationen eine Handlungsmacht zu vermuten und das eigene Verhalten darauf einzustellen, ist äußerst nützlich. Ein Tier tut dies mit vielen Mitteln: Viele Säugetiere werden von Geburt an von chemischen Signalen im Urin eines räuberischen Fuchses oder Kojoten abgestoßen; Vögel lassen sich von Vogelscheuchen täuschen. Wir sind schlauer als Vögel, aber wir haben auch nicht die Nase eines Kaninchens; also verlassen wir uns im Wesentlichen auf optische und akustische Hinweise. Wenn wir über den kurz zuvor verstümmelten Leichnam von Steve stolpern, zahlt es sich aus, wenn wir denken: *Das sieht aus wie das Werk eines Höhlenlöwen, ich muss fliehen!* – statt uns einfach nur einzugestehen, dass Steve heute nicht gerade toll aussieht.

Armer alter Steve. Wenn ein Geist so stark auf andere eingestellt ist, ergeht es uns wie mit den Gesichtern: Wir schreiben auch geistlosen Ereignissen einen Geist zu. Wenn ein Haus sich nachts abkühlt und das Holz des Dielenfußbodens schrumpft, ist das Knarren unheimlich, weil wir mit unserem Gehirn sofort eine Handlungsmacht hinter dem Geräusch vermuten, statt die thermodynamischen Vorgänge rational einzuschätzen. Ich zögere, mich allzu sehr in dieses Thema zu vertiefen, denn es ist ein nicht sonderlich wissenschaftlicher Bereich und steckt voller Spekulationen, aber es ist ein attraktiver Gedanke, dass es sich hier um einen bedeutsamen Teil der Erklärung für die Existenz von Religionen handelt. Unser Geist sucht nicht nach der dummen Natur, ob lebend oder unbelebt, sondern nach der Handlungsmacht eines anderen bewussten Geistes. Diese Kraft ist so stark, dass wir uns Geister ausmalen; und man könnte sich vorstellen, dass durch sie auch die Götter entstanden sind.

Glücklicherweise hat das Gesamtpaket unserer Evolution uns aber auch mit der Fähigkeit ausgestattet, uns über solche kognitiven Kurzschlüsse hinwegzusetzen und den wahren Grund zu erkennen, warum Dinge ohne erkennbare Handlungsmacht geschehen. Wie wir die Götter auch geschaffen haben, mit sorgfältigem Nachdenken können wir sie wieder verschwinden lassen.

Kenne dich selbst

Zu dem umfassenden Kognitionspaket gehört, dass wir nicht nur andere kennen, sondern auch uns selbst. Ich erkenne, dass ich ein selbstbestimmtes Individuum mit Handlungsmacht bin. Der Spiegeltest ist heute ein Standardhilfsmittel der Verhaltensforschung. Erkennst du, dass das von einem Spiegel reflektierte Bild nicht irgendeinen bewegten Gegenstand zeigt und auch nicht jemanden, der unsere Handlungen nachahmt, sondern dich selbst? Der Test soll die Fähigkeit eines Lebewesens überprüfen, sich seiner selbst visuell bewusst zu sein. In manchen Versionen wird auf der Stirn des Beteiligten ein Farbfleck angebracht, ohne dass er es weiß, und dann beobachtet man, ob er den eigenen Kopf an der Stelle berührt, an der sich der Fleck befindet. Damit würde das Versuchstier erkennen, dass der Fleck auf dem Individuum im Spiegel sich in Wirklichkeit auf seiner eigenen Stirn befindet. Wenn Kinder ungefähr zwei Jahre alt sind, bewegen sie die Hände zu dem Fleck am eigenen Kopf. Für Eltern eines Babys ist es ein vergnügliches, einfaches Experiment, dass man ab einem Alter von sechs Monaten anstellen kann.

Manche Tiere haben den Test bestanden, was vielfach gefeiert wurde. Tümmler und Mörderwale bestehen ihn offenbar, Seelöwen dagegen nicht. Auch drei Elefanten wurden getestet: Man brachte an ihren Köpfen ein rotes Kreuz an, das sie ohne Spiegel nicht sehen konnten, aber nur einer von ihnen – sein Name war Happy – erkannte es und versuchte immer wieder, die Stelle mit dem Rüssel zu berühren.[1] Von den superschlauen Vögeln

---

[1] Als Kontrolle wurde auch ein geruchloses, durchsichtiges Kreuz auf den Kopf der Elefanten gemalt, aber dieses wurde von Happy vollkommen ignoriert.

© Springer-Verlag GmbH Deutschland, ein Teil von Springer Nature 2020
A. Rutherford, *Bin ich etwas Besonderes?*, https://doi.org/10.1007/978-3-662-61566-9_27

zeigte bisher nur eine einzige Elster die Fähigkeit zu erkennen, dass es sich bei dem Spiegelbild um sie selbst handelte.

Ich frage mich, welche Bedeutung Spiegel überhaupt im Gesamtzusammenhang der kognitiven Evolution haben können. Der Test gibt sicher Auskunft über eine Form des Denkens, die eine Abstraktion mit der Realität verbindet – „Das bin ich, aber eigentlich bin ich es nicht" –, aber es ist ein eigenartiger Test, wenn man daraus umfangreiche Rückschlüsse ziehen will. Er überprüft die visuelle Erkennung, aber viele Lebewesen beziehen ihre sensorischen Eindrücke nicht in erster Linie aus dem Sehen. Würde ein Hund nicht bei einer Art Geruchs-Spiegeltest besser abschneiden? Außerdem testet man etwas Künstliches. Tiere können vermutlich Teile ihres eigenen Körpers sehen und erkennen, obwohl Spiegel in ihrer Lebenswirklichkeit überhaupt nicht vorkommen. Sind sie sich deshalb ihrer selbst quantitativ irgendwie weniger bewusst als wir? Das glaube ich nicht. Gorillas bestehen den Test nicht, aber in Gefangenschaft, bei großer Vertrautheit mit Menschen, könnten sie dazu vielleicht in der Lage sein. Bei Gorillas ist Blickkontakt im Allgemeinen ein Anzeichen für starke Aggression; wenn man sie dazu veranlasst, eine Zeit lang das Spiegelbild eines Gorillas anzustarren, erlaubt das nicht unbedingt Rückschlüsse auf ihre kognitiven Fähigkeiten. Im Jahr 1980 stellte der Psychologe B. F. Skinner die Bedeutung des Spiegeltests ebenfalls infrage, indem er Tauben intensiv trainierte, bis sie ihn bestanden. Die Tauben wurden mit Futter bestochen, und dann zeigte man ihnen Flecken, die sie erstens nur mit einer Drehung des Kopfes und zweitens im Spiegel sehen konnten. Nachdem die Tauben einige Tage trainiert hatten, erkannten sie Flecken auf ihrem eigenen Körper, wenn sie nur in den Spiegel sahen. Für eine Handvoll Körner hatten sie gelernt, den Spiegeltest zu bestehen.

Damit will ich nicht sagen, dass der Spiegeltest bedeutungslos wäre; sich seiner selbst bewusst zu sein ist sicher eine Facette eines Geistes mit hoher Kognitionsfähigkeit, aber seiner selbst kann man sich auf vielerlei Weise bewusst sein und nicht nur, indem man sich selbst in einem Spiegel erkennt. Es ist ein ziemlich anthropozentrischer Test, denn er basiert auf der Annahme, dass die Fähigkeit, sich selbst im Spiegel zu erkennen, ein wichtiges Anzeichen für einen Geisteszustand ist. Kröten sitzen sehr lange sehr still, nachdem sie in ein feuchtes Loch zurückgekehrt sind, aber obwohl dieses standhafte Durchhaltevermögen für die Kröte sicher wichtig ist, halten wir es nicht für einen neurowissenschaftliche Prüfstein. Wir sprechen von den traditionellen fünf Sinnen, in Wirklichkeit sind es aber viel mehr. Von großer Bedeutung ist beispielsweise die Propriozeption, das heißt die Wahrnehmung des eigenen Körpers im Raum; ebenso die Interozeption –

die Wahrnehmung des eigenen inneren Körperzustandes: Man kann einmal versuchen, wie eine Kröte vollkommen still zu sitzen und die Herzschläge zu zählen, wobei man nichts anderes tut, als sie im eigenen Körper zu spüren. Das sind auch wichtige Ausdrucksformen unseres Gefühls, dass wir unabhängig von der Umwelt ein Körper im Raum sind.

Selbstwahrnehmung ist eine unentbehrliche Voraussetzung für die Erkenntnis, dass wir ein Wesen sind, das von allem anderen getrennt ist. Sie ist ein Teil des bewussten Erlebnisses, ein Mensch zu sein, und auch bei manchen anderen Tieren gehört sie zum Erlebnis des Daseins.

Je ne regrette rien

Im Rahmen unseres bewussten Erlebens erdulden und genießen wir psycho-physiologische Zustände, die typische Kennzeichen der Conditio humana sind. Oder, wie normale Menschen sie nennen: unsere Gefühle. Man ist leicht versucht, auch anderen Tieren Gefühle zuzuschreiben. Unsere Haustiere sehen manchmal fröhlich und glücklich aus, manchmal aber auch lustlos und elend. Moxie, eine unserer Katzen, ist einfach ein entsetzlicher Charakter – grimmig, distanziert, griesgrämig und vollkommen desinteressiert an jedem Kontakt mit mir; eigentlich bin ich für sie nicht mehr bin als der verachtete Butler. Looshkin, unsere zweite Katze, ähnelt eher einem Hund: Mit ihrer grenzenlosen Begeisterungsfähigkeit ist sie in der Regel glücklich, liebevoll und ein wenig überdreht. Aber betrachten wir einmal, wie ich beide mit vermenschlichten Eigenschaften überhäufe. In Wirklichkeit habe ich keine Ahnung, was sie über ihr inneres Erleben oder ihren Gefühlszustand denken. Wie es sich anfühlt, ein anderes Tier – eine Katze, eine Fledermaus oder ein Mensch – zu sein, können wir nicht wissen. Wir nehmen fälschlich an, ihr Erleben würde dem Unseren gleichen und ihre Gefühlszustände würden sich auf die gleiche Weise widerspiegeln wie bei uns.

Darwin interessierte sich schon im 19. Jahrhundert sehr für das Thema und legte seine Gedanken in einem 1871 erschienenen Buch ausführlich dar. Seither bemühen sich Verhaltensforscher darum, die Gefühle von Tieren zu verstehen und rational zu erfassen. Eine Strategie bestand darin, grundlegende und komplexere Emotionen zu trennen – Glück, Traurigkeit, Abscheu und Angst sind einfache Bauchgefühle, während Eifersucht,

© Springer-Verlag GmbH Deutschland, ein Teil von Springer Nature 2020
A. Rutherford, *Bin ich etwas Besonderes?*, https://doi.org/10.1007/978-3-662-61566-9_28

Verachtung und Reue komplexer und eher dem Kopf zugeordnet sind. Kummer oder Trauer wurde bei vielen Primaten und manchen Elefanten beobachtet. Herzzerreißende Schilderungen sprechen von Gorillas, die Totenwache hielten, und Gana, ein elf Jahre altes Gorillaweibchen im Zoo von Münster, wurde 2008 berühmt, nachdem Zeitungen sie abgebildet hatten, wie sie den leblosen Körper ihres Säuglings herumtrug.

Es bedarf einer unnötigen wissenschaftlichen Hartherzigkeit, wenn man nicht anerkennt, dass solche Beispiele Einzelfallberichte über komplexe Gefühlszustände bei Tieren sind. Aber letztlich stoßen wir auf ein großes Hindernis: Wir können sie nicht fragen, was sie fühlen, und sie teilen uns ihre komplexen Gefühle nicht freiwillig mit. Aber da wir uns im Zeitalter der neurowissenschaftlichen Methoden befinden, können wir in einem Gehirn besser lesen und damit mehr wissenschaftliche Vermutungen über den inneren emotionalen Zustand eines Tieres anstellen. Mit den neuen Verfahren finden wir nach und nach heraus, ob ihre Erlebnisse den unseren ähneln. Das Fachgebiet steckt noch in den Kinderschuhen, aber ein Beispiel ist einer näheren Betrachtung wert.

Die französische Sängerin Édith Piaf bereute vielleicht *rien,* aber die meisten Menschen erleben es *beaucoup.* Reue ist ein so scharf umrissenes, komplexes Gefühl – man empfindet Enttäuschung wegen einer Entscheidung, die, im klaren Rückblick betrachtet, nicht optimal war. Viele Menschen bringen wie Piaf eine Geringschätzung der Reue zum Ausdruck, und das aus dem halsstarrigen Grund, dass es nutzlos ist, sich selbst wegen früherer Handlungen zu schelten. Lady Macbeth umschreibt eine weitere französische Redensart, dieses Mal aus dem 14. Jahrhundert,[1] wenn sie erklärt[2]:

Was unheilbar,
  Vergessen seis. Geschehn ist, was geschehn.

Das sind zwar lobenswerte Empfindungen, für Macbeth und Co. funktionieren sie allerdings nicht gut. Von anderen wurde der Vorschlag geäußert, man solle nur die Dinge bereuen, die man nicht getan hat, aber nicht solche, die verwirklicht wurden. Das klingt zwar hochherzig, es ist

---

[1] „*Mez quant ja est la chose fecte, ne peut pas bien estre desfecte.*" Übersetzung: „Aber wenn etwas bereits geschehen ist, kann man es nicht ungeschehen machen."
[2] Macbeth von W. Shakespeare 3. Akt, 2. Szene; Üb. D. Tieck.

aber eigentlich nicht gut praktikabel und bleibt die Domäne oberflächlicher Motivationsversuche. Ich halte es er mit Katharine Hepburn:

> Ich bereue Vieles, und ich bin sicher, dass es allen so geht. Man bereut die dummen Dinge, die man getan hat … Wenn man irgendein Gespür hat und sie dann nicht bereut, ist man vielleicht dumm.

Reue ist ausdrücklich ein negatives Gefühl: Man empfindet Enttäuschung darüber, wie etwas hätte sein können, wenn man in der Vergangenheit anders gehandelt hätte; man fühlt Traurigkeit oder Angst, weil man in einer Sache versagt oder eine schlechte Entscheidung getroffen hat. Reue beinhaltet von Natur aus eine Moral: Man hätte sich anders verhalten sollen und können. „Damals schien es eine gute Idee zu sein" – dieser Satz gefällt mir, fängt er doch das Wesentliche der Reue ein, vom Kurzfristigen und Trivialen – „Ein Glas Wein geht noch, bevor ich nach Hause fahre" – bis zu langfristigen, folgenreichen Angelegenheiten.

Damit wir eine solche Empfindung spüren können, ist ein bewusstes Denken von reichhaltiger Komplexität erforderlich. Wir brauchen zwei Aspekte der mentalen Zeitreise: Erstens müssen wir in der Lage sein, die Vergangenheit wahrzunehmen und zu erkennen, dass es damals mehrere Möglichkeiten gab, uns imaginäre Ergebnisse je nach den verschiedenen Versionen der Ereignisse vorzustellen. Und zweitens müssen wir uns eine andere Zukunft ausmalen können. Letztlich hat Reue die Funktion, dass wir nicht in unseren Irrtümern schwelgen, sondern aus ihnen als Ausdruck des freien Willens lernen: „Beim nächsten Mal mache ich es anders, und dann wird der Nutzen größer sein, oder die Folgen sind zumindest weniger schlimm." So machen wir es ständig. Das Gefühl der Reue basiert auf vielen sehr menschlichen Eigenschaften. Und wie sich herausstellt, bringen auch Ratten ihre Reue zum Ausdruck.

Auch hier müssen wir sehr vorsichtig sein: Wir dürfen nicht unterstellen, Verhaltensweisen von Tieren seien die gleichen wie bei uns, nur weil sie dem bekannten Verhalten von Menschen ähneln. Gewalttätiger, unter Zwang ausgeübter Geschlechtsverkehr bei Tieren ist keine Vergewaltigung, auch wenn der Vergleich, wie schon erörtert wurde, in manchen Fällen – zumindest bei manchen Delfinen und Seeottern – auf der Hand zu liegen scheint. Solange wir ein Tier nicht fragen können, was es fühlt und denkt, müssen wir uns mit strikter Beobachtung zufriedengeben und uns der Annahme enthalten, sie würden in ähnlichen Situationen das gleiche fühlen wie wir; das gilt insbesondere dann, wenn unser eigenes Erleben sehr komplex ist. Ein gut geplantes Experiment kann dabei allerdings sicher helfen.

Ein solches Experiment ist das „Restaurant Row", ein Projekt der Psychologen Adam Steiner und David Redisch von der University of Minnesota: In gegenüberliegenden Ecken einer achteckigen Arena befinden sich vier Fressbereiche. Das Ganze ähnelt ein wenig dem „Food Court" in einem Einkaufszentrum, wo mehrere Restaurants unterschiedliche Arten von Essen anbieten. Den Ratten im Restaurant Row stand Futter in vier verschiedenen Geschmacksrichtungen zur Verfügung: Banane, Schokolade, Kirsche und neutral. Wie wir Menschen, so haben auch Ratten eigentlich keinen Spaß daran, auf das Essen zu warten, und die einzelnen Geschmacksrichtungen wurden einer Ratte immer erst nach einer Wartezeit von zufälliger Länge zur Verfügung gestellt. Außerdem zeigte ein Piepen in absteigender Höhenlage an, wie lange sie auf das Futter warten mussten – je höher der Ton anfangs war, desto länger die Wartezeit. Die Ratten betreten die Arena und werden darauf trainiert, den Ton, die damit verbundene Wartezeit und die nachfolgende Belohnung zu erkennen.

In dem Experiment hat jede Ratte eine bekannte, natürliche Vorliebe für eine der drei Geschmacksrichtungen. In dem Experiment wird der Ratte eine lange Wartezeit für die beliebteste Geschmacksrichtung signalisiert, sie hat aber auch die Gelegenheit, die bisherige Vorliebe aufzugeben und zu einer anderen Geschmacksrichtung zu wechseln. Angenommen, eine Ratte liebt Kirschgeschmack und weiß, dass sie darauf 20 s warten muss. Angesichts einer so langen Wartezeit macht die Ratte nach 15 s nicht mehr mit. Sie begrenzt ihre Verluste in der Hoffnung, in der Zwischenzeit einen Leckerbissen mit Bananengeschmack zu bekommen. Aber wie sich herausstellt, muss sie auch darauf zwölf Sekunden warten, das heißt, insgesamt hat sie 27 s zugebracht und erst dann etwas zu fressen bekommen, was sie eigentlich nicht mag. Sie hat riskiert, ungeduldig zu sein, und dabei verloren. Es ist, als würde man im Einkaufszentrum Hunger bekommen und hätte eigentlich Appetit auf Sushi. Aber wir sind ungeduldig, und vor der Sushibar steht eine lange Schlange, weil die Zubereitung eine gewisse Zeit erfordert. Also sichern wir uns ab und gehen zum Pizzastand, denn dort ist die Schlange kürzer; aber kurz nachdem wir uns dort angestellt haben, sehen wir, wie eine große Ladung Sushi geliefert wird. Die Sushi-Schlange schwindet. Wir mögen eigentlich keine Pizza und bereuen sofort die Entscheidung.

Auch die Ratten bereuen, dass sie es sich anders überlegt haben. Woher wissen wir das? Sie blicken zu der Geschmacksrichtung, die sie lieber mögen, aber nicht bekommen. Mit der Behauptung, sie würden sehnsüchtig aussehen, würden wir die Grenze zu einer anthropomorphen Annahme überschreiten, aber sie wenden den Kopf in die fragliche Richtung und haben einen starren Blick. In manchen Situationen warteten sie kürzer und bekamen eine weniger beliebte Mahlzeit – die Pizza war schneller fertig, und obwohl wir eigentlich auf Sushi aus waren, essen wir sie. Dann erleben wir eigentlich keine Reue, sondern Enttäuschung. Wenn die Ratten nur enttäuscht sind, drehen sie den Kopf nicht.

Was aber noch wichtiger ist: Wenn sie das nächste Mal vor der gleichen Entscheidung stehen, warten sie. Ihnen ist klar geworden, dass die ungeduldige Entscheidung bestraft wird, und sie haben gelernt, ihren Einsatz vorsichtiger zu platzieren.

Das alles mag noch so aussehen, als würde man ein sehr rattiges Verhalten als unmittelbare Parallele zu komplexen menschlichen Emotionen interpretieren; deshalb sahen sich Steiner und Redish auch an, was im Gehirn ihrer fressenden Ratten vorging, wenn sie solchen Szenarien ausgesetzt waren. Der orbitofrontale Cortex (OFC) ist ein Gehirnareal, dessen Neuronen bekanntermaßen aktiv werden, wenn wir Reue empfinden. In Experimenten wurden menschliche Versuchspersonen vor eine Glücksspielentscheidung gestellt, die von den Wissenschaftlern heimlich manipuliert worden war. Nachdem sie ihre Einsätze platziert und verloren hatten, zeigte man ihnen, dass sie mit einer anderen Entscheidung hätten gewinnen können; damit hatten die Wissenschaftler das Experiment so gestaltet, dass sie bei den Versuchspersonen Reue auslösen konnten. Menschen mit einer Schädigung der betreffenden Gehirnregion dagegen berichteten, sie hätten wegen der negativen Folgen schlechter Entscheidungen keine Reue empfunden. Eine Ratte können wir nicht fragen, wie sie sich fühlt. Stattdessen suchte man bei den Ratten im Restaurant Bow während der Entscheidung über die Futterwahl nach einer Erregung des OFC. Jedes Mal, wenn sie an eine der Geschmacksrichtungen dachten, wurden ganz bestimmte Zellen aktiv. Die gleichen Zellen gaben auch Impulse ab, wenn die Tiere ihre Lieblings-Geschmacksrichtung verpasst hatten, länger warten mussten und auf die verpasste Gelegenheit zurückblickten. Ratten, die Kirschgeschmack liebten, dachten noch an Kirschen, wenn sie das Risiko eingegangen waren und den Bananengeschmack bekommen hatten.

Das alles mag sich niedlich anhören, aber wenn man an Ratten die neuronalen Entsprechungen zu komplexen Emotionen der Menschen versteht, können sich daraus klinische Folgerungen ergeben. Manche psychiatrischen Störungen gehen mit dem Fehlen von Bedauern oder Reue einher, oder Angst und ähnliche nachfolgende Gefühle, die normalerweise in Zukunft zu einer anderen, besseren Entscheidung beitragen könnten, sind nicht vorhanden. Wenn wir verstehen, welche Schaltkreise dabei geschädigt sind oder falsch funktionieren, können wir auch anfangen, sie in Ordnung zu bringen.

Die Tatsache, dass bei zwei nur entfernt verwandten Säugetieren ähnliche Gehirnareale aktiv sind, wenn sie Reue zum Ausdruck bringen, legt die Vermutung nahe, dass der Mechanismus zum Empfinden solcher Gefühle uralt ist. Ratten und Menschen sind durch Dutzende von Jahrmillionen der Evolution getrennt, aber der Befund bedeutet nicht, dass alle Arten, die zwischen ihnen und uns stehen, ihr Bedauern ebenfalls auf ähnliche Weise zum Ausdruck bringen – das wissen wir einfach nicht. Andere Tiere wurden noch nicht mit ähnlichen Methoden untersucht. Bis es soweit ist, können wir zumindest sicher sein, dass diese Ratten ihr Verhalten bereuen, falls Reue das Gefühl ist, das sie zu einer Verhaltensänderung veranlasst, wenn sie in Zukunft wieder vor der gleichen Situation stehen.

Wie man einem ganzen Dorf das Angeln beibringt

Wie wir erfahren haben, besteht zwischen einer Frau oder einem Mann, die vor 100.000 Jahren gelebt haben, und dir oder mir heute körperlich kaum ein Unterschied. Mit ziemlicher Sicherheit können wir sagen, dass die Sprache älter ist als der Erwerb des vollständigen menschlichen Pakets. Unser Gehirn unterscheidet sich nicht nennenswert von dem, mit dem unsere Vorfahren ihre Kunstwerke schufen, und es scheint noch nicht einmal grundlegende Unterschiede zu den Künstlern zu geben, die nicht unsere Vorfahren waren, sondern unsere Neandertalervettern. Die Symptome der Moderne gab es schon Zehntausende von Jahren bevor die Moderne begann. Vereinzelte Belege dafür finden sich in Europa und Indonesien schon aus der Zeit vor 40.000 Jahren. Auch in Afrika und Australien gibt es Beispiele für moderne Menschen, die nur wenige Jahrtausende jünger sind als die aus Europa. Eine genetische Grundlage für den Wandel ist demnach unwahrscheinlich, denn er verbreitete sich über die Welt, ohne dass es Wechselbeziehungen oder einen Genaustausch zwischen den betreffenden Bevölkerungsgruppen gegeben hätte. Wenn wir davon ausgehen, dass alle Menschen, die sich über die Welt verbreiteten, ursprünglich aus Afrika kamen und sich genetisch ähnelten, ist es unwahrscheinlich, dass sie sich unabhängig voneinander der gleichen Mutationen in ihrer DNA erfreuen konnten, die der Entstehung eines komplexen Geistes vorausgingen. Wenn die Bevölkerung der Altsteinzeit sich auf der ganzen Welt ähnelte, stellt sich die Frage: Warum dauerte es so lange, bis unsere Vorfahren zu modernen Menschen wurden, obwohl sie doch körperlich schon seit Jahrtausenden dazu bereit waren?

© Springer-Verlag GmbH Deutschland, ein Teil von Springer Nature 2020
A. Rutherford, *Bin ich etwas Besonderes?*, https://doi.org/10.1007/978-3-662-61566-9_29

Viele Steine in diesem Puzzle sind bis heute schwer fassbar. Manche Forschungsgebiete blühen gerade erst auf, so die Wissenschaft von der Theorie des Geistes oder der Natur des Bewusstseins. Die Fragen stehen in faszinierenden Bereichen der Philosophie schon seit Jahrzehnten oder Jahrhunderten im Raum, und nun werden sie auch mit den präziseren wissenschaftlichen Hilfsmitteln des 21. Jahrhunderts untersucht. Stück für Stück nähern wir uns besseren Kenntnissen über solche Themen, nachdem diese immer stärker mit der Neurowissenschaft verflochten sind.

Für entscheidend halte ich vor allem einen Gedanken, der sich in den letzten Jahren entwickelt hat, aber noch nicht allgemein diskutiert wird – ich hoffe allerdings, dass es bald so weit ist. Es geht darum, dass sich die Größe und Struktur der Bevölkerung änderten, und mit diesem Wandel setzte auch die Modernität ein. Das vollständige Paket entstand, weil die Menschen ihre Gesellschaft auf eine ganz bestimmte Weise organisierten.

Einen ersten Anhaltspunkt für diese Theorie liefert die Erkenntnis, dass die Bevölkerung offenbar mit dem Einsetzen der Moderne in vielen Regionen wuchs. Dies beobachten wir in Afrika vor 40.000 Jahren und zu einem anderen Zeitpunkt, nämlich er vor rund 20.000 Jahren, in Australien. Das Bevölkerungswachstum stand dabei wahrscheinlich in Einklang mit der lokalen Umwelt, denn als das Klima sich veränderte, wurde das Leben einfacher. Außerdem dürfte es eine Folge gewaltiger Wanderungsbewegungen sein. Kein anderes Lebewesen ist in so kurzer Zeit ständig gewandert: Schon 20.000 Jahre nachdem die ersten Menschen aus Afrika ausgewandert waren, hatten sie sich in Australien niedergelassen.

Wir beobachten aber auch den gegenteiligen Effekt: In Gesellschaften, deren Bevölkerung nicht wächst, nicht wandert oder von einer größeren Bevölkerung abgeschnitten wird, geht kulturelle Verfeinerung verloren. Tasmanien wurde beispielsweise vor rund 10.000 Jahren zur Insel, als die letzte Eiszeit zu Ende ging und der Meeresspiegel stieg; seither ist es vom australischen Festland durch die Bass-Straße getrennt, wie die Europäer sie genannt haben. Der indigenen Bevölkerung Tasmaniens gelang es in der Abgeschiedenheit nur, ein Werkzeugarsenal von 24 Teilen beizubehalten; die Fähigkeit, Dutzende weitere herzustellen, ging während der jahrtausendelangen Jungsteinzeit verloren. Die indigenen Australier auf dem Festland entwickelten in dem gleichen Zeitraum mehr als 120 neue Werkzeuge, darunter Knochenharpunen mit vielen Widerhaken (Abb. 1).

An den archäologischen Funden aus Tasmanien können wir erkennen, dass fein gearbeitete Knochenwerkzeuge allmählich verschwanden; ebenso ging die Fähigkeit verloren, Kleidung für kaltes Wetter herzustellen, und – vielleicht am bedeutsamsten – die Fischereitechnik erlebte einen

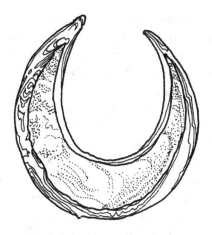

Abb. 1 Ein javanischer Fischhaken

Niedergang. Haken und Speere zum Fangen von Knorpelfischen verschwinden an den archäologischen Fundstätten ebenso wie Funde von Fischknochen (die Menschen sammelten und aßen allerdings weiterhin Krebse und sesshafte Weichtiere). Als im 17. Jahrhundert die ersten Europäer einwanderten, zeigten sich die indigenen Bewohner überrascht und abgestoßen, weil die Siedler große Fische fingen und aßen; 5000 Jahre zuvor jedoch war dies ein wichtiger, blühender Teil ihrer Ernährung und Kultur gewesen.

Wissenschaftler, die sich für das vollständige Paket interessieren, sind mithilfe neu entwickelter Modelle der Frage nachgegangen, wie sich Größe und Struktur einer Bevölkerung auf die kulturelle Weitergabe von Fähigkeiten auswirken.[1] Damit können sie überprüfen, wie und warum wir die Kennzeichen modernen Verhaltens kommen und gehen sehen und warum sie irgendwann in den archäologischen Funden von Dauer sind. Im Wesentlichen vollzieht man dabei mit Gleichungen nach, wie eine Idee oder eine Fähigkeit in einer Gemeinschaft die Runde macht. Man setzt für Größe und Dichte einer Bevölkerung hypothetische Zahlen ein und unterstellt ein Niveau für die Fähigkeit, eine imaginäre Tätigkeit – beispielsweise das Zurechtklopfen einer Speerspitze oder das Spielen einer Flöte – auszuführen; anschließend lässt man eine Simulation laufen und findet so heraus, wie dieses Fähigkeitsniveau von Mensch zu Mensch übertragen werden kann.

---

[1]Pionierarbeit leisteten neben anderen vor allem Marken Thomas und Kollegen am Londoner University College sowie Josef Henrichs von der Harvard University.

Derartige mathematische Modelle sind recht theoretischer Natur, aber letztlich besagen sie: „Hier sind Menschen mit einer bestimmten Kombination von Eigenschaften, die sie anderen beibringen können. Wie wirkt sich die Größe einer Bevölkerung auf die Effizienz dieses Unterrichts aus?"

Die Antwort lautet offenbar: „Ungeheuer stark". In größeren Bevölkerungsgruppen ist die Weitergabe kultureller Fähigkeiten mit weitaus größerer Effizienz möglich als in kleineren. Die Aufrechterhaltung eines Qualifikationsniveaus hängt stark von der Bevölkerungsgröße ab (die ihrerseits auch durch Wanderungsbewegungen beeinflusst wird). Den Modellen zufolge verlieren kleine Bevölkerungsgruppen insbesondere dann, wenn sie isoliert sind, ihre Fähigkeiten durch ineffiziente Überlieferung. Wenn Populationen wachsen, häufen sie die Kultur viel leichter an. Das tun nur wir Menschen. Vereinzelte Beispiele für kulturelle Überlieferung gibt es zwar auch bei anderen Tieren, aber wir tun es ständig.

Nach meiner Vermutung ist die Demografie nicht zwangsläufig ein naheliegender Faktor, wenn wir wissen wollen, wie wir so weit gekommen sind; das dürfte der Grund sein, warum sie bisher relativ wenig beachtet wurde. Wenn wir uns aber ansehen, wie die Menschen heute sind, ist es vollkommen plausibel. Wir sind soziale Lebewesen, das heißt, wir sind mit unserem eigenen Wohlbefinden auf die Beziehungen zu anderen angewiesen. Wir sind kulturelle Überträger, das heißt, wir geben eine Fülle von Kenntnissen weiter, die nicht in unserer DNA codiert sind. Das tun wir nicht nur vertikal, sondern auch horizontal, das heißt, wir unterrichten Menschen, die nicht unsere Kinder, sondern Gleichaltrige sind und vielleicht genetisch noch nicht einmal in einem engen Verwandtschaftsverhältnis zu uns stehen. Und wir sind sehr geschickt und kreativ, aber diese Fähigkeiten sind in der Bevölkerung nicht gleichmäßig verteilt – manche Menschen verfügen über ein Können, das anderen fehlt, und wenn wir wissen wollen, wie man etwas macht, fragen wir einen Experten.

Es gibt noch einen zweiten Grund, warum diese Idee vielleicht nicht so populär ist, wie sie nach meiner Überzeugung sein sollte. In den Anfangsjahren der Evolutionsbiologie debattierten Wissenschaftler hitzig eine Frage, die für Darwins größten Gedanken, die natürliche Selektion, von absolut grundsätzlicher Bedeutung ist: *Was wird eigentlich selektioniert?*

Was potenzielle Antworten angeht, reicht das Spektrum vom Gen über das Individuum, die Familie und die größere Gruppe bis hin zur Spezies. Begraben wurde die Frage in der Mitte des 20. Jahrhunderts durch eindeutige Belege, wonach die Antwort lautet: Das Gen. Ein Gen codiert einen Phänotyp – das heißt, die körperliche Ausdrucksform eines Stücks DNA –, und Unterschiede dieser körperlichen Ausdrucksform in einer Population werden für die Natur sichtbar, sodass sie danach auswählen kann, was besser funktioniert. Von Generation zu Generation weitergegeben wird die Einheit der Vererbung, das Gen, das den Phänotyp codiert. Bei Menschen wurde ein Gen, das die Verarbeitung von Ziegenmilch auch nach der Entwöhnung ermöglicht, gegenüber einem anderen selektioniert, das die Verdauung des nährstoffreichen Getränks nicht erlaubte. Das Individuum ist nur der Träger von Genen, und diese treiben die Notwendigkeit der Fortpflanzung schlicht so voran, dass ihre weitere Existenz gesichert ist.

Entdeckt und entwickelt wurde die genzentrierte Sichtweise auf die Evolution durch einige herausragende Gestalten in der Biologie des 20. Jahrhunderts – Bill Hamilton, George Gaylord Simpson, Bob Trivers und andere –, und unsterblich wurde sie durch eines der größten populärwissenschaftlichen Werke jener Zeit: *Das egoistische Gen* von Richard Dawkins. Sie stimmt, und heute ist sie Lehrbuchwissen. Das neue Modell legt die Vermutung nahe, dass eine Selektion zugunsten der kulturellen Weitergabe von Dingen stattfindet, die der Anpassung dienen und uns deshalb von großem Nutzen sind, sich aber nicht um Gene dreht, sondern um eine Population. Wir Biologen wenden uns zu Recht von Ideen einer Gruppenselektion ab, denn sie treffen nicht zu – die Daten passen nicht zu der Vorstellung, Evolution würde auf Gruppen wirken. Aber die kulturelle Überlieferung ist nicht in der DNA codiert, und damit ist sie in gewisser Weise eine Ausnahme von den präzisen Mechanismen, die bei der Bildung von Ei- und Samenzelle ablaufen und für die genetischen Unterschiede in einer Population sorgen und damit der darwinistischen Evolution unterliegen.

Nimmt man alles zusammen, so scheint auf der Hand zu liegen, dass die demografische Struktur einer Gesellschaft entscheidend dazu beiträgt, die Überlieferung von Informationen und Fähigkeiten innerhalb einer Gruppe zu maximieren. Jede Menschengruppe kann nur dann leistungsfähig sein, wenn sie eine interne Organisation aufweist. Den Modellen zufolge scheint unsere Modernität – das vollständige Paket des Menschseins, über das wir heute verfügen – davon abzuhängen, dass wir Kultur ansammeln und weitergeben können, und das in einer Gesellschaft, die so herangewachsen ist, dass der Erfolg aller ihrer Mitglieder insgesamt optimiert wird.

Das Ganze ist heute ein aktuelles Forschungsgebiet. Ich halte das Modell für richtig, soweit seine Geltung reicht, aber noch sind viele weitere Untersuchungen erforderlich. Wenn es um Erkenntnisse über unsere Vergangenheit geht, wurde erst ein winziger Teil des Terrains beackert. Ein Bruchteil der Gene unserer Vorfahren wurde analysiert. Wie stets in der Wissenschaft, so sind die Antworten auch hier nie vollständig; wir prägen und verfeinern Ideen, geben sie auf, wenn die Daten nicht passen, oder entwickeln sie weiter, wenn die Befunde es gestatten. Der Gedanke, dass die Demografie ein entscheidender Dreh- und Angelpunkt für den Aufstieg der Menschheit war, ist noch jung.

Wirklich verblüffend ist, dass schon Darwin vor eineinhalb Jahrhunderten in die gleiche Richtung dachte. In *Die Abstammung des Menschen* schreibt er[2]:

Wenn der Mensch in der Kultur fortschreitet und kleinere Stämme zu größeren Gemeinschaften vereinigt werden, so wird das einfachste Nachdenken jedem Individuum sagen, dass es seine sozialen Instinkte und Sympathien auf alle Glieder der Nation auszudehnen hat, selbst wenn sie ihm persönlich unbekannt sind. Ist dieser Punkt einmal erreicht, so besteht dann nur noch eine künstliche Grenze, welche ihn abhält, seine Sympathie auf alle Menschen aller Nationen und Rassen auszudehnen.

---

[2]Die Abstammung des Menschen von C. Darwin, Nachdruck Wiesbaden: Fourier 1966, S. 135.

Das Muster der Tiere

Einen großen Teil dieser Zeilen habe ich in einem italienischen Café nicht weit von meiner Wohnung geschrieben. Jetzt ist es früher Freitagabend, und hier ist viel los. Ich bin der ein wenig seltsame Mann, der allein bei seinem vierten Kaffee und einem Stapel Bücher sitzt. Mir fällt auf, dass Restaurants sich großartig dafür eignen, das vollständige Paket der Evolution des Menschen zu beobachten. In der Nähe ist eine Schule, und hier drinnen sind Lehrer und Schüler. Das Lokal ist familienfreundlich, und ein Baby wird von jemandem liebkost, den ich für die Großmutter halte, möglicherweise ist es aber auch keine Verwandte. Die Menschen stecken angebaute, am Feuer gegarte Lebensmittel in ihren unglaublich komplexen Mund und benutzen dazu geschmiedete Metallwerkzeuge. Ein Pärchen bei einem Rendezvous hätte vielleicht mehr Vergnügen gehabt, wenn es später am Abend gekommen wäre. Der Geschäftsführer beaufsichtigt die Köche in der Küche, die interagieren mit dem Servicepersonal, das seinerseits mit den Gästen interagiert. Und alle reden.

Wenn Sie das nächste Mal in einem Café sind, nehmen Sie sich einen Moment Zeit und beobachten, was sich eigentlich abspielt. Jeder Kontakt ist ein Austausch von Informationen. Die ganze Dynamik ist das Ergebnis einer biologischen und kulturellen Evolution, die es ausschließlich bei diesem Menschenaffen gibt. Wir lassen vielfältige, bewusst gewählte sexuelle Vorlieben und Aktivitäten erkennen, die dennoch mit den Verhaltensweisen anderer Tiere vergleichbar sind. Wir haben zwischen Sexualität und Fortpflanzung eine Grenze gezogen, die nur selten durchbrochen wird. Wir

A. Rutherford, *Bin ich etwas Besonderes?*, https://doi.org/10.1007/978-3-662-61566-9_30

haben die Technologie bis zu einem Entwicklungsstand vorangetrieben, der von Magie nicht zu unterscheiden ist.

Unser Gehirn ist gewachsen und hat diesen Fähigkeiten und Verhaltensweisen eine Grundlage geboten; manchmal unterscheiden sie sich im Ausmaß, manchmal auch in der Art, auch wenn sie sehr ähnlich aussehen. Unser Geist hat sich zumindest im übertragenen Sinn über das Gehirn hinaus erweitert, denn Menschen sind soziale Lebewesen, die Ideen über Raum und Zeit weitergeben, wie es nur wenige Tiere derartig effizient können. Am deutlichsten unterscheiden wir uns bei der Ansammlung und Weitergabe von Kultur. Viele Tiere lernen. Aber nur Menschen lehren.

Kulturelle Überlieferung von Ideen gibt es auch bei einigen anderen Arten: Werkzeuggebrauch bei den Weibchen in einem Rudel technologieaffiner Delfine in Australien, und bei den Geradschnabelkrähen vielleicht das Wissen, wer beängstigend ist und wer nicht. Aber das sind Einzelfälle, und im Laufe der Zeit werden wir noch weitere entdecken. Menschen dagegen tun so etwas ständig, und das schon seit Jahrmillionen. Im Rahmen meiner beruflichen Tätigkeit stehe ich jedes Jahr vor Tausenden von Menschen und gebe ihnen den Stoff weiter, den ich gelernt habe. Verwandt bin ich mit nahezu keinem von ihnen. Wir sammeln Kenntnisse an und geben sie weiter. Das ist der Zweck dieses Buches und aller Bücher.

Jetzt verrate ich ein Geheimnis: Keine der Forschungsarbeiten, über die ich hier berichte, habe ich selbst geleistet. Ich war nie in Indonesien und habe nicht die Ritzzeichnungen unserer Vorfahren gesehen; ich habe nicht im Senegal in der Savanne gesessen und zugesehen, wie Schimpansen an einem Buschbrand patrouillierten. Ich war nicht in der Shark Bay, um zuzusehen, wie weibliche Delfine sich einen Schwamm auf den Schnabel steckten. Ich hoffe, dass ich es eines Tages tun kann. Der eine oder andere Leser hat es vielleicht getan, und Wissenschaftler haben es getan, um ihre Neugier und damit indirekt auch unsere zu befriedigen. Sie haben diese Dinge aufgeschrieben und das gesammelte Wissen aus 10.000 Jahren angewendet, um zu überprüfen, ob es stimmte; ebenso haben sie ihre Ideen zur Überprüfung mit anderen geteilt, und so haben die Menschen etwas gelernt, was sie zuvor nicht wussten. Ich habe ihre Arbeiten gelesen, habe alle wissenschaftlichen Fachartikel gelesen, die am Ende dieses Buches aufgeführt sind, und habe die Ideen mit meiner Erfahrung im Lehren und Lernen weiterverarbeitet, habe mich darum bemüht, sie zu etwas Neuem zusammenzufügen. Ich habe sie aufgeschrieben, und meine Lektoren sowie eine Reihe von Wissenschaftlern haben ihrerseits Fähigkeiten und Erfahrungen eingesetzt, um meine Worte und Ideen infrage zu stellen und in eine Form zu bringen, in der sie für andere besser verständlich wird. Grafiker und Schriftsetzer haben alles zusammengestellt, und Alice

Roberts hat sich ihrer Kenntnisse und Fähigkeiten mit Feder und Tinte bedient, um einige wunderschöne Bilder zu zeichnen. Alle gemeinsam haben wir dieses Ding geschaffen, das Sie jetzt in der Hand halten, und wir haben es nur aus einem Grund getan: um Gedanken mitzuteilen.

Jeder Gedankengang jedes Menschen baut auf dem gesammelten Wissen aus Jahrtausenden auf, und das wiederum basiert auf Milliarden Jahren der Evolution. Unsere Kultur ist ein Teil unserer biologischen Evolution – beides zu trennen, ist falsch. Unser Geist ist in der Evolution entstanden, weil es vorteilhaft und angemessen war, und die Selektion unserer kognitiven Fähigkeiten wie auch unseres Geistes sind nur im Zusammenhang ihrer Evolution von Bedeutung. Mutationen in unseren Genen haben physiologische Veränderungen herbeigeführt, die eine Matrize für die Sprache bildeten, aber auch für die „Rechenleistung", mit der diese Sprache sich zu komplexer Kommunikation weiterentwickeln konnte. Das wiederum trug dazu bei, unsere Gedankenprozesse in neue Höhen zu heben, sodass aus der Notwendigkeit heraus, die Gedanken eines anderen Geistes vorherzusehen, ein Geist mit einem Bewusstsein ähnlich unserem heutigen aufgebaut werden konnte. Nichts davon geschah plötzlich; den einen Funken, das eine Ereignis, das die Kette in Gang setzte, gab es nicht. Unser Geist entstand durch Evolution, und Evolution ist bekanntermaßen ein langsamer, chaotischer, verwickelter Vorgang. Ein Geist, der Zeitreisen unternehmen und im Geist anderer lesen kann, aber auch Sprache, Geschicklichkeit, Mode und Spaß am Sex – all das sind die Ergebnisse eines bruchlosen Kontinuums, emergente Eigenschaften, die durch die Kraft der Evolution gewährleistet wurden.

Ein Lebewesen ist ein integriertes System. Zwar schuf die scheinbar katastrophale Verschmelzung von zwei Chromosomen den unwahrscheinlichen Rahmen des menschlichen Genoms, aber eine einzelne genetische Veränderung, die uns zum *Homo sapiens* gemacht hätte, gab es nicht. Betrachten wir einmal eine Maschine, beispielsweise ein Auto: Es wurde nicht zum Auto, weil das Getriebe, das Lenkrad oder irgendein anderes Einzelteil hinzukam. Das Auto machen alle Teile gemeinsam aus, manche davon unentbehrlich, andere weniger, aber keines davon definierend. Wir können bei einem Unfall eine Extremität verlieren oder auch ein überzähliges Chromosom besitzen, und doch sind wir Menschen. Wir sind weitaus komplizierter als Autos, auch wenn die Zahl unserer Gene ungefähr ebenso groß ist wie die Zahl der Einzelteile in einem durchschnittlichen Kraftfahrzeug. Immer häufiger stellen wir fest, dass Gene vielerlei Aufgaben haben. Ein einzelnes Gen für die Sprachfähigkeit gibt es nicht, auch wenn *FOXP2* dafür eindeutig unentbehrlich ist. Es gibt kein Gen für Kreativität, für Fantasie, Speerwurf, Geschicklichkeit, Bewusstsein oder auch kulturelle

Überlieferung. Es gab nicht den einen Augenblick, in dem wir zuvor nicht *Homo sapiens* waren, und danach waren wir es, weil ein Gen mutierte. Unser Genom gibt es nur bei uns, mit seiner Evolution entstand der Rahmen, in dem sich das Menschsein herauskristallisieren konnte.

*****

In den christlichen Kulturen sprechen wir vom Sündenfall: Die Menschen besudelten sich, als sie die Fesseln der Schöpfung abstreiften. Mir bedeutet diese Geschichte nicht viel. Wenn überhaupt, sind wir langsam und allmählich aufwärts gefallen, weg von der gedankenlosen Brutalität der Natur. Es gibt unter Menschen weiß Gott genug Niedertracht, und doch widerstehen wir meist den urtümlichen Trieben, die wir in vier Milliarden Jahren einer gleichgültigen Evolution geerbt haben: Die Zahlen stehen auf der Seite von Hamlets Engeln. Wir morden fast nie, wir vergewaltigen fast nie, wir erschaffen und lehren ständig und lernen fast im gleichen Tempo.

Das Bild davon, wie wir ins Dasein getreten sind, wird mit weiteren Entdeckungen nur immer komplizierter werden. Ich habe den Verdacht, dass wir schon bald weitere Menschenspezies finden werden, die während der letzten 300.000 Jahre neben uns gelebt haben, und dass wir auch weitere Menschen finden werden, die sich in dieser Zeit mit uns gekreuzt haben. Wir sollten diese Komplexität genießen und die Tatsache feiern, dass wir allein in der Lage sind, sie zu verstehen.

Evolution ist blind, und vom „evolutionären Fortschritt" zu sprechen, ist falsch: Die natürliche Selektion gestaltet und sortiert aus, je nach dem sich ständig wandelnden Status quo. Wie alle Lebewesen, so kämpfen auch wir ums Dasein, aber wir bemühen uns auch, die Mühen anderer zu lindern.

> Wir müssen indessen, wie es scheint, anerkennen, dass der Mensch mit allen seinen edlen Eigenschaften, mit der Sympathie, welche er für die Niedrigsten empfindet, mit dem Wohlwollen, welches er nicht bloß auf andere Menschen, sondern auch auf die niedrigsten lebenden Wesen ausgedehnt, mit seinem gottähnlichen Intellekt, welcher in die Bewegungen und die Konstitution des Sonnensystems eingedrungen ist …

Diese Worte schrieb Charles Robert Darwin 1871[1]. Er ist im Besseren wie im Schlechteren mein Vorbild, und auch wenn er mit einigen der

---

[1]Die Abstammung des Menschen von C. Darwin, Nachdruck Wiesbaden: Fourier 1966, S. 701.

wichtigsten Ideen, die jemals einem Menschen kamen, recht hatte, war er wie alle Wissenschaftler mit anderen auch im Unrecht. Recht hatte er mit dem Evolutionsweg der Menschen. Gleichzeitig irrte er aber entsetzlich, was die Evolution der Frauen anging, glaubte er doch, sie seien den Männern intellektuell unterlegen. Zumindest gehört aber auch dies zu seinem unvergleichlichen Erbe: Wir wissen heute, dass es nicht stimmt.

Dennoch gelangt Darwin in der *Abstammung des Menschen* zu einer Schlussfolgerung, wenn er schreibt, der Mensch trage „mit allen diesen hohen Kräften doch noch in seinem Körper den unauslöschlichen Stempel eines niederen Ursprungs".

Unsere Gene und unser Körper unterscheiden sich nicht grundlegend von denen unserer engsten Vettern, unserer Vorfahren oder auch unserer entfernten Verwandten. Und was den niederen Ursprung angeht, ist alles eine Frage der Beurteilung. Wir sind Geschöpfe der Evolution, wurden wie alle Lebewesen geschmiedet, geschnitzt und geätzt von Kräften, die wir nicht unter Kontrolle haben. Vor dem Hintergrund dieser Kräfte haben wir die Arbeit der Evolution übernommen und uns durch Lehren selbst erschaffen, als Tiere, die zusammen mehr sind als die Summe aller Teile.

Erinnern wir uns noch einmal an den außerirdischen Naturforscher, der auf die Erde kommt und uns studiert. In dem Roman *Contact* von Carl Sagan erforscht tatsächlich eine fiktive außerirdische Intelligenz die Menschheit – sie beobachtet uns schon seit Jahrtausenden. In dem Roman schicken die Menschen den Außerirdischen entsprechend ihren Anweisungen eine Wissenschaftlerin, und als der Außerirdische mit ihr zusammentrifft, sagt er:

Ihr seid eine interessante Spezies. Eine interessante Mischung. Ihr seid zu so wunderschönen Träumen fähig, und zu so entsetzlichen Albträumen. Ihr fühlt euch so verloren, so abgeschnitten, so allein, aber ihr seid es nicht. Weißt du, mit unseren ganzen Bemühungen haben wir nur eines gefunden, was die Leere erträglich macht: uns gegenseitig.

Das Leben auf der Erde ist etwas Ununterbrochenes, endlose Formen von höchster Schönheit. Wir drängen diesem Kontinuum eine Klassifikation auf, damit sie uns hilft, auf einem Planeten, auf dem es seit Äonen von Leben wimmelt, einen Sinn zu finden. Irgendwo auf diesem Weg sitzen wir, und als einzige bemühen wir uns darum, herauszufinden, wo in alledem unser Platz ist. Am Anfang dieses Buches steht keine Widmung. Es ist für Sie.

Schreiben Sie unten Ihren Namen hin, und arbeiten Sie sich dann rückwärts:

Sie sind _____.

Sie sind ein *Homo sapiens.*
Sie sind ein Menschenaffe.
Sie sind ein Affe.
Sie sind ein Primat.
Sie sind ein Säugetier.
Sie haben eine Wirbelsäule.
Sie sind ein Tier.
Wir sind das Muster der Tiere.

Danksagung

Alle im Folgenden genannten Menschen haben auf diese oder jene Weise zu den Gedanken beigetragen, die ich auf den vorangegangenen Seiten zusammengestellt habe. Ihnen allen bin ich dankbar, auch denen, die nicht existieren: Alex Garland, Andrew Mueller, Aoife McLysaght, Beatrice Rutherford, Ben Garrod, Caroline Dodds Pennock, Cass Sheppard, Cat Hobaiter, den Celeriacs, David Spiegelhalter, Elspeth Merry Price, Francesca Stavrakopoulou, Hannah Fry, Helen Lewis, Henry Marsh, Ieuan Thomas, James Shapiro, Jennifer Raff, John Ottaway, Jon Payne, Kate Fox, Lynsey Mathew, Mark Thomas, Michelle Martin, Nathan Bateman, OAs Elite Coaching Crew, Rachel Harrison, Robbie Murray, Rufus Hound, Sarah Phelps, Simon Fisher, Stephen Keeler und Tom Piper. Außerdem Georgia Rutherford, der besten von uns allen.

Mein besonderer Dank gilt der ungeheuer begabten Alice Roberts, die hoch entwickelte Hände besitzt und die meinen führte. Matthew Cobb, dessen Redaktion zu sehen eine Freude war. Will Francis für unseren langen gemeinsamen Weg, vor allem aber Jenny Lord und Holly Harley, zwei der nachdenklichsten, fröhlichsten und intelligentesten Menschen, mit denen ich Ideen teilen und Geschichten zusammenstellen durfte.

© Springer-Verlag GmbH Deutschland, ein Teil von Springer Nature 2020
A. Rutherford, *Bin ich etwas Besonderes?*, https://doi.org/10.1007/978-3-662-61566-9

Literatur

Douglas Adams, *The Salmon of Doubt* (William Heinemann, 2002)

Anil Aggrawal, ‚A new classifi cation of necrophilia‘, *Journal of Forensic and Legal Medicine* 16(6): 316–20 (August 2009)

Biancamaria Aranguren et al., ‚Wooden tools and fire technology in the early Neanderthal site of Poggetti Vecchi (Italy)‘, *PNAS* 115(9): 2054–9 (27 February 2018)

M. Aubert et al., ‚Pleistocene cave art from Sulawesi, Indonesia‘, *Nature* 514: 223–7 (8 October 2014)

Jeffrey A. Bailey et al., ‚Genome recent segmental duplications in the human‘, *Science* 297(5583): 1003–7 (9 August 2002)

Francesco Berna et al., ‚Microstratigraphic evidence of in situ fire in the Acheulean strata of Wonderwerk Cave, Northern Cape province, South Africa‘, *PNAS* 109(20): E1215–E1220 (15 May 2012)

The Incredibles, written and directed by Brad Bird, Pixar Studios, 2004

Damián E. Blasi et al., ‚Sound-meaning association biases evidenced across thousands of languages‘, *PNAS* 113(39): 10818–23 (27 September 2016)

Mark Bonta et al., ‚Intentional fire-spreading by ‚fi rehawk‘ raptors in northern Australia‘, *Journal of Ethnobiology* 37(4): 700–718 (December 2017)

D. H. Brown, ‚Further observations on the pilot whale in captivity‘, *Zoologica* 47(1): 59–64

Osvaldo Cair , ‚External measures of cognition‘, *Frontiers in Human Neuroscience* 5: 108 (4 October 2011)

Nathalie Camille et al., ‚The involvement of the orbitofrontal cortex in the experience of regret‘, *Science* 304(5674): 1167–70 (21 May 2004)

Andrea Camperio Ciani and Elena Pellizzari, ‚Fecundity of paternal and maternal non-parental female relatives of homosexual and heterosexual men‘, *PLoS ONE* 7(12): e51088 (5 December 2012)

© Springer-Verlag GmbH Deutschland, ein Teil von Springer Nature 2020
A. Rutherford, *Bin ich etwas Besonderes?*, https://doi.org/10.1007/978-3-662-61566-9

Ignacio H. Chapela et al., ,Evolutionary history of the symbiosis between fungus-growing ants and their fungi', *Science* 266(5191): 1691–4 (9 December 1994)

Nicola S. Clayton et al., ,Can animals recall the past and plan for the future?', *Nature Reviews Neuroscience* 4: 685–91 (1 August 2003)

Malcolm J. Coe, „Necking" behaviour in the giraffe', *Journal of Zoology* 151(3): 313–21 (March 1967)

R. C. Connor et al., ,Two levels of alliance formation among male bottlenose dolphins (*Tursiops* sp.)', *PNAS* 89(3): 987–90 (1 February 1992)

G. Cornelis et al., ,Retroviral envelope *syncytin* capture in an ancestrally diverged mammalian clade for placentation in the primitive Afrotherian tenrecs', *PNAS* 111(41): e4332–E4341 (14 October 2014)

M. Dannemann and J. Kelso, ,The contribution of Neanderthals to phenotypic variation in modern humans', *American Journal of Human Genetics* 101(4): 578–89 (5 October 2017)

Charles R. Darwin, *The Descent of Man, and Selection in Relation to Sex* (John Murray, 1871)

R. D'Anastasio et al., ,Micro-biomechanics of the Kebara 2 hyoid and its implications for speech in Neanderthals', *PLoS ONE* 8(12): e82261 (18 December 2013)

Gypsyamber D'Souza et al., ,Differences in oral sexual behaviors by gender, age, and race explain observed differences in prevalence of oral human papillomavirus infection', *PLoS ONE* 9(1): e86023 (24 January 2014)

Robert O. Deaner et al., ,Monkeys pay per view: Adaptive valuation of social images by rhesus macaques', *Current Biology* 15: 543–8 (29 March 2005)

Robert O. Deaner et al., ,Overall brain size, and not encephalization quotient, best predicts cognitive ability across non-human primates', *Brain, Behaviour and Evolution* 70: 115–24 (18 May 2007)

Volker B. Deecke, ,Tool-use in the brown bear (*Ursus arctos*)', *Animal Cognition* 15(4): 725–30 (July 2012)

Megan Y. Dennis et al., ,Evolution of human-specifi c neural SRGAP2 genes by incomplete segmental duplication', *Cell* 149(4): 912–22 (11 May 2012)

Dale G. Dunn et al., ,Evidence for infanticide in bottlenose dolphins of the Western North Atlantic', *Journal of Wildlife Diseases* 38(3): 505–10 (July 2002)

Nathan J. Emery, ,Cognitive ornithology: The evolution of avian intelligence', *Philosophical Transactions of the Royal Society B* 361(1465): 23–43 (29 January 2006)

Karin Enstam Jaffe and L. A. Isbell, ,After the fire: Benefi ts of reduced ground cover for vervet monkeys (*Cercopithecus aethiops*) ', *American Journal of Primatology* 71(3): 252–60 (March 2009)

Robert Epstein et al., „„Self-Awareness" in the pigeon', *Science* 212(4495): 695–6 (8 May 1981)

C. Esnault, G. Cornelis, O. Heidmann and T. Heidmann, ,Differential evolutionary fate of an ancestral primate endogenous retrovirus envelope gene, the EnvV *syncytin*, captured for a function in placentation', *PLoS Genetics* 9(3): e1003400 (28 March 2013)

Ian T. Fiddes et al., ,Human-specifi c NOTCH2NL genes affect notch signalling and cortical neurogenesis', *Cell* 173(6): 1356–69.e22 (31 May 2018)

Simon E. Fisher and Sonja C. Vernes, ,Genetics and the language sciences', *Annual Review of Linguistics* 1: 289–310 (January 2015)

Emma A. Foster et al., ,Adaptive prolonged postreproductive life span in killer whales', *Science* 337(6100): 1313 (14 September 2012)

Masaki Fujita et al., ,Advanced maritime adaptation in the western Pacifi c coastal region extends back to 35,000–30,000 years before present', *PNAS* 113(40): 11184–89 (October 2016)

Cornelia Geßner et al., ,Male–female relatedness at specific SNP-linkage groups influences cryptic female choice in Chinook salmon (*Oncorhynchus tshawytscha*)', *Proceedings of the Royal Society B* 284(1859) (26 July 2017)

J. Goodall, *The Chimpanzees of Gombe: Patterns of Behavior* (Belknap Press, 1986)

Kirsty E. Graham et al., ,Bonobo and chimpanzee gestures overlap extensively in meaning', *PLoS Biology* 16(2): e2004825 (27 February 2018)

Kristine L. Grayson et al., ,Behavioral and physiological female responses to male sex ratio bias in a pond-breeding amphibian', *Frontiers in Zoology* 9(1): 24 (18 September 2012)

Daniele Guerzoni and Aoife McLysaght, ,*De novo* origins of human genes', *PLoS Genetics* 7(11): e1002381 (November 2011)

Michael D. Gumert and Suchinda Malaivijitnond, ,Long-tailed macaques select mass of stone tools according to food type', *Philosophical Transactions of the Royal Society B* 368(1630): 20120413 (17 October 2013)

Chang S. Han and Piotr G. Jablonski, ,Male water striders attract predators to intimidate females into copulation', *Nature Communications* 1, article number 52 (10 August 2010)

Sonia Harmand et al., ,3.3-million-year-old stone tools from Lomekwi 3, West Turkana, Kenya', *Nature* 521 (7552): 310–15 (20 May 2015)

Heather S. Harris et al., ,Lesions and behavior associated with forced copulation of juvenile Pacific harbor seals (*Phoca vitulina richardsi*) by southern sea otters (*Enhydra lutris nereis*)', *Aquatic Mammals* 36(4): 331–41 (29 November 2010)

B. J. Hart et al., ,Cognitive behaviour in Asian elephants: Use and modifi cation of branches for fly switching', *Animal Behaviour* 62(5): 839–47 (Novmber 2001)

Joseph Henrich, ,Demography and cultural evolution: How adaptive cultural processes can produce maladaptive losses: the Tasmanian case', *American Antiquity* 69(2): 197–214 (April 2004)

C. S. Henshilwood et al., ,Emergence of modern human behavior: Middle Stone Age engravings from South Africa', *Science* 295(5558): 1278–80 (15 February 2002)

Christopher Henshilwood et al., ,Middle Stone Age shell beads from South Africa', *Science* 304(5669): 404 (16 April 2004)

Thomas Higham et al., ‚Testing models for the beginnings of the Aurignacian and the advent of figurative art and music: The radiocarbon chronology of Geißenklösterle‘, *Journal of Human Evolution* 62(6): 664–76 (June 2012)

Catherine Hobaiter and Richard W. Byrne, ‚Able-bodied wild chimpanzees imitate a motor procedure used by a disabled individual to overcome handicap‘, *PLoS ONE* 5(8): e11959 (5 August 2010)

D. L. Hoffmann et al., ‚U-Th dating of carbonate crusts reveals Neandertal origin of Iberian cave art‘, *Science* 359(6378): 912–15 (23 February 2018)

S. Ishiyama and M. Brecht, ‚Neural correlates of ticklishness in the rat somatosensory cortex‘, *Science* 354(6313): 757–60 (11 November 2016)

Josephine C. A. Joordens, ‚*Homo erectus* at Trinil on Java used shells for tool production and engraving‘, *Nature* 518: 228–31 (12 February 2015)

Hákon Jónsson et al., ‚Speciation with gene flow in equids despite extensive chromosomal plasticity‘, *PNAS* 111(52): 18655–60 (30 December 2014)

Juliane Kaminski et al., ‚Human attention affects facial expressions in domestic dogs‘, *Scientific Reports* 7: 12914 (19 October 2017)

Dean G. Kilpatrick et al., ‚Drug-facilitated, Incapacitated, and Forcible Rape: A National Study‘, National Crime Victims Research & Treatment Center report for the US Department of Justice (2007)

Michael Krützen et al., ‚Contrasting relatedness patterns in bottlenose dolphins (*Tursiops* sp.) with different alliance strategies‘, *Proceedings of the Royal Society B* 270(1514) (7 March 2003)

Michael Krützen et al., ‚Cultural transmission of tool use in bottlenose dolphins‘, *PNAS* 102(25): 8939–43 (21 June 2005)

M. Mirazón Lahr et al., ‚Inter-group violence among early Holocene hunter-gatherers of West Turkana, Kenya‘, *Nature* 529: 394–8 (21 January 2016)

Greger Larson et al., ‚Worldwide phylogeography of wild boar reveals multiple centers of pig domestication‘, *Science* 307(5715): 1618–21 (11 March 2005)

David J. Linden, *The Compass of Pleasure: How Our Brains Make Fatty Foods, Orgasm, Exercise, Marijuana, Generosity, Vodka, Learning, and Gambling Feel So Good* (Penguin, 2011)

Mark Lipson et al., ‚Population turnover in remote Oceania shortly after initial settlement‘, *Current Biology* 28(7): 1157–65 (7 April 2018)

C. W. Marean et al., ‚Early human use of marine resources and pigment in South Africa during the Middle Pleistocene‘, *Nature* 449: 905–8 (18 October 2007)

S. McBrearty and A. S. Brooks, ‚The revolution that wasn‘t: A new interpretation of the origin of modern human behavior‘, *Journal of Human Evolution* 39(5): 453–63 (November 2000)

Aoife McLysaght and Laurence D. Hurst, ‚Open questions in the study of *de novo* genes: What, how and why‘, *Nature Reviews Genetics*, 17: 567–78 (25 July 2016)

John C. Mitani et al., ‚Lethal intergroup aggression leads to territorial expansion in wild chimpanzees‘, *Current Biology* 20(12): R507–R508 (22 June 2010)

Smita Nair et al., ,Vocalizations of wild Asian elephants (*Elephas maximus*): Structural classifi cation and social context', *Journal of the Acoustical Society of America* 126(5): 2768 (November 2009)

James Neill, *The Origins and Role of Same-Sex Relations in Human Societies* (McFarland & Co., 2011)

Hitonaru Nishie and Michio Nakamura, ,A newborn infant chimpanzee snatched and cannibalized immediately after birth: Implications for „maternity leave" in wild chimpanzee', *American Journal of Physical Anthropology* 165: 194–9 (January 2018)

Sue O'Connor et al., ,Fishing in life and death: Pleistocene fish-hooks from a burial context on Alor Island, Indonesia', *Antiquity* 91(360): 1451–68 (6 December 2017)

H. Freyja Ólafsdóttir et al., ,Hippocampal place cells construct reward related sequences through unexplored space', *Elife* 4: e06063 (26 June 2015)

Seweryn Olkowicz et al., ,Birds have primate-like numbers of neurons in the forebrain', *PNAS* 113(26): 7255–60 (28 June 2016)

C. Organ et al., ,Phylogenetic rate shifts in feeding time during the evolution of *Homo*', PNAS 108(35): 14555–9 (30 August 2011)

A. Powell, S. Shennan and M. G. Thomas, ,Late Pleistocene demography and the appearance of modern human behavior', *Science* 324(5932): 1298–1301 (5 June 2009)

Shyam Prabhakar, ,Accelerated evolution of conserved noncoding sequences in humans', *Science* 314(5800): 786 (3 November 2006)

Shyam Prabhakar et al., ,Human-specific gain of function in a developmental enhancer', Science 321(5894): 1346–50 (5 September 2008)

D. M. Pratt and V. H. Anderson, ,Population, distribution and behavior of giraffe in the Arusha National Park, Tanzania', *Journal of Natural History* 16(4): 481–9 (1982)

D. M. Pratt and V. H. Anderson, ,Giraffe social behavior',, *Journal of Natural History* 19(4): 771–81 (1985)

Helmut Prior et al., ,Mirror-induced behavior in the magpie (*Pica pica*): Evidence of self-recognition',, *PLoS Biology* 6(8): e202 (19 August 2008)

Jill D. Pruetz et al., ,Savanna chimpanzees, *Pan troglodytes verus*, hunt with tools', *Current Biology* 17(5): 412–17 (6 March 2007)

Jill D. Pruetz and Nicole M. Herzog, ,Savanna chimpanzees at Fongoli, Senegal, navigate a fire landscape', *Current Anthropology* 58(S16): S337–S350 (August 2017)

Jill D. Pruetz and Thomas C. LaDuke, ,Reaction to fire by savanna chimpanzees (*Pan troglodytes verus*) at Fongoli, Senegal: Conceptualization of „fi re behavior" and the case for a chimpanzee model', *American Journal of Physical Anthropology* 141(14): 646–50 (April 2010)

Kay Prüfer et al., ,The bonobo genome compared with the chimpanzee and human genomes', *Nature* 486: 527–31 (28 June 2012)

Anita Quiles et al., ‚A high-precision chronological model for the decorated Upper Paleolithic cave of Chauvet-Pont d'Arc, Ardèche, France', *PNAS* 113(17): 4670–75 (26 April 2016)

Joaquín Rodríguez-Vidal et al., ‚A rock engraving made by Neanderthals in Gibraltar', *PNAS* 111(37): 13301–6 (16 September 2014)

Douglas G. D. Russell et al., ‚Dr. George Murray Levick (1876–1956): Unpublished notes on the sexual habits of the Adélie penguin', *Polar Record* 48(4): 387–93 (January 2012)

Anne E. Russon et al., ‚Orangutan fish eating, primate aquatic fauna eating, and their implications for the origins of ancestral hominin fish eating', *Journal of Human Evolution* 77: 50–63 (December 2014)

Graeme D. Ruxton and Martin Stevens, ‚The evolutionary ecology of decorating behaviour', *Biology Letters* 11(6) (3 June 2015)

Angela Saini, *Inferior: How Science Got Women Wrong* (Fourth Estate, 2017)

Ivan Sazima, ‚Corpse bride irresistible: A dead female tegu lizard (*Salvator merianae*) courted by males for two days at an urban park in south-eastern Brazil', *Herpetology Notes* 8: 15–18 (25 January 2015)

Y. Schnytzer et al., ‚Boxer crabs induce asexual reproduction of their associated sea anemones by splitting and intraspecific theft', *PeerJ* 5: e2954 (31 January 2017)

Helmut Schmitz and Herbert Bousack, ‚Modelling a historic oil-tank fire allows an estimation of the sensitivity of the infrared receptors in pyrophilous *Melanophila* beetles', *PLoS ONE* 7(5): e37627 (21 May 2012)

Erin M. Scott et al., ‚Aggression in bottlenose dolphins: Evidence for sexual coercion, male–male competition, and female tolerance through analysis of tooth-rake marks and behaviour', *Behaviour* 142(1): 21–44 (January 2005)

Agnieszka Sergiel et al., ‚Fellatio in captive brown bears: Evidence of long-term effects of suckling deprivation? ', *Zoo Biology* 9999: 1–4 (4 June 2014)

William Shakespeare, *The Tragedy of Hamlet, Prince of Denmark* (Folio 1, 1623)

Michael Sporny et al., ‚Structural history of human SRGAP2 proteins', *Molecular Biology and Evolution* 34(6): 1463–78 (1 June 2017)

James J. H. St Clair et al., ‚Hook innovation boosts foraging effi ciency in tool-using crows', *Nature Ecology & Evolution* 2: 441–4 (22 January 2018)

A. P. Steiner and A. D. Redish, ‚Behavioral and neurophysiological correlates of regret in rat decision-making on a neuroeconomic task', *Nature Neuroscience* 17(7): 995–1002 (8 June 2014)

Peter H. Sudmant, ‚Diversity of human copy number variation and multicopy genes', *Science* 330(6004): 641–6 (29 October 2010)

Hiroyuki Takemoto et al., ‚How did bonobos come to range south of the Congo River? Reconsideration of the divergence of Pan paniscus from other Pan populations', *Evolutionary Anthropology* 24(5): 170–84 (September 2015)

Min Tan et al., ‚Fellatio by fruit bats prolongs copulation time', *PLoS ONE* 4(10): e7595 (28 October 2009)

Alex H. Taylor et al., ‚Spontaneous metatool use by New Caledonian crows‘, *Current Biology* 17(17): 1504–7 (4 September 2007)

Randy Thornhill and Craig T. Palmer, *A Natural History of Rape: Biological Bases of Sexual Coercion*, (The MIT Press, 2000)

K. Trinajstic et al., ‚Pelvic and reproductive structures in placoderms (stem gnathostomes) ‘, *Biological Reviews* 90(2): 467–501 (May 2015)

Faraneh Vargha-Khadem et al., ‚Praxic and nonverbal cognitive defi cits in a large family with a genetically transmitted speech and language disorder‘, *PNAS* 92(3): 930–33 (31 January 1995)

Sonja C. Vernes et al., ‚A functional genetic link between distinct developmental language disorders‘, *New England Journal of Medicine* 359: 2337–45 (27 November 2008)

Elisabetta Visalberghi et al., ‚Selection of effective stone tools by wild bearded capuchin monkeys‘, *Current Biology* 19(3): 213–17 (10 February 2009)

Jane M. Waterman, ‚The adaptive function of masturbation in a promiscuous African ground squirrel‘, *PLoS ONE* 5(9): e13060 (28 September 2010)

Randall White, ‚The women of Brassempouy: A century of research and inter-pretation‘, *Journal of Archaeological Method and Theory* 13(4): 250–303 (December 2006)

Martin Wikelski and Silke Bäurle, ‚Pre-copulatory ejaculation solves time constraints during copulations in marine iguanas‘, *Proceedings of the Royal Society B* 263: 1369 (2 April 1996)

Michael L. Wilson et al., ‚Lethal aggression in *Pan* is better explained by adaptive strategies than human impacts‘, *Nature* 513: 414–17 (18 September 2014)

Zhaoyu Zhu et al., ‚Hominin occupation of the Chinese Loess Plateau since about 2.1 million years ago‘, *Nature* (11 July 2018), https://doi.org/10.1038/s41586-018-0299-4

Stichwortverzeichnis

© Springer-Verlag GmbH Deutschland, ein Teil von Springer Nature 2020
A. Rutherford, *Bin ich etwas Besonderes?*, https://doi.org/10.1007/978-3-662-61566-9

Printed in the United States
By Bookmasters